Renata Montenegro Pereira Igo
Tatiane Oliveira dos Santos

# INTRODUÇÃO À FÍSICA DO ESTADO SÓLIDO

inter
saberes

Rua Clara Vendramin, 58 . Mossunguê . CEP 81200-170 . Curitiba . PR . Brasil
Fone: (41) 2106-4170
www.intersaberes.com
editora@intersaberes.com

**Conselho editorial**
Dr. Alexandre Coutinho Pagliarini
Drª Elena Godoy
Dr. Neri dos Santos
Mª Maria Lúcia Prado Sabatella

**Editora-chefe**
Lindsay Azambuja

**Gerente editorial**
Ariadne Nunes Wenger

**Assistente editorial**
Daniela Viroli Pereira Pinto

**Preparação de originais**
Fabrícia E. de Souza

**Edição de texto**
Caroline Rabelo Gomes
Letra & Língua Ltda. - ME
Novotexto

**Capa**
Débora Gipiela (*design*)
Peter Kai/Shutterstock (imagem)

**Projeto gráfico**
Débora Gipiela (*design*)
Maxim Gaigul/Shutterstock (imagens)

**Diagramação**
Muse Design

**Iconografia**
Maria Elisa Sonda
Regina Claudia Cruz Prestes

**Dados Internacionais de Catalogação na Publicação (CIP)**
**(Câmara Brasileira do Livro, SP, Brasil)**

Igo, Renata Montenegro Pereira
  Introdução à física do estado sólido / Renata Montenegro Pereira Igo, Tatiane Oliveira dos Santos. -- Curitiba, PR : Editora InterSaberes, 2023. --
(Série dinâmicas da física)

  Bibliografia.
  ISBN 978-85-227-0729-4

  1. Física do estado sólido - Estudo e ensino 2. Física do estado sólido - Problemas, exercícios etc I. Santos, Tatiane Oliveira dos. II. Título. III. Série.

23-160369
CDD-530.4107

**Índices para catálogo sistemático:**
1. Física do estado sólido : Estudo e ensino  530.4107

Eliane de Freitas Leite - Bibliotecária - CRB 8/8415

1ª edição, 2023.
Foi feito o depósito legal.
Informamos que é de inteira responsabilidade das autoras a emissão
de conceitos.
Nenhuma parte desta publicação poderá ser reproduzida por qualquer
meio ou forma sem a prévia autorização da Editora InterSaberes.
A violação dos direitos autorais é crime estabelecido na Lei n. 9.610/1998
e punido pelo art. 184 do Código Penal.

# Sumário

Apresentação 10
Como aproveitar ao máximo
os conhecimentos da física 12

1 **Introdução à física do estado sólido** 16

    1.1 Por que devemos estudar a física do estado sólido? 18
    1.2 Por que átomos isolados se juntam para formar um sólido? 31
    1.3 Tipos de ligações químicas 35
    1.4 Classificação dos sólidos 50
    1.5 Cristais 56

2 **Estruturas cristalinas** 69

    2.1 Definição de estrutura cristalina 70
    2.2 Estruturas cristalinas e seus tipos mais comuns 88
    2.3 Rede recíproca 103
    2.4 Planos cristalinos e índices de Miller 124
    2.5 Identificação da estrutura cristalina (raios X) 132

3 **Elétrons em sólidos** 149

    3.1 Gás de elétrons livres 150
    3.2 Elétrons em um potencial periódico 184
    3.3 Superfície de Fermi 212
    3.4 Densidade de níveis 218

**4 Vibração da rede** 230

    4.1 Falhas no modelo da rede estática 231

    4.2 Teoria clássica do cristal harmônico 234

    4.3 Teoria clássica das vibrações de rede 239

    4.4 Teoria quântica do cristal harmônico 256

    4.5 Fônons 261

**5 Estrutura de bandas** 283

    5.1 Modelo Kronig-Penney 285

    5.2 Banda proibida 303

    5.3 Metais 325

    5.4 Semicondutores 334

    5.5 Defeitos em cristais 344

**6 Magnetismo** 354

    6.1 Definição de magnetismo 357

    6.2 Vetores de campo magnético 368

    6.3 Classificação dos materiais quanto ao comportamento magnético 372

    6.4 Ondas de spin 388

*Além das partículas sólidas* 400

*Referências* 404

*Partículas comentadas* 411

*Apêndices* 413

*Anexo* 420

*Respostas* 421

*Sobre as autoras* 423

# Agradecimentos

*Aos familiares Justin e Michael Igo, à Claudia e à Marlene Montenegro, que nos mostraram sempre apoio, e à Renata Fleming, cuja delicadeza e suporte são inequívocos.*
*Aos amigos, especialmente à Ana Paula Pereira, com quem as risadas foram oferecidas abundantemente.*

**Dra. Renata Montenegro Pereira Igo**

*A Deus, pela minha vida e por me permitir ultrapassar todos os obstáculos encontrados ao longo da elaboração desta obra.*
*Aos meus pais, Izaura e Joel, e à minha amada irmã, Christiane, por todo o apoio, ajuda e amor incondicional.*
*Aos amigos, que sempre estiveram ao meu lado, pela amizade e pelo apoio demonstrado ao longo de todos os momentos de minha vida.*

Especial gratidão ao prof. Dr. Jesiel Freitas Carvalho, não só pela amizade, mas também pelo exemplo de pessoa íntegra, pela dedicação e por todos os ensinamentos.

**Dra. Tatiane Oliveira dos Santos**

A elaboração desta obra não teria sido possível sem a colaboração, o estímulo e a ajuda de diversas pessoas. Assim, expressamos nossa gratidão e apreço a todos aqueles que, direta ou indiretamente, contribuíram para que este trabalho se tornasse uma realidade. A todos queremos manifestar nossos sinceros agradecimentos.

**As autoras**

# Epígrafe

"Portanto, meus irmãos, quero que saibam que mediante Jesus lhes é proclamado o perdão dos pecados.
Por meio dEle, todo aquele que crê é justificado de todas as coisas das quais não podiam ser justificados pela lei de Moisés."

**Atos 13:38-39**

# Prefácio

Entender a natureza da matéria e seus mecanismos sempre foi um tema de interesse na humanidade, desde os mais remotos tempos. Filósofos, matemáticos e físicos, no decorrer dos séculos, desenvolveram teorias diversas a fim de desvendar esse mistério da natureza e as propriedades da matéria.

Este material é um guia que conduz o leitor a uma análise objetiva da física do estado sólido por meio de metodologias ativas e de resultados de aprendizagem, ferramentas atuais e que propiciam clareza na sintetização dos conteúdos e na aplicabilidade dos conceitos e resoluções de equações importantes para elucidar o comportamento dos sólidos nas mais diversas condições em que se apresentam na natureza.

É uma viagem leve e fluida, que leva a um aprendizado dinâmico e jovem, e, mais importante, traz a *expertise* das autoras, que têm sólida formação teórica e vivência da análise de diversos materiais e sistemas, construindo uma ponte entre a teoria da física do estado sólido e problemas cotidianos reais.

As seções "Síntese de elementos", "Partículas em teste" e "Solidificando o conhecimento" no final de cada capítulo, bem como as seções "Saber equivalente" e "Partícula essencial" ao longo dos capítulos, motivam o

leitor a seguir nessa fascinante jornada que é desvendar os mistérios da física do estado sólido apreciando a paisagem durante o processo.

Quisera ter lido este livro vinte anos atrás! Convido o leitor a embarcar nesta viagem profunda e, ao mesmo tempo, leve e cativante.

**Cristhiane Gonçalves**

*Engenheira Física graduada pela Universidade Federal de São Carlos (UFSCar), com período sanduíche na Technische Universität Clausthal, Alemanha, mestre e doutora em Engenharia Elétrica pela Universidade de São Paulo (USP). Atualmente, é professora do Departamento Acadêmico de Eletrônica (Daele) da Universidade Tecnológica Federal do Paraná (UTFPR), Campus Ponta Grossa. Ministra disciplinas nas áreas de engenharia biomédica, microcontroladores e telecomunicações.*

# Apresentação

Esta obra, que trata sobre um dos ramos mais abrangentes e centrais da física, não é exaustiva nem tem pretensão de originalidade. A física do estado sólido é amplamente estudada e se constitui em disciplina necessária para todos os cursos de física modernos. Contudo, a linguagem e a abordagem empregadas neste livro buscam ajudar o leitor que ainda não estudou o assunto profundamente a introduzir teorias que são pilares do estado sólido e a progredir com mais facilidade para livros de graduação e pós-graduação mais tradicionais.

No primeiro capítulo, apresentamos uma introdução à física do estado sólido e a seu assunto central: o cristal. Analisamos como os átomos se ligam e quais as características de cada tipo de ligação. Por fim, definimos os cristais e indicamos como são obtidos nos laboratórios.

No segundo capítulo, evidenciamos a estrutura cristalina e expomos sua descrição em termos geométricos. Apresentamos os diferentes tipos de sistemas cristalinos e definimos os planos cristalinos, bem como a rede recíproca.

No terceiro capítulo, abordamos o papel dos elétrons no sólido, começando com os modelos mais simples: o gás de elétrons livres. Explicamos como a estrutura modifica a dinâmica eletrônica por meio da análise do elétron no potencial periódico, o que permite que sejam definidos os estados de Fermi.

No quarto capítulo, estabelecemos contato com a dinâmica da rede. Muitos fenômenos nos sólidos não podem ser explicados por meio do modelo da rede estática, razão por que abordamos o cristal harmônico.

No quinto capítulo, tratamos do modelo de bandas para que possamos classificar os materiais em isolantes, metais e semicondutores.

Por fim, no sexto e último capítulo, evidenciamos como a estrutura e a dinâmica eletrônica podem explicar as características magnéticas dos materiais.

# Como aproveitar ao máximo os conhecimentos da física

Empregamos nesta obra recursos que visam enriquecer seu aprendizado, facilitar a compreensão dos conteúdos e tornar a leitura mais dinâmica. Conheça a seguir cada uma dessas ferramentas e saiba como elas estão distribuídas no decorrer deste livro para bem aproveitá-las.

*Princípio das partículas*
Logo na abertura do capítulo, informamos os temas de estudo e os objetivos de aprendizagem que serão nele abrangidos, fazendo considerações preliminares sobre as temáticas em foco.

### *Partícula essencial*

Algumas das informações centrais para a compreensão da obra aparecem nesta seção. Aproveite para refletir sobre os conteúdos apresentados.

### *Saber equivalente*

Nestes boxes, apresentamos informações complementares e interessantes relacionadas aos assuntos expostos no capítulo.

## Síntese de elementos

Ao final de cada capítulo, relacionamos as principais informações nele abordadas a fim de que você avalie as conclusões a que chegou, confirmando-as ou redefinindo-as.

## Partículas em teste

Apresentamos estas questões objetivas para que você verifique o grau de assimilação dos conceitos examinados, motivando-se a progredir em seus estudos.

## Solidificando o conhecimento

Aqui apresentamos questões que aproximam conhecimentos teóricos e práticos a fim de que você analise criticamente determinado assunto.

## Partículas comentadas

Nesta seção, comentamos algumas obras de referência para o estudo dos temas examinados ao longo do livro.

# Introdução à física do estado sólido

A física moderna se inicia com o estudo da matéria e da descrição da estrutura atômica. Contudo, apenas o conhecimento da estrutura atômica, embora necessário para o entendimento de algumas características dos sólidos, não é suficiente para desenvolver todas as suas propriedades. A matéria no estado gasoso pode ser considerada um agrupamento de átomos isolados que interagem apenas quando colidem; a matéria no estado líquido ou sólido não pode ter a mesma aproximação, porque os átomos estão muito mais próximos entre si.

Essa proximidade dos átomos faz com que as interações elétron-elétron e elétron-íon se tornem mais fortes. Entender o comportamento eletrônico pode explicar as propriedades ópticas, elétricas, térmicas e magnéticas dos materiais, que são a base do desenvolvimento científico, tecnológico e de inovação.

A **física do estado sólido** é um ramo da **física da matéria condensada** e está relacionada com o estado da matéria no qual grandes números de átomos estão associados por meio de ligações, produzindo um agregado sólido. Ainda, preocupa-se com as propriedades que os arranjos dos átomos produzirão no volume de material e estuda várias propriedades dos sólidos, como as propriedades mecânicas e térmicas, englobando os fônons, as transições de fase e as propriedades ópticas e elétricas (condutividade elétrica e transparência óptica, por exemplo). Todo esse conhecimento permite uma melhor compreensão do sólido e viabiliza as aplicações de materiais mais complexos, como vidros, polímeros orgânicos e ligas amorfas.

Neste primeiro capítulo, vamos explorar a importância do estudo do estado sólido, introduzindo conceitos básicos que serão usados nos próximos capítulos. Iremos investigar por que sólidos são formados e suas classificações, bem como introduziremos os materiais cristalinos, que serão o nosso assunto ao longo deste livro.

Neste primeiro momento, não fique muito preocupado com a terminologia; quando chegar ao final do livro, retorne ao princípio e você verá que há muito o que apreciar.

## 1.1 Por que devemos estudar a física do estado sólido?

O objetivo da física do estado sólido é explicar as propriedades dos sólidos. Para que possamos descrever essas propriedades, devemos investigar sua estrutura. A variação na estrutura do material irá alterar muitas de suas propriedades, ainda que a composição permaneça a mesma. Nas propriedades do sólido, existe uma grande influência da forma como os átomos interagem entre si e se organizam.

*Partícula essencial*

A estrutura está relacionada à forma como as componentes internas de um objeto estão organizadas. A estrutura atômica indica como átomos e elétrons se organizam entre si; já a estrutura do sólido aponta de que forma os átomos estão arranjados para formar o sólido.

A relação entre estrutura e propriedade não está distante do nosso dia a dia. Você já se perguntou por que dobrar o papel cria uma marca permanente, um vinco? Para podermos responder a essa pergunta, devemos entender do que o papel é formado. De modo geral, papel contém fibras, de algodão ou madeira (celulose), por exemplo. A direção dessas fibras é gerada durante a formação do papel. Em uma das etapas do processo, o papel é movido dentro da máquina e as fibras se alinham na direção paralela de movimentação da tela formadora da máquina. Quando o papel seca, as fibras estão alinhadas em uma direção: a direção do movimento do papel.

Faça o teste: pegue uma folha de papel sulfite e dobre-a. Depois, repita a dobra em outra direção. O que você pode perceber? Investigando a folha, percebemos que o papel irá se dobrar mais facilmente na direção das fibras (nas folhas de papel sulfite de impressão, as fibras são paralelas ao lado maior da folha). Depois de dobrarmos o papel, o vinco produzido não poderá ser desfeito.

Isso se deve ao fato de termos quebrado as fibras do papel, modificando sua estrutura.

A água nos oferece outro exemplo próximo ao nosso cotidiano. Você já tentou descrever os estados da água ou como ela evolui de um estado para outro? Normalmente, encontramos a água em diversos estados. Em altas temperaturas, assume a forma de vapor. Veja o que acontece com o vapor de água saindo da chaleira, por exemplo, e se espalhando por toda a cozinha. Fisicamente, podemos dizer que as moléculas de água se movem de maneira livre, ou seja, a energia cinética (movimento das moléculas relacionado com a temperatura) domina sobre a energia potencial (interação entre as moléculas). Se confinarmos o vapor de água em um volume, temos a mesma probabilidade de encontrar moléculas de água em qualquer parte do volume, homogeneamente.

Conforme o sistema evolui, o gás vai esfriando. Com a diminuição da temperatura, a energia cinética das moléculas também diminui, e a contribuição da energia potencial começa a se tornar significativa. Mas o que isso significa? Ora, as interações intermoleculares – nesse caso, dipolo-dipolo – começam a ser atrativas, e as moléculas passam a se aglomerar. Essa atração, fortemente dependente da orientação, é chamada de *ponte de hidrogênio*.

Quanto mais a temperatura diminui, mais esses aglomerados vão se expandindo. A densidade continua uniforme, porém apenas na média para grandes regiões do espaço, até que chega a um ponto no qual essa interação atrativa leva à formação da fase líquida. Qual a grande diferença entre a fase gasosa e a líquida? A principal grandeza física que distingue as duas fases é a densidade que cada uma das fases tem. Veja que o gás tende a se espalhar por todo o volume e tem uma densidade menor do que o líquido, que está organizado em **aglomerados**.

Vamos continuar diminuindo a temperatura do nosso sistema. A interação atrativa traz as moléculas para perto uma das outras, até que chegamos a um ponto no qual a energia eletrônica de repulsão começa a crescer. Lembre-se de que duas partículas com o mesmo *spin* não podem ocupar o mesmo ponto no espaço – isso se deve ao princípio da exclusão de Pauli. Adicionalmente, os elétrons se repelem diretamente por meio da interação coulombiana.

Existe uma disputa entre a força atrativa e a repulsiva. O sistema tem uma inabilidade para ajustar simultaneamente essas forças, mas, conforme a temperatura cai, a necessidade de o sistema estar ordenado se torna mais importante. Preste atenção: quanto maior a temperatura, mais desordenado o sistema é, ou seja, as moléculas de um gás se movem randomicamente, ou seja, não há uma correlação, ou ordem, no sistema. No entanto, em decorrência das forças interagentes, a necessidade de satisfazer todas as suas condições – as de empacotamentos locais e restrições de empacotamento geral – faz com que o sistema se torne ordenado e, em um determinado ponto, a água se transforma em um novo estado: o sólido.

O gelo não é fluido como a água, é rígido. A diferença mais significativa entre esses dois estados é a estrutura. As moléculas de gelo estão arranjadas em uma estrutura periódica, repetitiva, e a água no estado líquido é dominada por pontes de hidrogênio que se quebram e logo se reformam. Note também que a água é uma das únicas substâncias em que a densidade do sólido é menor do que a líquida. Por quê?

Para responder a essa pergunta, devemos retornar para o ponto de congelamento. A densidade de maior valor da água estará em 4°C; a partir de então, a densidade começa a diminuir. As pontes de hidrogênio formam uma rede com estrutura hexagonal (geralmente), que tem um espaço vago no meio do hexágono, devido ao ângulo em que o hidrogênio se liga ao oxigênio. Por isso, a densidade do sólido é menor do que a do líquido.

 *Saber equivalente*

E se o gelo fosse mais denso do que a água? O gelo, em um lago, por exemplo, começaria a se formar na superfície e logo afundaria. Assim, todo o lago ficaria congelado. Como isso não acontece, é formada uma camada de gelo na superfície, isolando o lago. Dessa forma, os animais marinhos, bem como os microrganismos, conseguem sobreviver na água quando o ambiente está em temperaturas baixas.

Além da densidade, como é possível ver que a estrutura da água influencia suas propriedades? Para isso, abordaremos dois outros casos: primeiro, porque o gelo às vezes é transparente e, outras vezes, esbranquiçado (olhe os cubos de gelo no seu *freezer*); segundo, porque os flocos de neve têm forma prismática. Vejamos a figura a seguir.

**Figura 1.1** – Cubos de gelo transparente (esquerda) e translúcido (direita)

Comecemos pelo primeiro caso: Por que a maioria dos cubos de gelo são transparentes na borda e opacos no centro?

Devemos considerar a composição da água e o processo de formação do gelo. O processo de formação do gelo é bem simples: enchemos a forma de água e a colocamos no *freezer*, onde a deixamos durante algumas horas e, então, obtemos o resultado: cubos de gelo. Pois bem, de onde vem o congelamento? No *freezer* comum, vem de todos os lados. Perceba que a forma de gelo estará rodeada pelo ar frio, e o processo de congelamento acontecerá das bordas para o centro. Basta você interromper o processo para observar que os cubos de gelo não estarão completamente congelados; primeiramente, forma-se uma fina camada de gelo na superfície e, por dentro, a água ainda estará no estado líquido.

A água que usamos não é completamente pura, mas carrega impurezas em sua composição, que podem ser minerais, matéria orgânica e microrganismos, assim como gases que ficam presos na água. O processo de congelamento (especialmente se for lento) não deixa espaço para as impurezas se agregarem ao cristal e, assim, são forçadas para fora. Como no *freezer* o ar frio vem de todos os lados, o congelamento acontece da borda para o centro. Os gases não têm para onde escapar e acabam aprisionados dentro do cubo de gelo. Isso mesmo: a parte esbranquiçada no centro do cubo são as bolhas de gás.

Encontramos esse mesmo fenômeno observando a natureza. Na figura seguinte, temos uma peça de gelo formada em geleira, em que observamos as bolhas de gases aprisionadas dentro do cubo.

**Figura 1.2** – Gelo formado na geleira

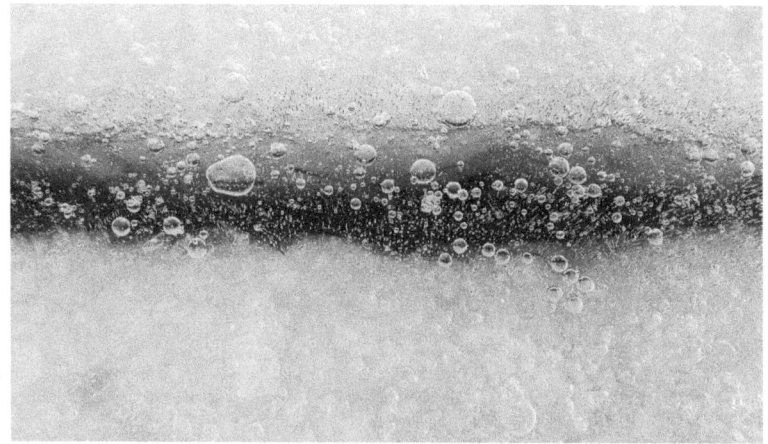

O gelo nas geleiras foi formado no decorrer de milhares de anos por meio da deposição contínua da neve. Conforme essa camada de neve vai ficando mais grossa, as bolhas de ar ficam presas entre as camadas e o peso da neve compacta a estrutura. Os flocos de neve se aproximam e se misturam, formando as placas de gelo.
No laboratório, a água é primeiramente purificada, retirando todo o gás que está misturado dentro dela, o que impede que novos gases sejam adsorvidos. Depois, é levada para um banho gelado, quando é congelada de baixo para cima. Por essa razão, o gelo formado é completamente transparente, e qualquer resquício de impureza é expelido.

## Saber equivalente

As bolhas contêm informação valiosa sobre a atmosfera terrestre em eras passadas. Mas como isso é possível?

À medida que o tempo vai passando, camadas de gelo são depositadas umas sobre as outras, aprisionando bolhas de ar que contêm gases de efeito estufa da atmosfera em diferentes períodos de tempo. Dessa forma, estudando a composição desses gases, podemos obter informações sobre as eras passadas. Além disso, os núcleos de gelo guardam a temperatura da época nas regiões de estudo.

O calor flui lentamente nessas camadas, preservando a temperatura original – é a mesma situação de quando você coloca uma lasanha congelada no micro-ondas: seu interior permanece congelado mesmo após um bom tempo sob aquecimento.

Assim, podemos relacionar, por exemplo, as variações de composição de gases de efeito estufa na atmosfera com as variações de temperatura. Com essas informações associadas aos estudos de fósseis, camadas de solo, entre outros, é possível estabelecer uma linha do tempo climatológica e investigar as mudanças terrestres climáticas ao longo das eras.

Nosso último exemplo são os flocos de neve. Eles crescem em superfícies nas quais o vapor de água pode condensar. Na natureza, flocos de neve são formados na nuvem, em ambientes extremamente úmidos (supersaturados) e com baixa temperatura (abaixo de 0 °C). Mas não é só isso: é necessário que exista uma semente, que pode ser um grão de pólen, uma partícula de pó ou alguma outra partícula na qual o floco de neve vai cristalizar.

**Figura 1.3** – Floco de neve de seis pontas

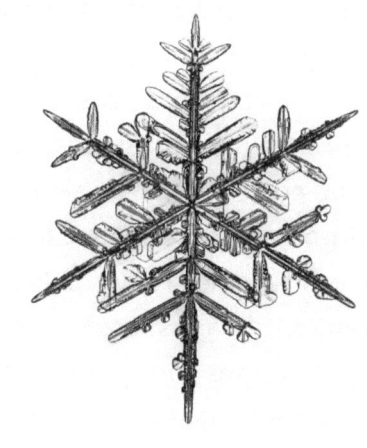

Kichigin/Shutterstock

A semente em suspensão está submetida à intensa variação de temperatura e umidade. Localmente, as condições podem ser consideradas constantes, em razão das dimensões da semente. Assim, o crescimento do floco será simétrico, pois toda a semente está submetida às mesmas condições. Se essas condições mudam, todo o floco de neve irá responder da mesma forma e a simetria será preservada. Adicionalmente, é bem improvável que duas sementes tenham regiões semelhantes de crescimento, fazendo com que os flocos de neve sejam diferentes uns dos outros, porém com algumas características em comum.

A parte central dos flocos de neve é um único prisma cristalino hexagonal, e suas estruturas radiais se originam nas pontas do hexágono. Condições de alta umidade favorecem mais ramificações dos flocos de neve. Isso ocorre porque as pontas do hexágono acumulam moléculas de água rapidamente, fazendo com que as ramificações comecem a se formar. Como as pontas estão mais para fora da estrutura no ar úmido, conforme esse crescimento ocorre, mais afastadas elas ficam e mais rápido será seu crescimento. Ou seja, o crescimento tem uma **retroalimentação** positiva. Estruturas adicionais podem ser geradas nos ramos pelo mesmo tipo de razão que os ramos primários foram formados. Já os flocos de neve com 12 ramos são formados quando as condições de umidade e temperatura permitem a competição de ramificações secundárias na lateral do hexágono.

No entanto, existem muitas perguntas sem respostas. Exatamente como o floco de neve se forma dessa semente ainda não é algo completamente compreendido. Embora a morfologia dos flocos de neve tenha sido catalogada por Ukichiro Nakaya há mais de 75 anos (Nakaya, 1954), ainda hoje esse diagrama é basicamente qualitativo. Mudando-se as condições iniciais, altera-se a geometria dos flocos de neve. Nesse sentido, podemos fazer os seguintes questionamentos: Por que temos formas predominantes de um tipo de estrutura em cada faixa de temperatura e umidade? Como podemos predizer essas estruturas e controlá-las? Apesar de algumas pesquisas (Hicks; Notaros, 2019; Libbrecht, 2017) terem começado a responder a essas perguntas com modelos semiempíricos, dos quais não trataremos neste momento, mais pesquisas são necessárias para entender por completo esse fenômeno observado cotidianamente todos os anos.

Diante do exposto, temos várias motivações para estudar a física do estado sólido (Simon, 2013). Vejamos.

## *Motivação tecnológica*

Entender como a estrutura muda microscopicamente nos permite inferir formas de controlar as propriedades dos materiais. Em outras palavras, a investigação da relação entre a estrutura e as propriedades do material possibilita o desenvolvimento de novas tecnologias para o controle de processos de fabricação de materiais com um conjunto de propriedades predeterminadas. A síntese de novos materiais com propriedades desejáveis geralmente é precursora do desenvolvimento de novas tecnologias e, certamente, promove a popularização destas com acessível custo de produção.

## *Motivação científica*

O entendimento da física envolve a compreensão de como as muitas partículas interagem umas com as outras (problema de muitos corpos). A aplicação das equações fundamentais da mecânica quântica, a princípio, pode ser resolvida para até três partículas (por exemplo, partículas se movendo em um potencial aplicado). Contudo, um sólido tem cerca de $10^{26}$ partículas. A mecânica quântica não tem respostas para descrever o movimento de tantas partículas, e a física do estado sólido oferece a estrutura para a determinação das propriedades fundamentais desse largo número de partículas interagentes.

## *Motivação fenomenológica*

Como já mencionamos, para sermos capazes de entender as propriedades microscópicas do sólido, extensivas ideias e métodos da mecânica quântica têm sido empregados. Muitas vezes, a física do estado sólido é tida como o melhor "laboratório" para estudar os efeitos quânticos e estatísticos. Para compreendermos a relação entre o microscópico e o macroscópico, nada melhor do que observarmos e experimentarmos a natureza que nos cerca para, assim, entendermos o mundo em que vivemos.

Saber o que ocorre com o material em determinada circunstância somente é possível se pudermos descrever e conhecer sua estrutura. Por que os metais são brilhosos? Por que são bons condutores? Como um material pode ser transparente? E, na verdade, transparente ao quê? Veremos em detalhes algumas propriedades importantes dos sólidos nos capítulos deste livro.

## 1.2 Por que átomos isolados se juntam para formar um sólido?

Sabemos que existem vários tipos de ligações químicas. Mas, como elas ocorrem? Qual é a razão de um átomo se juntar a outro para formar um composto e por que os núcleos não se fundem? Para formar um sólido, os átomos devem se aproximar e manter determinada distância de equilíbrio uns dos outros. Logicamente, existe uma energia atrativa que os une e uma energia repulsiva que os mantém a certa distância.

A energia que atrai os átomos está relacionada com a força eletroestática entre o núcleo e a nuvem eletrônica que os separa. A energia atrativa $(u_A)$ é inversamente proporcional à distância de separação, r, dos átomos:

*Equação 1.1*

$$u_A = -\frac{a}{r^m}$$

Nessa equação, a é uma constante e m = 1 para íons e m = 6 para moléculas. Quanto mais longe os átomos estão entre si, mais fraca é a influência que um átomo tem sobre o outro. Conforme vamos trazendo esses átomos para perto, eles começam a exercer forças uns sobre os outros. A força atrativa $(F_A)$ depende do tipo de ligação que existe entre os dois átomos e será discutida mais adiante. A força repulsiva $(F_R)$ aparece quando as nuvens eletrônicas dos dois átomos interagem, tornando-se muito importante para pequenos valores de r – ou seja, quando as camadas externas dos dois átomos se sobrepõem, a força repulsiva deve-se à repulsão núcleo-núcleo e elétron-elétron.

Da mesma forma que a energia atrativa, a energia repulsiva é inversamente proporcional à distância de separação dos átomos, r:

*Equação 1.2*

$$U_R = \frac{b}{r^n}$$

Nesse caso, b e n são constantes. O expoente de repulsão, n, depende da configuração atômica. A energia potencial resultante é a soma da componente atrativa e repulsiva:

*Equação 1.3*

$$U = \frac{b}{r^n} - \frac{a}{r^m}$$

A força envolvida na ligação pode ser encontrada facilmente por:

*Equação 1.4*

$$F = -\frac{dU}{dr}$$

A distância de equilíbrio, $r_0$, ocorre quando as forças são iguais (a força resultante é zero), condição que equivale à energia potencial mínima, $r_0$, dada por:

## Equação 1.5

$$F = -\frac{d\mathcal{U}}{dr} = 0 \therefore r_0 = \left[\frac{nb}{ma}\right]^{[n-m]^{-1}}$$

Os gráficos a seguir mostram as forças atrativa, repulsiva e resultante e a energia potencial atrativa, repulsiva e resultante em função da separação dos dois átomos. O mínimo na curva da energia resultante corresponde à condição de equilíbrio $r_0$. A energia de ligação entre os dois átomos se refere à energia no ponto mínimo e representa a energia necessária para separar esses átomos até o infinito. Materiais que têm uma energia de ligação alta apresentam alta temperatura de fusão.

**Gráfico 1.1** – Gráfico da dependência entre as forças atrativa, repulsiva e resultante em função da distância interatômica de dois átomos

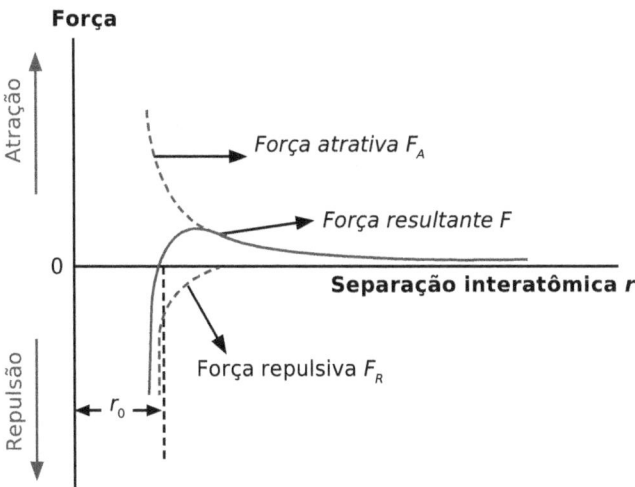

**Gráfico 1.2** – Gráfico da dependência entre energia potencial repulsiva, atrativa e resultante em função da separação interatômica de dois átomos isolados

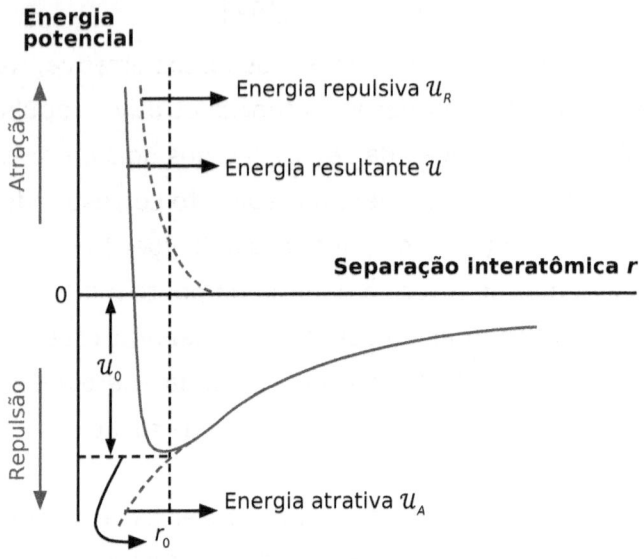

Uma propriedade importante relacionada com a energia de ligação é o coeficiente de expansão térmica. Para que os átomos se movam de sua distância de equilíbrio, deve ser dada energia ao material, geralmente na forma de calor. Se o material é caracterizado por uma alta energia de ligação, os átomos se separam com menor amplitude e o coeficiente de expansão térmica é pequeno, mantendo suas dimensões aproximadas conforme a temperatura muda.

**Gráfico 1.3** – Gráfico da energia interatômica para dois átomos diferentes em função da separação interatômica – materiais que apresentam ligações fortes têm coeficiente de expansão térmica menores

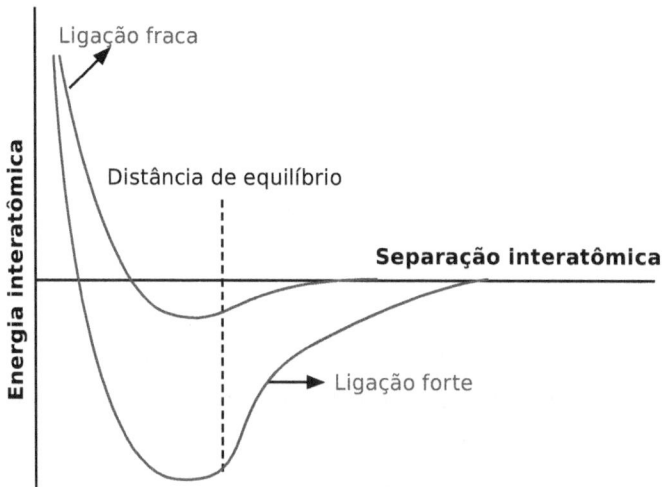

## 1.3 Tipos de ligações químicas*

Existem quatro tipos importantes de ligações químicas para os materiais de interesse: ligações iônicas, ligações covalentes, ligações metálicas e interações de Van der Waals, resultantes da interação coulombiana envolvendo os elétrons e os núcleos dos átomos. Essas ligações são fundamentais para explicarmos as propriedades dos sólidos. A seguir, veremos cada uma delas em detalhe.

---

\* Para conferir todas as informações sobre a tabela periódica citadas nesta seção, veja a tabela completa no Anexo I.

## 1.3.1 Ligação iônica

Resulta da transferência de um elétron de valência de um átomo para o outro, de modo que os dois átomos tenham uma camada completamente cheia (ou completamente vazia). O átomo que contribui com o elétron é chamado de *cátion* e tem uma densidade de carga positiva. O átomo que recebe o elétron é chamado de *ânion* e tem uma densidade de carga negativa. Os íons de sinais opostos atraem uns aos outros, formando uma ligação iônica decorrente da atração coulombiana entre cargas opostas.

Os ânions e os cátions atraem-se igualmente em todas as direções, agrupando a maior quantidade de íons opostos possíveis, isto é, a ligação iônica não é direcionada. Além disso, os elétrons não ficam localizados na vizinhança dos núcleos iônicos, e os íons carregados têm um papel importante no desenvolvimento das propriedades desses sólidos. Compostos de elementos da primeira e da penúltima colunas da tabela periódica são iônicos, chamados de *halogenetos alcalinos* (KCl, LiBr), bem como muitos elementos da segunda e antepenúltima colunas, como vários óxidos alcalino-terrosos, sulfetos, selenetos e teluretos. A figura a seguir mostra o caso mais conhecido de ligação iônica, o cloreto de sódio (NaCl).

**Figura 1.4** – Ligação iônica entre dois átomos diferentes com distintas eletronegatividades

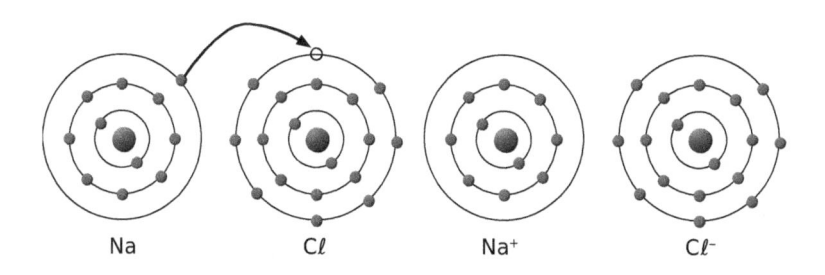

Na    Cl    Na⁺    Cl⁻

Na figura anterior, podemos notar que o sódio doa um elétron de valência ao cloro, e cada um deles se torna íon com diferentes polaridades; assim, a atração ocorre e a ligação é formada.

Analisando esse caso, a configuração eletrônica do sódio termina com um único elétron no orbital tipo s ($1s^2 2s^2 2p^6 3s^1$), e o cloro tem sete elétrons em sua última camada ($1s^2 2s^2 2p^6 3s^2 3p^5$). A estabilidade do átomo ocorre quando as camadas exteriores estão completamente cheias (no caso do cloro, recebendo um elétron, formando Cl) ou completamente vazias (no caso do sódio, doando um elétron, formando $Na^+$).

Por simplicidade, vamos considerar um cristal iônico unidimensional de cargas +q e –q que estão alternadas entre si por uma distância R, formado por N pares de íons. A energia eletroestática desse sistema tem contribuição basicamente coulombiana, logo, a energia por íon é dada por:

## Equação 1.6

$$\mathcal{U} = \frac{1}{2N}\frac{1}{4\pi\epsilon_o}\sum_{i \neq j}\frac{\pm q^2}{r_{ij}} = \frac{q^2}{8\pi R\epsilon_o}\sum_{j \neq 0}\frac{\pm 1}{|j|}$$

Considere um átomo como o referencial ($j = 0$), de modo que a distância da origem para outro átomo seja dada por $r_j = |j|R$:

## Equação 1.7

$$\alpha \equiv \sum_{j \neq 0}\frac{\mp 1}{|j|}$$

Então:

## Equação 1.8

$$\mathcal{U} = -\frac{\alpha q^2}{8\pi R\epsilon_o}$$

Em que $\epsilon_o$ é a permissividade do espaço livre. A constante $\alpha$ é chamada de *constante de Madelung*, sendo adimensional e dependente das características geométricas da estrutura na qual os íons estão organizados. Se $\mathcal{U} < 0$, o cristal iônico é estável. É extremamente difícil retirar um elétron de um sólido iônico, por isso,
em geral, os sólidos iônicos apresentam pequena condutividade elétrica e térmica, o que faz com que sejam bons isolantes. Também é interessante notarmos que a ausência de elétrons livres resulta em uma boa transparência óptica em grande parte do espectro eletromagnético.

## 1.3.2 Ligação covalente

É o tipo de ligação na qual os elétrons de valência são igualmente compartilhados entre os átomos. Na maioria dos casos, os elétrons tendem a ficar na região entre os dois átomos da ligação e têm *spins* opostos: os elétrons compartilhados podem ser considerados pertencentes aos dois átomos.

A próxima figura exemplifica a ligação covalente para uma molécula de hidrogênio ($H_2$). O átomo de hidrogênio possui um único elétron no orbital 1s. Cada um dos átomos compartilha seus únicos elétrons, com *spins* opostos, constituindo uma ligação covalente. Há uma superposição de orbitais moleculares na região entre os dois átomos da ligação, representados por σ: um orbital de ligação (σ1s) e um orbital de antiligante (σ*1s).

Suponhamos que os átomos de hidrogênio estejam muito afastados, de modo que cada átomo tenha um estado de *spin*, $|s_1\rangle$ para o primeiro átomo e $|s_2\rangle$ para o segundo. Quando esses átomos se aproximam, a função de onda da molécula $|\psi\rangle$ é uma composição linear dos dois estados de *spin*:

*Equação 1.9*

$$|\psi\rangle = c_1|s_1\rangle + c_2|s_2\rangle$$

**Figura 1.5** – Ligação covalente entre dois átomos de hidrogênio

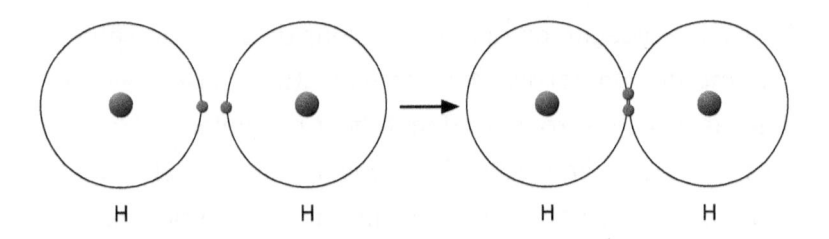

Os orbitais s são funções exponenciais decrescentes a partir do núcleo[*]. Como a molécula é formada por dois átomos iguais, podemos utilizar a simetria para resolver esse problema, havendo duas funções de onda diferentes, uma simétrica e outra antissimétrica: $|\psi_{\pm}\rangle = c_{\pm}(|s_1\rangle \pm |s_2\rangle)$. Para cada uma das funções de onda, existe um autoestado de energia possível, de modo que $E_{\pm} = E_H \mp V$, em que $E_H$ é a energia do orbital 1s do átomo de hidrogênio e V é a energia covalente, que representa o decréscimo de energia associado à formação da ligação. A figura a seguir ilustra o diagrama de energia dos orbitais moleculares para a molécula de hidrogênio $H_2$.

---

[*] Veja desenvolvimento detalhado no Capítulo 9 de Bransden e Joachain (1990).

**Figura 1.6** – Diagrama de energia dos orbitais moleculares para a molécula de hidrogênio

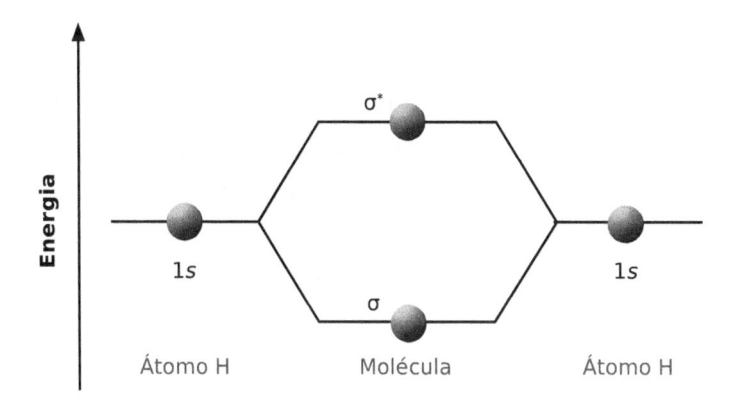

O sistema começa a se tornar mais complexo se aumentarmos a quantidade de elétrons, sendo necessário aplicar o princípio da exclusão de Pauli: cada nível pode conter dois elétrons com *spins* opostos. Com o aumento de elétrons, também surge a repulsão pela superposição de orbitais, que não pode mais ser ignorada ou minimizada, bem como a repulsão coulombiana entre os elétrons. De maneira geral, se o sistema tiver muitos elétrons, ocorre uma divisão da energia em bandas de energia. Os estados são separados por valores de energia que tendem a se aproximar conforme o número de átomos envolvidos aumenta. Um sólido macroscópico tem uma quantidade quase infinita de partículas, fazendo com que se forme um contínuo de energia em regiões permitidas[*].

---

[*] Esse tema importante será tratado mais detalhadamente no Capítulo 5.

A ligação covalente é direcional, ou seja, ocorre entre átomos específicos e pode existir apenas na direção entre os dois átomos que participam do compartilhamento dos elétrons. No caso do $H_2$, essa propriedade não aparece, pois a densidade de probabilidade do elétron de valência, em cada átomo de hidrogênio isolado, é esfericamente simétrica, tendo a direção radial como única direção definida na molécula de $H_2$. Conforme os átomos de hidrogênio se aproximam um do outro para formar a molécula de hidrogênio, suas nuvens eletrônicas interagem e se sobrepõem, aumentando a probabilidade de encontrar os elétrons $1s^1$ dos átomos. Em geral, a densidade de probabilidade de um elétron de valência tem sua própria dependência direcional e certas direções preferenciais para formar ligações covalentes. As propriedades direcionais das ligações covalentes manifestam-se nas propriedades estruturais das moléculas ligadas covalentemente e constituem as bases da química orgânica.

A ligação covalente é às vezes chamada de *homopolar*; contudo, somente casos de moléculas do tipo $O_2$ e $N_2$, por exemplo, são estritamente homopolares, uma vez que os dois lados da molécula são idênticos. Como os elétrons que participam nas ligações covalentes estão firmemente presos aos átomos da ligação, a maioria dos materiais ligados covalentemente é isolante ou, em alguns casos, semicondutor. O comportamento mecânico desses materiais pode variar: alguns são relativamente resistentes e duros, outros são fracos; alguns falham de maneira frágil, outros experimentam quantidades significativas de deformação antes da falha. Assim, não é possível determinarmos as propriedades mecânicas dos materiais ligados covalentemente com base nas características das ligações.

Alguns desses materiais ligados covalentemente podem ser dopados para aumentar a condutividade, como é o caso do silício. Outra característica de sólidos covalentes é o ângulo de ligação, determinado pela alta direcionabilidade da ligação.

### Partícula essencial

A dopagem de um material consiste na inserção de impurezas (outros elementos) para melhorar determinada característica do sólido.

A figura a seguir ilustra a formação da molécula do silício. Observe.

**Figura 1.7** – Formação da molécula do silício

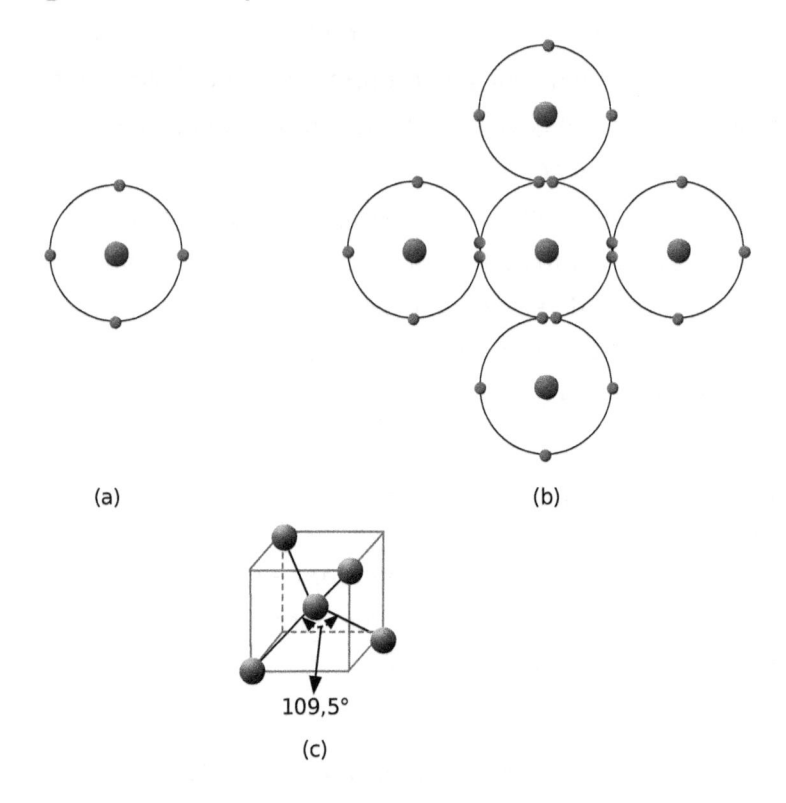

(a)

(b)

109,5°

(c)

Na figura anterior, podemos verificar que (a) a ligação covalente requer que cada átomo tenha seus orbitais mais externos preenchidos; (b) no silício, quatro ligações covalentes devem ser formadas; e (c) as ligações covalentes são direcionais. Ademais, uma estrutura tetraédrica é formada com ângulos de 109,5°.

Além dos exemplos já citados, outras moléculas elementares de não metais, por exemplo, $Cl_2$ e $F_2$, assim como moléculas que contêm átomos diferentes, como $CH_4$, $H_2O$, $HNO_3$ e $HF$, estão ligadas covalentemente. Esse tipo de ligação é encontrado em sólidos como diamante (carbono), arseneto de gálio (GaAs), antimoneto de índio (InSb), carbeto de silício (SiC), entre outros.

Nas estruturas moleculares dos compostos orgânicos e nas macromoleculares dos polímeros, a ligação covalente é a responsável pela formação dessas estruturas. É importante frisarmos que os polímeros apresentam ligação covalente forte entre os átomos na cadeia da macromolécula e ligações secundárias fracas nas ligações intercadeias, que mantêm as macromoléculas unidas.

### 1.3.3 Ligação metálica

Os metais são mais de $\frac{2}{3}$ dos elementos puros e apresentam configurações eletrônicas distintas. Sua característica mais importante é a quantidade de elétrons de valência livres para vagar no material, formando um "mar de elétrons" ou uma "nuvem de elétrons", uma vez que são fracamente ligados ao núcleo atômico. Esses elétrons recebem o nome de *elétrons de condução* quando se forma um material metálico. As ligações metálicas são formadas quando os átomos doam seus elétrons de valência, permitindo que eles transitem em todo o sólido. Vejamos a figura seguinte, que ilustra a ligação metálica.

**Figura 1.8** – Ligação metálica

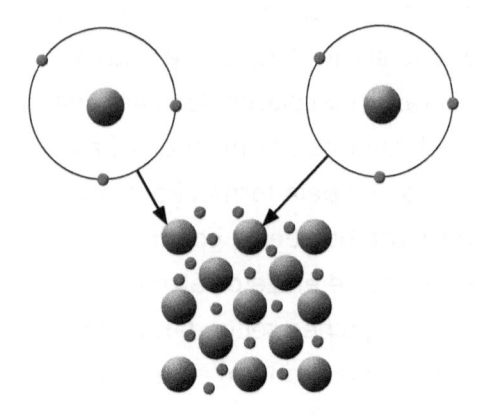

Os metais são bons condutores térmicos e elétricos. Além disso, podem apresentar outras propriedades relacionadas com as características da ligação metálica, por exemplo, a maleabilidade e a ductibilidade.

Os metais nobres têm orbitais da última camada completamente preenchidos e, por isso, são capazes de formar apenas ligações de Van der Waals entre os átomos vizinhos. Os metais alcalinos são formados pelos elementos da família IA da tabela periódica e têm um elétron que pode ser facilmente ionizável no orbital s mais externo. Esses elétrons perdem a referência de seu núcleo parente e podem mover-se em todo o material. Além disso, exercem uma blindagem aos núcleos metálicos.

> **Saber equivalente**
>
> Os elétrons de valência são ditos *elétrons deslocalizados* (tradução livre para *delocalized electrons*). Isso significa dizer que existe uma probabilidade igual para os elétrons estarem associados com qualquer um dos átomos adjacentes. Essa propriedade eletrônica ocorre em todo o material e recebe o nome de *nuvem eletrônica* ou *mar de elétrons*.

Os metais de transição estão localizados da coluna IB até a VIIIB da tabela periódica. Apresentam elétrons quase livres dos orbitais externos s e dos orbitais d da penúltima camada. Esses elétrons contribuem na formação de ligações covalentes entre os átomos vizinhos. Por isso, os metais de transição apresentam alta energia de ligação.

### 1.3.4 Interação de Van der Waals

Tem origem na mecânica quântica. Imagine dois átomos de um elemento inerte afastados um do outro a uma distância grande (ou seja, maior do que seu raio atômico). Sabemos que esses átomos são neutros, mas sua distribuição de cargas não é fixa, de modo que podem induzir momentos de dipolo nos átomos vizinhos, conforme ilustra a figura seguinte. Essas flutuações de carga acontecem no átomo devido ao *zero-point motion*.

Os momentos de dipolo induzido são responsáveis por uma força atrativa fraca. Esse tipo de interação é chamada de *interação de dipolo flutuante* ou *forças de London*.

**Figura 1.9** – Desenvolvimento do dipolo induzido ao átomo de argônio vizinho, criando uma ligação fraca de Van der Waals

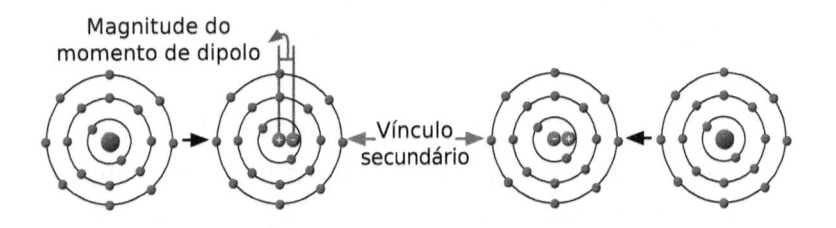

Agora, vamos considerar dois átomos separados por uma distância R e supor que o átomo 1 tenha um momento de dipolo $p_1$. O campo elétrico gerado por esse momento de dipolo é:

*Equação 1.10*

$$\varepsilon \propto \frac{p_1}{R^3}$$

O campo elétrico $\varepsilon$ polariza o átomo 2 e induz um momento de dipolo $p_2$, que pode ser escrito como:

*Equação 1.11*

$$p_2 = \chi\varepsilon$$

Em que $\chi$ é a polarizabilidade do átomo. A energia de interação entre os dois dipolos será dada por:

*Equação 1.12*

$$\mathcal{U} = -p_2 \varepsilon \propto -\frac{\chi p_1^2}{R^6}$$

A interação é atrativa e inversamente proporcional à distância à sexta potência, chamada de *interação de Van der Waals*, responsável pela formação dos cristais de gases nobres. Esses são os cristais mais simples, em que a distribuição eletrônica é próxima à dos átomos isolados, já que os elétrons se mantêm perto de seu átomo. Os cristais de gases inertes são isolantes e apresentam baixo ponto de fusão.

Se a interação ocorrer entre moléculas que já estão permanentemente polarizadas, como é o caso da água, denominados de *interação de Keesom*. A atração entre a região negativa e a região positiva de duas moléculas da água forma uma ligação chamada de *ponte de hidrogênio*, conforme demonstra a próxima figura. A ligação relativamente forte da ponte de hidrogênio da água é a razão para a existência da tensão superficial da água (cerca de 72 mJ/m$^2$).

**Figura 1.10** – Ponte de hidrogênio formada como resultado da polarização da molécula de H₂O

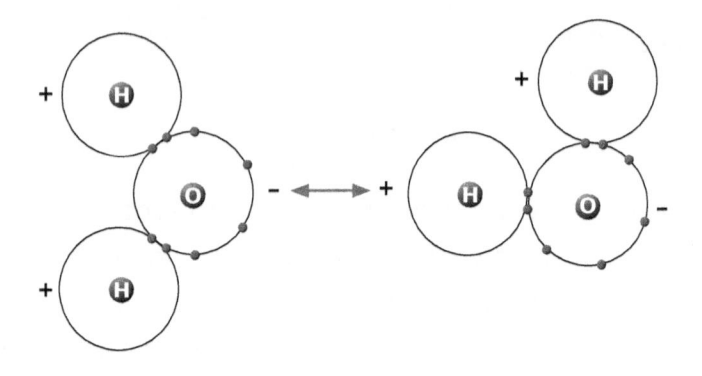

## 1.4 Classificação dos sólidos

Existem diferentes formas de classificação dos sólidos. Eles podem ser agrupados por propriedades, ligações, organizações moleculares etc. A classificação é desenvolvida mantendo em mente o interesse da aplicação do material e de seu estudo. Neste livro, estamos preocupados com a estrutura atômica desses sólidos, mas apresentaremos, de modo geral, uma gama de classificações. Vamos lá?

### 1.4.1 Segundo a função

Podemos classificar os materiais com base em sua função. Esse tipo de classificação é muito comum entre engenheiros, uma vez que precisam entender, estudar, selecionar e alterar os materiais para determinadas funções. Observe o quadro a seguir.

**Quadro 1.1** – Classificação dos sólidos de acordo com a função

| Classificação | Descrição |
|---|---|
| Materiais ópticos | Usados para a confecção de detectores e *lasers* utilizados principalmente na comunicação. O silício, por exemplo, é amplamente empregado na confecção de fibra ótica. Outro exemplo são os polímeros usados para criar os cristais líquidos presentes na televisão de LCD. |
| Materiais estruturais | Suportam estresse. Geralmente, são formados por aço, concreto e outros compostos. São empregados na construção de pontes e prédios. |
| Materiais aeroespaciais | Materiais mais leves, como madeira e ligas de alumínio, fazem parte desse grupo. São usados no desenvolvimento de foguetes e naves espaciais. |
| Materiais biomédicos | Empregados na criação de órgãos artificiais, ossos para reposição, implantodontia (geralmente titânio), implantes e instrumentos ortopédicos. |
| Materiais eletrônicos | Semicondutores e metais são os principais exemplos dessa categoria. Também são usados materiais dielétricos para a confecção de capacitores cerâmicos. |
| Materiais magnéticos | Geradores, equipamentos de diagnóstico de ressonância magnética e fechaduras magnéticas são alguns exemplos de aplicação dos materiais magnéticos. |

*(continua)*

*(Quadro 1.1 – conclusão)*

| Classificação | Descrição |
|---|---|
| Materiais inteligentes | Respondem a estímulos externos, como mudança na temperatura ou aplicação de estresse. São utilizados para a confecção de sensores. O exemplo mais notório são os materiais piezoelétricos (PZT). Uma vez que um estresse é aplicado na direção correta do material, uma tensão é formada. |
| Nanomateriais | Materiais que têm tamanho, como regra, menor que 100 nanômetros (nm). Com propriedades físicas e químicas notáveis, podem ser empregados em vários setores, da saúde e cosméticos até a preservação ambiental e purificação do ar. As propriedades dos nanomateriais são dependentes do tamanho. Dessa forma, podemos modificá-las por meio do controle do tamanho e da forma das partículas constituintes e, com isso, obter novas possibilidades de aplicação para o mesmo material. O estudo das propriedades desses materiais é denominado *nanotecnologia*. |

## 1.4.2 Segundo as propriedades químicas e a estrutura atômica

Os materiais são classificados com base em sua constituição, em sua estrutura atômica, nas ligações químicas e nas propriedades predominantes em cada grupo. Observe o quadro a seguir.

**Quadro 1.2** – Classificação dos sólidos de acordo com as propriedades químicas e a estrutura atômica

| Classificação | Descrição |
|---|---|
| Metais | Compostos por um ou mais elementos metálicos e, às vezes, alguns não metálicos (em pequenas quantidades), como o carbono. Os metais têm sua estrutura organizada de maneira periódica e são relativamente densos. Os átomos metálicos têm muitos elétrons não localizados, ou seja, que não estão ligados a nenhum átomo em particular, sendo livres para se mover no sólido, razão por que são ótimos condutores de eletricidade. |
| Cerâmicas | Compostas por elementos metálicos e não metálicos. Podem ser definidas como *materiais inorgânicos cristalinos*. Exemplos: porcelanas, cimentos e areia. Cerâmicas são geralmente duras e isolantes à passagem de calor e eletricidade, resistindo bem a altas temperaturas e, muitas vezes, a um ambiente corrosível. |
| Polímeros | Formados por uma gama de plásticos e borrachas. Têm longas estruturas moleculares, que geralmente recaem em uma cadeia longa de carbono. Entre suas características estão a baixa densidade, a baixa condutividade elétrica e a suscetibilidade à temperatura. |

*(continua)*

*(Quadro 1.2 – conclusão)*

| Classificação | Descrição |
|---|---|
| Semicondutores | Têm propriedades elétricas intermediárias aos condutores (metais) e isolantes (borrachas). Apresentam propriedades ópticas e elétricas únicas. São materiais muito versáteis para eletrônica e comunicação. |
| Compostos | São formados por dois materiais diferentes, por exemplo, metal e polímero. O objetivo dos compostos é associar propriedades dos materiais individuais e obter um material com as melhores características de cada um. Materiais encontrados na natureza também podem ser compostos, como é o caso do osso e da madeira. |

## 1.4.3 Segundo a estrutura

De modo bem mais geral, podemos classificar os sólidos segundo sua estrutura, a qual está relacionada com o arranjo atômico dentro do material. Vejamos.

**Quadro 1.3** – Classificação dos sólidos de acordo com a estrutura

| Classificação | Descrição |
|---|---|
| Materiais cristalinos | Os arranjos atômicos são periódicos. Se todo o material tem a mesma periodicidade e a ordem se propaga igualmente em toda a sua extensão, o material é chamado de *monocristal*. Se, por outro lado, existirem domínios diferentes, ou seja, se é formado por uma coleção de pequenos monocristais (ou grãos), o material é chamado de *policristal*. |
| Materiais amorfos | Não têm uma estrutura periódica nem um arranjamento de átomos regular. Esses materiais têm estrutura parecida com líquidos. |

**Figura 1.11** – Exemplos de sólidos cristalino, policristalino e amorfo

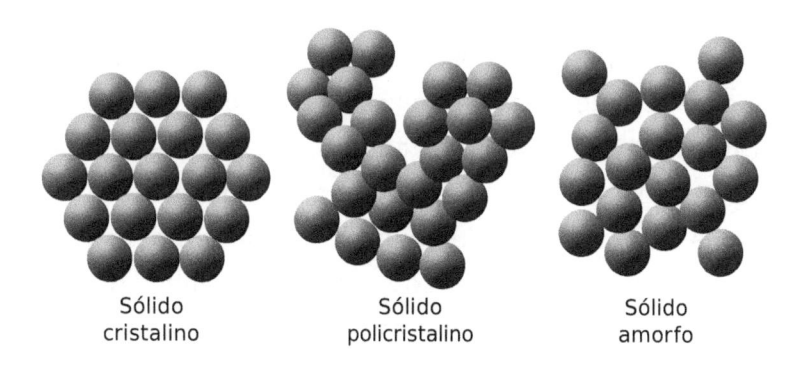

Sólido cristalino    Sólido policristalino    Sólido amorfo

## 1.5 Cristais

Vimos vários exemplos de estruturas que fazem parte da física da matéria condensada – e algumas do ramo específico da física do estado sólido. Neste livro, vamos nos concentrar em um tipo especial de estrutura: a cristalina. Basicamente, um cristal é um grupo de átomos que se repete em um padrão simples por todo o sólido. A estrutura cristalina é a forma mais simples na qual os átomos podem se ordenar para formar um sólido.

### *Partícula essencial*

Em uma estrutura, podemos ter um grupamento de átomos, íons ou moléculas. Por simplicidade, nesta obra, usaremos apenas o termo *átomos* de maneira abrangente e geral.

Mesmo nos restringindo a essa classe dos cristais, conseguimos fazer uma análise variada e detalhada de diversos comportamentos que ocorrem no sólido. Na verdade, as propriedades eletrônicas dos sólidos são mais facilmente evidenciadas nos cristais, e isso se deve ao fato de que os elétrons têm comprimento de onda da mesma ordem de magnitude das distâncias entre os átomos. Portanto, analisando apenas um pequeno grupo de átomos que formam uma estrutura simples e repetitiva, podemos tirar conclusões sobre todo o sólido. Esse modelo estrutural simples também faz com que os cálculos sejam bem mais fáceis. Por isso, os experimentos mais precisos e as teorias mais detalhadas foram todas feitas para cristais perfeitos.

Os cristais podem ser encontrados na natureza, mas cristais crescidos artificialmente têm sido amplamente utilizados em aplicações tecnocientíficas. Com os avanços tecnológicos e o aprimoramento das técnicas de obtenção dos cristais, foi possível melhorar a qualidade e entender a formação desses materiais. Assim, essa área se tornou essencial para a ciência e a engenharia de materiais, a fim de obter materiais com boa qualidade e otimizar suas propriedades físico-químicas para aplicações tecnológicas, tais como detectores, circuitos integrados, spintrônica, dispositivos magnéticos, óptica, dispositivos não lineares, polarizadores, detectores de radiação, *lasers*, entre outras.

O **crescimento de cristais** é basicamente um processo que organiza conjuntos de átomos em matrizes tridimensionais regulares. No entanto, os cristais naturais apresentam uma série de imperfeições, levando a defeitos no ordenamento dos átomos que podem restringir suas aplicações. Além disso, são muitas vezes de natureza policristalina. Assim, o intuito final na obtenção de materiais cristalinos é produzir monocristais perfeitos, de forma e tamanho controlados, e caracterizá-los para entender sua pureza, qualidade e perfeição, a fim de potencializar suas aplicações tecnológicas. Por esse motivo, o crescimento de cristais pode ser considerado um relevante ramo da ciência de materiais para se obter e caracterizar materiais tecnologicamente importantes com diferentes propriedades físico-químicas e aplicações.

Existem diversas formas de crescer um cristal – o princípio básico e comum a todos os métodos é o crescimento a partir de um núcleo. Por exemplo, no caso de um cristal produzido a partir de uma solução, uma pequena amostra do cristal a ser crescido, a semente, é colocada na solução. Logo, se as condições de concentração e temperatura forem adequadas, o cristal cresce a partir dessa semente. Um fator importante é possibilitar que os átomos da solução sejam adsorvidos lentamente na superfície de crescimento, fazendo com que a rede cristalina cresça gradualmente.

O crescimento de cristais a partir da fase líquida corresponde a um dos mais difundidos meios de crescimento de cristais. Entre várias técnicas disponíveis, existem algumas que podem ser agrupadas pela dominação geral de técnicas de crescimento por puxamento em solução em altas temperaturas, que incluem, por exemplo, a técnica de Czochralski (CZ) e a *top seeded solution growth* (TSSG).

A **técnica de Czochralski**, desenvolvida em 1916 por Jan Czochralski, é uma das mais importantes do método de fusão, uma vez que possibilita a preparação de monocristais de diversos compostos com grandes dimensões nos quais a homogeneidade e a pureza podem ser preservadas. Nessa técnica, o material a ser cristalizado é fundido em um cadinho; uma semente cristalina é colocada em contato com a fase líquida e é vagarosamente puxada para cima por meio de uma haste refrigerada, conforme mostra a figura a seguir. Para homogeneizar a fase líquida, bem como obter uma boa simetria térmica, o cristal é mantido em rotação constante. O diâmetro cristalino, nessa técnica, é uma função da temperatura e da velocidade de puxamento.

**Figura 1.12** – Forno para crescimento de cristais da técnica de Czochralski

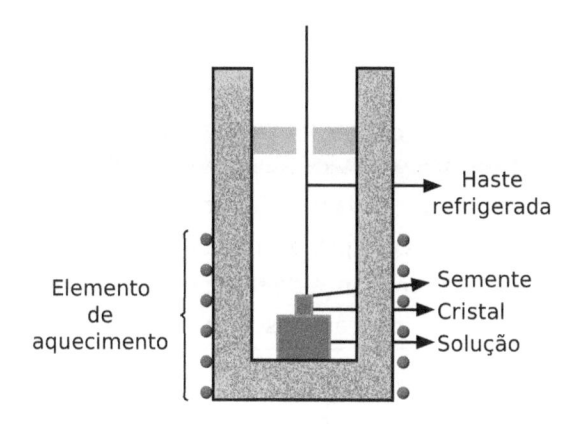

Contudo, essa técnica não permite que cresçam cristais de materiais de fusão incongruente, isto é, aqueles que se decompõem antes da fusão e para os quais, portanto, a cristalização da fase fundida resulta em uma fase diferente da original; materiais que sofrem transição de fase entre a temperatura de fusão e a temperatura ambiente; materiais que apresentam alta pressão de vapor na temperatura de fusão e/ou constituintes altamente voláteis; e materiais altamente refratários.

Já a **técnica TSSG** representa um importante avanço na tecnologia de crescimento de cristais, sendo o resultado da combinação do crescimento por fluxo com a técnica de Czochralski. A TSSG se difere desta última pelo fato de que a fase líquida é constituída de uma solução com o composto a ser cristalizado, o que possibilita o crescimento de cristais que se fundem incongruentemente.

Resumindo, podemos classificar os métodos de crescimento de cristais da forma como apresentada no Quadro 1.4, a seguir.

**Quadro 1.4** – Métodos de crescimento de cristais

| Método | Descrição |
| --- | --- |
| Crescimento a partir da fase sólida | Fase sólida transforma em um sólido, como por exemplo, os métodos de crescimento por mudança de fase polimórfica, por precipitação da solução sólida, entre outros. |
| Crescimento a partir da fase líquida | Fase líquida transforma em um sólido. O crescimento a partir de uma solução pode ser classificado em seis categorias: (i) fusão; (ii) fluxo; (iii) hidrotermal; (iv) gel; (v) eletrocristalização e (vi) à baixa temperatura. |
| Crescimento a partir da fase gasosa | Fase gasosa transforma em um sólido. Podemos citar os processos epitaxiais e *sputtering*, entre outros. |

## *Síntese de elementos*

Neste primeiro capítulo, abordamos a importância de se estudar a física do estado sólido. Motivados pela tecnologia e pela ciência e de forma fenomenológica, estabelecemos a relação entre estrutura e propriedade, a fim de viabilizar aplicações e aperfeiçoar propriedades dos materiais.

Vimos que, para formar um sólido, os átomos devem se aproximar e manter determinada distância de equilíbrio um dos outros e que, nesse processo, há o envolvimento de energia (atrativa e repulsiva), força (atrativa e repulsiva), energia de ligação e coeficiente de expansão térmica.

Algumas das propriedades importantes dos materiais sólidos dependem da geometria dos arranjos atômicos e, também, das interações que existem entre átomos ou moléculas constituintes. As ligações químicas – ligações metálicas, covalentes, iônicas e de Van der Waals –, resultantes da interação coulombiana envolvendo os elétrons e os núcleos dos átomos, mantêm unidos os átomos que compõem um sólido.

Ainda vimos que podemos classificar os sólidos quanto às suas propriedades, ligações, organizações moleculares, entre outras. Por exemplo, a classificação de acordo com as propriedades dos materiais que determinam suas aplicações pode ser: material óptico, estrutural, aeroespacial, biomédico, eletrônico, magnético, inteligente e nanomaterial; com base na química e na estrutura atômica: metais, cerâmicas, polímeros, semicondutores e compósitos; e em relação à sua estrutura: cristalinos ou amorfos.

A estrutura dos materiais cristalinos é a forma mais simples na qual os átomos podem se ordenar para formar um sólido, isto é, um grupo de átomos que se repete de maneira periódica ao longo do sólido. Assim, examinando um pequeno grupo de átomos que forma uma estrutura simples e repetitiva, podemos tirar conclusões sobre o sólido todo. Um sólido com essas características, conhecido como *cristal*, pode ser encontrado na natureza ou ser crescido artificialmente. Existem diferentes formas de se crescer um cristal, mas o princípio básico e comum a todos os métodos é o crescimento a partir de um núcleo. Os métodos de crescimento, por sua vez, podem ser classificados em: crescimento a partir da fase sólida, crescimento a partir da fase líquida e crescimento a partir da fase gasosa. Cada método contempla diferentes técnicas com características distintas.

## *Partículas em teste*

1) Para formar um sólido, os átomos devem se aproximar e manter determinada distância de equilíbrio uns dos outros. Examine as afirmativas a seguir e marque a alternativa correta:
   a) A energia que atrai os átomos está relacionada com a força magnética entre o núcleo e a nuvem eletrônica que separa os átomos.
   b) A força atrativa aparece quando as nuvens eletrônicas de dois átomos interagem.

c) A energia repulsiva é proporcional à distância de separação dos átomos.

d) Materiais que têm uma energia de ligação alta apresentam baixa temperatura de fusão.

e) Uma propriedade importante relacionada com a energia de ligação é o coeficiente de expansão térmica. Para que os átomos se movam de sua distância de equilíbrio, deve ser dada energia ao material, geralmente na forma de calor.

2) Existem quatro tipos fundamentais de ligações químicas para explicar as propriedades dos sólidos: ligações iônicas, ligações covalentes, ligações metálicas e interações de Van der Waals, resultantes da interação coulombiana envolvendo os elétrons e os núcleos dos átomos. A esse respeito, examine as afirmativas a seguir.

I) A ligação iônica resulta da transferência de um elétron de condução de um átomo para o outro, de modo que os dois átomos tenham uma camada parcialmente cheia (ou completamente vazia).

II) A ligação covalente é o tipo de ligação na qual os elétrons de valência são igualmente compartilhados entre os átomos. Na maioria dos casos, os elétrons tendem a ficar na região entre os dois átomos da ligação e têm *spins* opostos: os elétrons compartilhados podem ser considerados pertencentes aos dois átomos.

III) As ligações metálicas são formadas quando os átomos doam seus elétrons de valência, permitindo que eles transitem em todo o sólido. Sua característica mais importante é a quantidade de elétrons de valência livres para vagar no material, formando um "mar de elétrons" ou uma "nuvem de elétrons", uma vez que são fracamente ligados ao núcleo atômico.

IV) A interação é atrativa e inversamente proporcional à distância à sexta potência, chamada de *interação de Van der Waals*, responsável pela formação dos cristais de gases nobres. Esses são os cristais mais simples, em que a distribuição eletrônica é próxima à dos átomos isolados, já que os elétrons se mantêm perto de seu átomo.

Estão corretas as afirmativas:

a) I e II.
b) I e IV.
c) II e III.
d) I, II e IV.
e) II, III e IV.

3) Um tipo de classificação dos sólidos comum nas engenharias é aquela com base na função. Avalie as afirmativas a seguir.

I) Biomateriais são empregados em componentes para implantes, por isso não devem produzir substâncias tóxicas e devem ser compatíveis com o tecido biológico.

II) Os materiais estruturais são utilizados na construção civil.

III) Nenhum material tem comportamento magnético naturalmente; esse comportamento requer a capacidade de exercer uma força de atração ou repulsão sobre outros materiais.

IV) A nanotecnologia aplicada às ciências dos materiais possibilita modificar as propriedades de determinado material por meio do controle do tamanho e da forma de suas partículas constituintes, contudo, isso não possibilita novas aplicações para o mesmo material.

Estão corretas as afirmativas:

a) I e II.
b) II e III.
c) III e IV.
d) II e IV.
e) I e IV.

4) Os materiais sólidos podem ser classificados com base na química e na estrutura atômica: metais, cerâmicas, polímeros, semicondutores e compósitos. Assim, os materiais pertencentes a um grupo têm constituintes e propriedades diferentes em relação aos materiais dos demais grupos. Com base nas características estruturais e nas propriedades dos materiais, analise as afirmações a seguir.

I) As propriedades dos materiais sólidos dependem de sua estrutura cristalina, ou seja, da maneira pela qual átomos, moléculas ou íons se arranjam espacialmente.

II) Os materiais metálicos e alguns materiais cerâmicos formam cristais quando se solidificam, ou seja, seus átomos se arranjam em um modelo ordenado e repetitivo chamado *estrutura cristalina*.

III) Os metais e suas ligas são substâncias inorgânicas constituídas apenas por elementos químicos metálicos.

IV) Os metais e suas ligas (por exemplo, o aço e o latão) são bons condutores de eletricidade e de calor.

É correto o que se afirma em:

a) I e II.
b) I e IV.
c) II e III.
d) I, II e IV.
e) II, III e IV.

5) A respeito da estrutura cristalina, avalie as afirmativas a seguir e marque a alternativa correta:
   a) Os cristais são definidos por não apresentarem uma estrutura periódica nem terem um arranjamento regular de átomos.
   b) Os cristais podem ser encontrados somente na natureza e são amplamente utilizados em aplicações tecnocientíficas.

c) O crescimento de cristais é um processo que organiza conjuntos de átomos em matrizes tridimensionais regulares. No entanto, os cristais naturais apresentam uma série de imperfeições, levando a defeitos no ordenamento dos átomos que podem restringir suas aplicações.

d) Na técnica de crescimento de Czochralski, o material a ser cristalizado é fundido em um cadinho; uma semente cristalina é colocada em contato com a fase líquida e é puxada rapidamente para cima por meio de uma haste, que deve ter a mesma temperatura do material fundido.

e) Podemos classificar os métodos de crescimento em: crescimento a partir da fase sólida, crescimento a partir da fase líquida e crescimento a partir da fase gasosa. Cada técnica de crescimento apresenta características semelhantes.

## Solidificando o conhecimento

### Reflexões estruturais

1) Descreva a propriedade dos materiais listados que permite as aplicações relacionadas e indique por que deve ser assim:
   a) Alumínio para carrocerias de aviões.
   b) Aço destinado a rolamentos para cubo da roda de uma bicicleta.

c) Polietileno tereftalato (PET) para garrafas de água.

d) Vidro para garrafas de vinho.

2) Para projetar uma aeronave que pode voar com uma pessoa sem parar por uma distância de 30 km, quais as propriedades de materiais que você recomendaria? Indique os materiais mais apropriados para esse projeto.

**Relatório de experimento**

1) Investigue um produto ou uma tecnologia inventados depois que você nasceu e que foi possível somente por meio do desenvolvimento de novos materiais. Escreva um pequeno texto, de uma página, sobre isso e indique ao menos três das referências ou *sites* que você consultou.

# Estruturas cristalinas

2

A descrição das propriedades físicas do sólido seria uma tarefa muito difícil se as estruturas estáveis não fossem cristais (estruturas periódicas). Isso se deve ao fato de que o problema de muitos corpos, ou seja, de N-elétrons, é reduzido significativamente quando utilizamos a simetria de translação.

Neste capítulo, abordaremos as estruturas cristalinas perfeitas desconsiderando seus possíveis defeitos, descrevendo-as geometricamente e explorando as redes que as caracterizam. Trataremos sobre os planos cristalinos e as técnicas experimentais para a identificação da estrutura cristalina. Também introduziremos o conceito de espaço recíproco, que é a base para descrevermos ondas em sólidos, tanto as ondas eletrônicas (que veremos no Capítulo 3) quanto as ondas vibracionais (Capítulo 4).

## 2.1 Definição de estrutura cristalina

Chamamos de *estrutura cristalina* a forma pela qual os átomos (íons ou moléculas) estão arranjados no cristal. A propriedade central dessa estrutura é ser regular e periódica. Para que possamos quantificar essa repetição, é imprescindível a identificação do elemento que se repete relacionada com as posições em que os átomos se ordenam uns com os outros no espaço.

## Partícula essencial

Dá-se o nome de *pontos de rede* às posições atômicas no espaço.

Suponhamos um átomo imaginário que se repete em uma dimensão, ou seja, uma linha de átomos alinhados, conforme a figura a seguir.

**Figura 2.1** – Linha de átomos alinhados, na qual $\vec{a}$ é o vetor que representa a distância entre os átomos

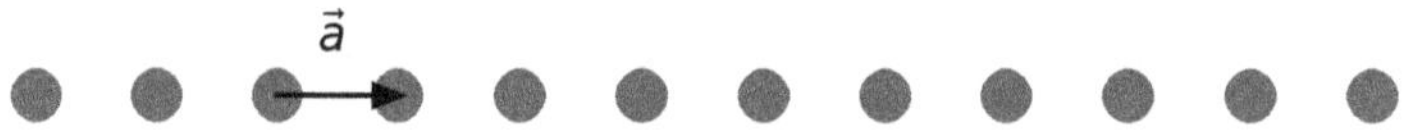

É lógico que, se os átomos se repetem de maneira periódica, eles estão na mesma distância uns dos outros. O vetor $\vec{a}$, que representa a distância entre os átomos, deve ser o mesmo para todos, independentemente do átomo escolhido para ser o referencial, e todas as posições dos demais átomos estarão a um múltiplo inteiro desse vetor $\vec{a}$. Portanto, torna-se redundante estabelecer uma origem e obter todos os vetores das posições dos átomos, já que podemos tomar vantagem da periodicidade do sistema.

Agora vamos imaginar que, em vez de um único átomo, a cadeia tenha três átomos imaginários juntos que se repetem periodicamente, conforme mostra a próxima figura. Esses átomos estarão sempre espaçados em relação uns aos outros da mesma forma, por toda a estrutura. Chamamos de *célula unitária* esse padrão que se repete pelo espaço. Podemos facilmente considerar que esses três átomos formam um mesmo objeto. Assim, fica fácil perceber que existe uma distância na qual o padrão de átomos se repete. Essa unidade que estabelecemos formada pelos três átomos se chama *base*: um grupo de um ou mais átomos, iguais ou não, que pode ser associado a cada ponto da rede.

**Figura 2.2** – Padrão de átomos

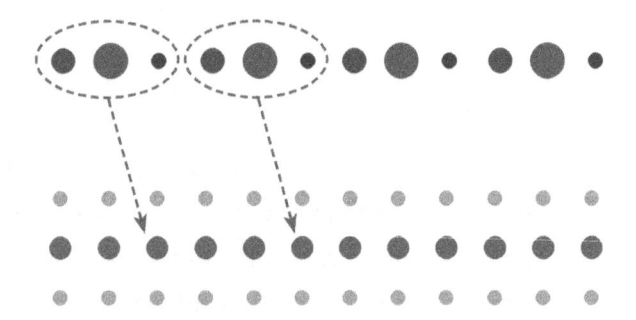

Chegamos aos aspectos que definem uma estrutura cristalina: a rede e a base. A **rede** é uma descrição matemática, constituída por pontos da célula unitária no espaço. A **base** é uma descrição do arranjo de átomos na rede. Resumindo, temos o que aparece na figura a seguir.

**Figura 2.3** – Arranjo de átomos na rede

> Estrutura cristalina = rede + base

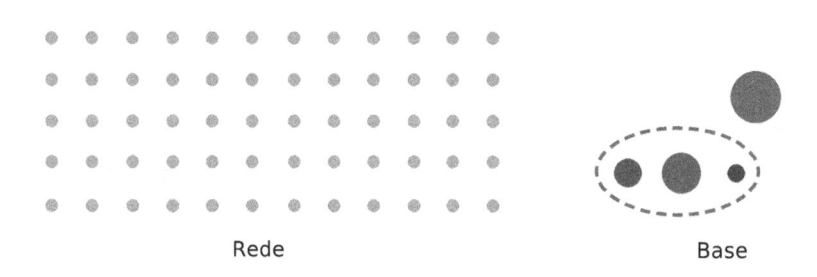

Rede                                  Base

O tipo mais simples de rede é chamado de **rede de Bravais**, que especifica a ordem periódica na qual as unidades que se repetem no cristal estão localizadas.
A unidade pode ser um único átomo, bem como um agrupamento de átomos ou moléculas ou íons. Ou seja, o cristal é um sólido no qual os átomos estão organizados na forma de uma rede. Assim, podemos considerar diferentes arranjos espaciais, com uma infinidade de detalhes, mas todos limitados em sua simetria aos tipos permitidos pela repetição tridimensional, necessária para preencher o espaço sem deixar vazios.

> **⚛ Partícula essencial**
>
> Cristais não englobam os chamados *quase cristais*, ou *cristais líquidos*, entre outros.

Conceitualmente, definimos a *rede de Bravais* como um arranjo infinito de pontos iguais, isto é, mudando o ponto de observação, o cristal sempre é o mesmo de qualquer ponto da rede. Por isso, o cristal deve apresentar simetrias de translação e de rotação: a de translação resulta da maneira como a rede é gerada, e a de rotação resulta das propriedades de simetria intrínsecas da célula unitária.

## 2.1.1 Redes de Bravais bidimensionais

As redes bidimensionais são mais simples de ser entendidas visualmente e ocorrem nas superfícies e nas interfaces dos materiais, às vezes, naturalmente, como no caso do grafite. Matematicamente, a rede de Bravais em duas dimensões (2D) consiste em todos os pontos $\vec{R}$ obedecendo a relação dada por:

## Equação 2.1

$$\vec{R} = n_1\vec{a}_1 + n_2\vec{a}_2$$

Em que $\vec{a}_i$ corresponde aos vetores primitivos da rede, com $n_i$ inteiros. A rede de Bravais é gerada para todo i = 1 e 2.

**Figura 2.4** – Arranjos de átomos regularmente arrumados em dois diferentes sistemas, com a célula unitária e os vetores geradores da rede, $\hat{a}_1$ e $\hat{a}_2$

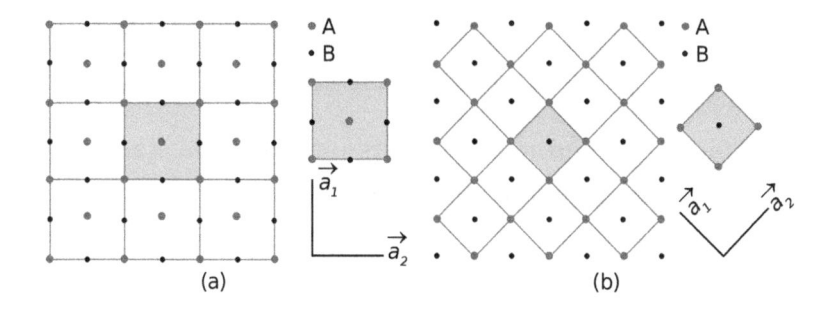

Considere um arranjo de átomos regularmente arrumados, conforme mostra o item (a) da figura anterior. Podemos comparar a célula a um ladrilho com uma estampa anexada repetidamente uma ao lado da outra, até formar a estrutura cristalina como um todo. Na figura a seguir, fizemos exatamente isso: adicionamos o mesmo ladrilho transladado para compor uma parede.

**Figura 2.5** – Ladrilho compondo uma parede

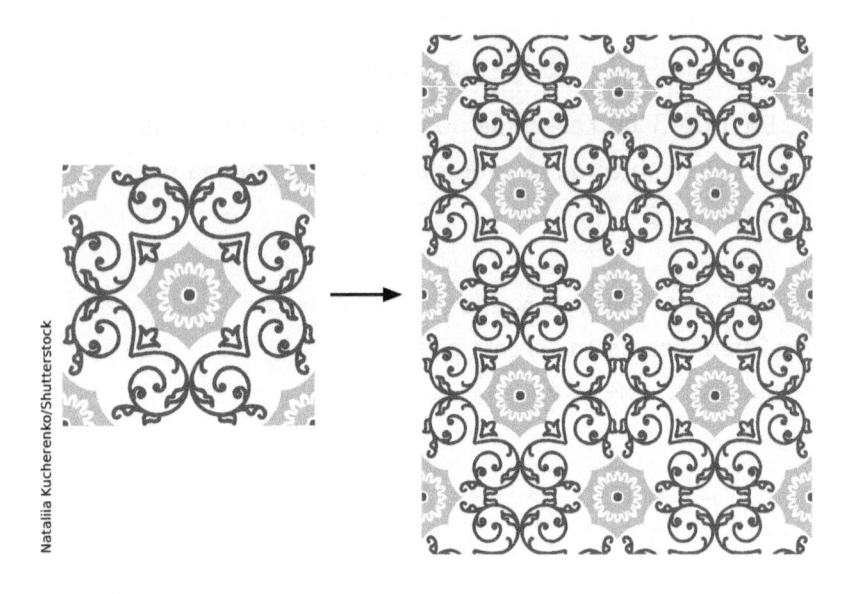

É fácil percebermos que existe uma simetria translacional, tal que podemos reconstruir o padrão com:

*Equação 2.2*

$$\vec{T} = u\vec{a}_1 + v\vec{a}_2$$

Em que u e v são números inteiros. Assim, mapeamos toda a rede espacial. A vizinhança de cada partícula é idêntica uma à outra. A informação da estrutura cristalina está contida nessa pequena região do espaço, que chamamos de *célula*. Todos os ladrilhos mostram a mesma estampa, ou seja, a mesma informação. Nenhum volume (área) do espaço é deixado vazio ou superposto quando os ladrilhos são transladados e copiados um ao lado do outro. A unidade que esse ladrilho representa é denominada, em física, *célula unitária*. Adiante veremos mais sobre esse assunto.

## Saber equivalente

Para obtermos a estrutura cristalina, colocamos cada base de átomos em cada ponto (nó) da rede de Bravais.

Recapitulando: para que a estrutura cristalina seja descrita, combinamos a rede espacial dada pela equação 2.1 com os vetores de base e descrevemos cada ladrilho de modo que obtemos um conjunto de vetores. No caso do item (a) da Figura 2.4, temos:

*Equação 2.3*

$$(A) \rightarrow R_A = 0a_1 + 0a_x$$

*Equação 2.4*

$$(B) \rightarrow R_B = \frac{1}{2}(a_1 + a_2)$$

A composição de vetores primitivos não é única; você pode fazer escolhas, geralmente simples ou que adicionem uma boa simetria à rede.

## 2.1.2 Redes de Bravais tridimensionais

Em três dimensões, a rede de Bravais consiste em todos os pontos $\vec{R}$ que obedecem à relação dada por:

*Equação 2.5*

$$\vec{R} = n_1\vec{a}_1 + n_2\vec{a}_2 + n_3\vec{a}_3$$

Em que $\vec{a}_i$ são os vetores primitivos da rede (que formam uma base e, por isso, são linearmente independentes) e $n_i$ pode ter o valor de qualquer número inteiro, para todo i = 1, 2 e 3.

### Saber equivalente

A classificação das redes de Bravais é baseada na simetria da rede, e não na forma dessa rede. Existe mais de um tipo de célula primitiva com diferentes formas na rede e, por isso, não podem ser usadas como padrão de classificação. Uma discussão mais aprofundada sobre os eixos de simetria, nos quais cada uma das redes de Bravais são invariantes, foi feita no Capítulo 7 de Ashcroft e Mermin (2011).

## 2.1.3 Célula primitiva

Já vimos que se chama *célula unitária* o volume (ou área, se em duas dimensões) do espaço que, quando transladado em todos os vetores da rede de Bravais, preenche todo o espaço sem que haja superposição ou deixe espaços vazios. Quando esse volume é o menor possível, chamamos de *célula primitiva* ou *célula primitiva unitária*. Existem várias células primitivas para a mesma rede, contudo todas devem conter apenas um único ponto da rede, de modo que seu volume, V, sempre seja $V = \frac{1}{n}$, em que n é a densidade de pontos da rede.

### Partícula essencial

Devemos reforçar que, neste livro, as letras mudas podem ser repetidas em diferentes capítulos com significados distintos. Por exemplo, n também pode fazer referência à densidade de elétrons, e não somente à densidade de pontos da rede.

**Figura 2.6** – F e J não são células; C e H são células de Wigner-Seitz; A, B e G são células primitivas; D, E e I são células unitárias

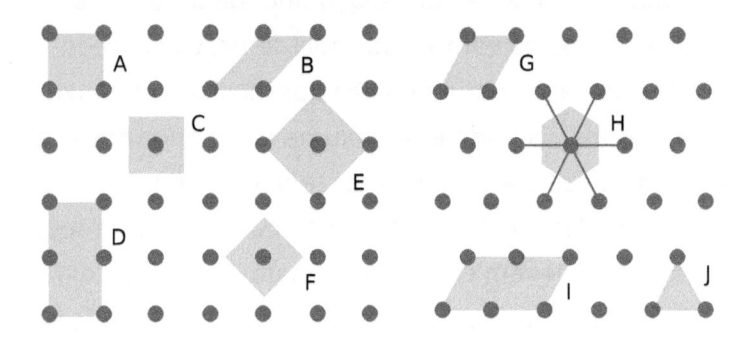

A área da célula, A, é o módulo do produto vetorial entre os vetores primitivos:

*Equação 2.6*

$$A = |\vec{a}_1 \times \vec{a}_2|$$

No caso do volume, a escolha da célula primitiva, que simplifica o cálculo do volume, é a formada pelo paralelepípedo composto pelos vetores primitivos. O volume, V, é dado por:

*Equação 2.7*

$$V = |\vec{a}_3 \cdot \vec{a}_1 \times \vec{a}_2|$$

## 2.1.4 Célula de Wigner-Seitz

Algumas vezes, será importante trabalharmos com células primitivas que tenham a simetria da rede de Bravais na qual estão embutidas. A escolha mais comum é construir uma célula de Wigner-Seitz, definida como a região do espaço que é mais próxima de dado ponto da rede do que qualquer outro. Para construirmos uma célula de Wigner-Seitz, devemos seguir as seguintes etapas:

- Ligar o ponto escolhido a todos os outros da rede (item (a) da Figura 2.7), formando segmentos de reta.
- Encontrar a reta perpendicular que passa pelo ponto médio de cada segmento (bissecta os segmentos – item (a) da Figura 2.7).
- Encontrar o menor poliedro contendo o ponto e limitado por essas retas (item (b) da Figura 2.7).

### Saber equivalente

Em três dimensões, a célula de Wigner-Seitz tem uma estrutura um pouco mais complicada, mas o princípio de construção permanece inalterado.

Os segmentos de reta delimitam a área geométrica plana ou um volume poliédrico. O volume ou área obtido dessa maneira é mínimo, e a repetição dessa figura geométrica, no espaço, compõe a rede.

**Figura 2.7** – Construção da célula de Wigner-Seitz para uma rede em duas dimensões: (a) as linhas pontilhadas ligam o átomo aos seus vizinhos e são interceptadas por bissecções perpendiculares; (b) a área delimitada pelos planos perpendiculares define a célula primitiva de Wigner-Seitz

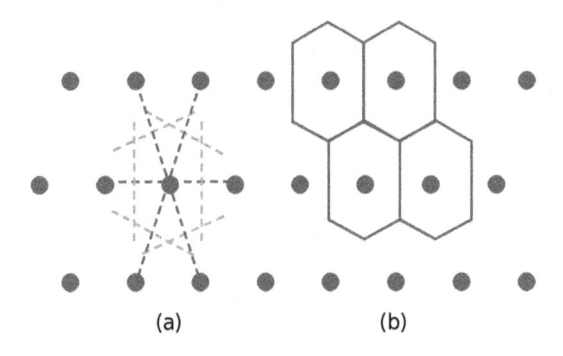

(a)                     (b)

## 2.1.5 Número de átomos por célula unitária

Cada célula unitária contém uma quantidade fixa de pontos de rede. Ao contarmos a quantidade de pontos da rede em uma célula unitária, devemos observar por quantos vizinhos esse ponto é compartilhado. Em duas dimensões, um ponto que está localizado na face da célula não é compartilhado e, portanto, o ponto como um todo contribui para a célula. No caso de um dos vértices do quadrado, cada átomo é compartilhado com outras três células e, por isso, apenas ¼ de átomo por vértice contribui na célula. Vale ressaltarmos que, neste livro, sempre usaremos o círculo/esfera para denotarmos átomos, mas fica implícito que apenas uma fração do átomo contribui para a célula unitária.

Em três dimensões, um ponto de rede localizado na face de uma célula unitária é compartilhado com a célula vizinha. Desse modo, apenas ½ do ponto da rede contribui para a célula unitária (item (b) da Figura 2.8). No caso de um dos vértices do cubo, apenas ⅛ do ponto contribui para a célula unitária (item (c) da Figura 2.8). Da posição no centro da célula, a contribuição é do ponto inteiro (item (a) da Figura 2.8). Vejamos.

**Figura 2.8** – Contribuição atômica para cada célula unitária: (a) o átomo no meio da célula contribui completamente; (b) o átomo entre duas células unitárias contribui com ½ de átomo para cada uma das células; (c) o átomo no vértice contribui com ⅛ para cada célula

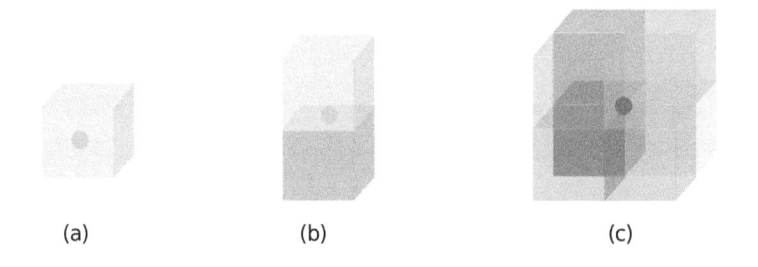

(a)    (b)    (c)

Conhecendo a contribuição dos átomos por célula unitária, podemos calcular o volume da célula primitiva:

## Equação 2.8

$$V = \frac{V_{cel}}{N_{pontos}}$$

Em que $V_{cel}$ é o volume da célula convencional e $N_{pontos}$ é o número de pontos da rede por célula.

Como exemplo, vamos demonstrar que o volume da célula unitária da rede cúbica de corpo centrado (CCC), mostrada na figura a seguir, é $\frac{a^3}{2}$. Acompanhe.

**Figura 2.9** – Célula primitiva da rede cúbica de corpo centrado

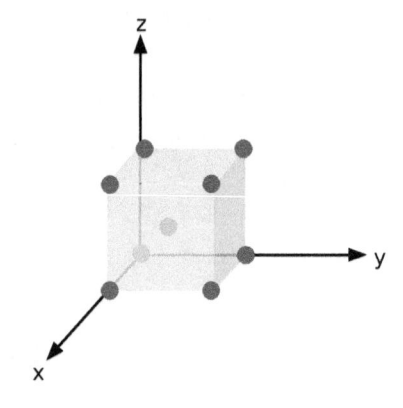

### Método 1

Os vetores primitivos são:

$$\vec{a}_1 = \frac{a}{2}(\hat{x} + \hat{y} + \hat{z}), \quad \vec{a}_2 = a\hat{y} \quad \text{e} \quad \vec{a}_3 = a\hat{x}$$

Então, o produto triplo $\left|\hat{a}_1 \cdot \hat{a}_2 \times \hat{a}_3\right| = \left|\hat{a}_1 \cdot a^2\hat{z}\right| = \frac{a^3}{2}$.

**Método 2**

A densidade de pontos de rede na célula unitária é:

$\frac{1}{8}$ (8 pontos no vértice) + (1 centro da célula) = 2

O volume da célula convencional é $a^3$.

Logo, pela Equação 2.8, temos:

$$V = \frac{a^3}{2}$$

### 2.1.6 Número de coordenação

O número de átomos vizinhos de um átomo em particular é chamado de *número de coordenação* (NC). Esse número nos permite medir o quanto os átomos estão próximos e empacotados. Para um cubo simples, cada átomo do vértice está próximo a seis outros átomos, logo, NC = 6. O máximo valor de NC que uma célula pode ter é 12. A figura a seguir mostra o NC para duas células diferentes.

**Figura 2.10** – Número de coordenação (a) em uma rede cúbica simples, na qual o átomo central tem seis vizinhos próximos e (b) em uma rede cúbica de corpo centrado, na qual o átomo central tem oito vizinhos próximos

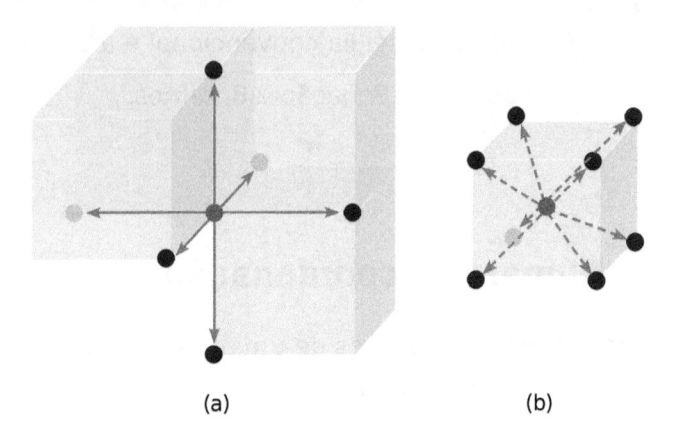

(a)    (b)

## 2.1.7 Fator de empacotamento atômico

O fator de empacotamento, FE, ou *fração de empacotamento atômico*, é a porção do espaço ocupada por átomos, assumindo que esses átomos são esferas rígidas. É definido como:

*Equação 2.9*

$$FE = N\frac{V_A}{V}$$

Em que N é o número de átomos por célula, $V_A$ é o volume do átomo e V é o volume da célula unitária.

O fator de empacotamento é a relação entre o volume ocupado pelo átomo dividido pelo volume total e mede o quanto a célula é preenchida pelos átomos. Se pensarmos em átomos como pequenas esferas rígidas que se atraem com uma força fraca, logicamente os sólidos cristalinos irão preferir as estruturas com menos espaços vazios. Os cristais são mais estáveis quando apresentam fator de empacotamento mais alto.

## 2.1.8 Densidade teórica

A densidade teórica do material, $\rho$, pode ser calculada com base em suas propriedades cristalinas, considerando um cristal perfeito. A quantidade de defeitos cristalinos no material refletirá diretamente em sua densidade, afastando o valor real do teórico. Materiais iônicos são propensos a essas diferenças.

A densidade é definida como:

*Equação 2.10*

$$\rho = M_A \frac{N}{V N_A}$$

Em que N é o número de átomos por célula, $M_A$ é a massa atômica, V é o volume da célula unitária e $N_A$ é a constante de Avogadro.

## 2.2 Estruturas cristalinas e seus tipos mais comuns

Existe apenas uma forma de arranjar os pontos em **uma dimensão**, conforme vimos anteriormente na Figura 2.1 – um conjunto de pontos separados pela mesma distância (equidistantes).

Contudo, uma rede de **duas dimensões** tem cinco formas de se organizar para que sua vizinhança seja idêntica. Vejamos a próxima figura.

Figura 2.11 – Rede de Bravais em duas dimensões

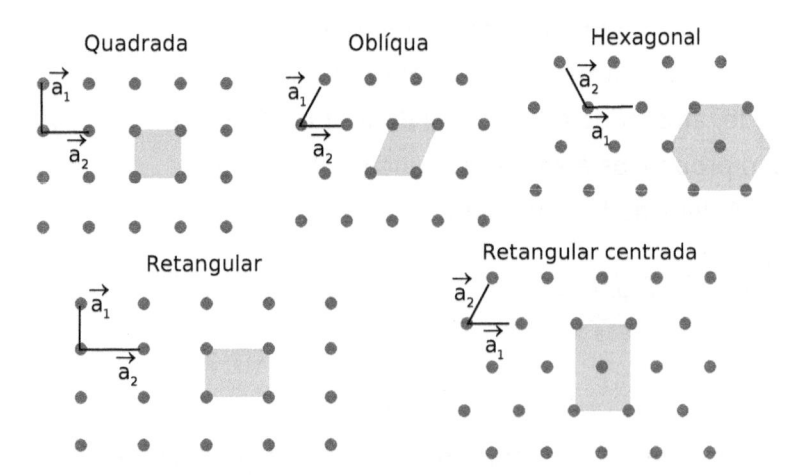

Vale ressaltar que nem todos os arranjos regulares de pontos são uma rede de Bravais. Vejamos o exemplo de arranjo bidimensional conhecido como *estrutura do favo de mel* (grafeno): embora a rede seja periódica e ordenada, não é uma rede de Bravais. Observe a figura a seguir e perceba que nem todo ponto da rede visualiza sua vizinhança da mesma forma. Podemos fazer uma escolha simples de base e, portanto, de vetores primitivos, para que a célula se repita durante todo o espaço.

**Figura 2.12** – Estrutura do favo de mel e células unitárias (linhas pontilhadas)

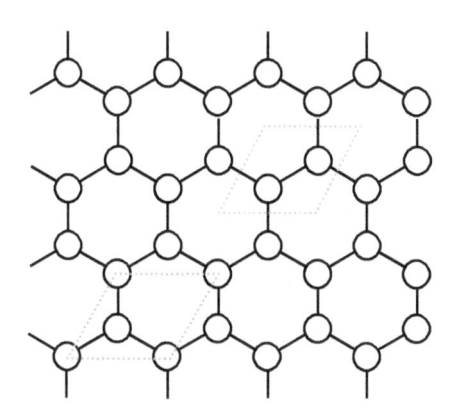

**Quadro 2.1** – Sistemas cristalinos e redes de Bravais, com parâmetros de rede a, b e c, e ângulos interaxiais $\alpha$, $\beta$ e $\gamma$

| Sistema | Simples | Face centrada | Corpo centrado | Base centrada |
|---|---|---|---|---|
| Cúbico $a_1 = a_2 = a_3$ $\alpha = \beta = \gamma = 90°$ | | | | |

*(continua)*

*(Quadro 2.1 – conclusão)*

| Sistema | Simples | Face centrada | Corpo centrado | Base centrada |
|---|---|---|---|---|
| Tetragonal $a_1 = a_2 \neq a_3$ $\alpha = \beta = \gamma = 90°$ | ▨ | | ▨ | |
| Ortorrômbico $a_1 \neq a_2 \neq a_3$ $\alpha = \beta = \gamma = 90°$ | ▨ | ▨ | ▨ | ▨ |
| Monoclínico $a_1 = a_2 = a_3$ $\alpha = \beta = \gamma \neq 90°$ | ▨ | | | ▨ |
| Triclínico $a_1 = a_2 \neq a_3$ $\alpha = \beta = 90°$ $\gamma = 120°$ | ▨ | | | |
| Trigonal $a_1 \neq a_2 \neq a_3$ $\alpha = \gamma = 90° \neq \beta$ | ▨ | | | |
| Hexagonal $a_1 \neq a_2 \neq a_3$ $\alpha \neq \beta \neq \gamma \neq 90°$ | ▨ | | | ▨ |

Em **três dimensões**, a rede de Bravais pode apresentar 14 formas diferentes, organizadas em 7 sistemas cristalinos de acordo com o tipo de célula unitária: cúbico, tetragonal, ortorrômbico, monoclínico, triclínico, trigonal e hexagonal. Para a representação geométrica da célula unitária, um sistema de coordenadas xyz será estabelecido com sua origem em um dos vértices da célula.

Os parâmetros de rede serão os comprimentos axiais da célula unitária, aqui escritos como a, b e c.

Os ângulos entre os comprimentos axiais, chamados de *ângulos interaxiais*, serão denotados por $\alpha$, $\beta$ e $\gamma$. Por convenção, $\alpha$ é o ângulo entre b e c, $\beta$ é o ângulo entre a e c, e $\gamma$ é o ângulo entre a e b, conforme é possível observar na figura a seguir.

**Figura 2.13** – Eixos de coordenadas x, y e z mostrando comprimentos axiais (a, b e c) e ângulos interaxiais ($\alpha$, $\beta$ e $\gamma$)

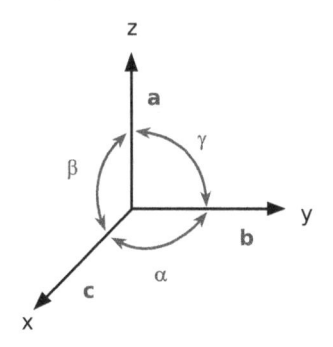

As células unitárias são chamadas de *células convencionais*, mas não são necessariamente as menores que reproduzem a rede pela translação repetitiva. Lembramos que as menores células unitárias que reproduzem a rede são as células primitivas.

## 2.2.1 Sistema cúbico

Os cristais têm a estrutura cúbica como a mais predominante. Os exemplos mais comuns dessa estrutura são metais comuns, como Au, Al, K, Cu, e compostos mais simples, como NaCl, BeCu, LiH. Dependendo da posição que os átomos ocupam na estrutura cristalina, o cristal pode ser classificado em *rede cúbica simples* (CS), *rede cúbica de corpo centrado* (CCC) ou *rede cúbica de face centrada* (CFC).

### *Partícula essencial*

*Compostos* são cristais formados por mais de um elemento químico. Como ao menos dois átomos estão envolvidos em sua estrutura, eles não podem ser redes de Bravais, e sempre serão descritos como rede com uma base.

## Rede cúbica simples (CS)

É descrita pelos vetores primitivos:

### Equação 2.11

$$\vec{a}_1 = a(100), \quad \vec{a}_2 = a(010), \quad \vec{a}_3 = a(001)$$

A célula unitária tem um átomo posicionado em cada vértice do cubo, conforme mostra o item (a) da Figura 2.14. Cada átomo apresenta número de coordenação NC = 6. O parâmetro de rede é o mesmo que a aresta do cubo, a, que, nesse caso, corresponde a a = 2r, em que r é o raio da esfera rígida atômica. O volume atômico é dado pelo volume da esfera de raio r, e o volume da célula primitiva é dado pela Equação 2.1. O empacotamento atômico, FE, pode ser encontrado por meio da Equação 2.9. Vejamos o cálculo:

$$FE = \frac{1 \cdot \frac{4}{3}\pi r^3}{a^3} = \frac{1 \cdot 4\pi r^3}{3 \cdot 8r^3}$$

$$FE = 0{,}52$$

No caso da CS, apenas 52% da célula está ocupada por átomos. O fator de empacotamento baixo faz com que a célula cúbica simples não seja estável nesse caso; é mais comum em compostos nos quais há diferença entre os raios dos elementos formadores da base.

## Rede cúbica de corpo centrado (CCC)

É descrita pelos vetores primitivos:

### Equação 2.12

$$\vec{a}_1 = \frac{a}{2}(1\ \ 1\ \ -1), \quad \vec{a}_2 = \frac{a}{2}(-1\ \ 1\ \ 1), \quad \vec{a}_3 = \frac{a}{2}(1\ \ -1\ \ 1)$$

A célula unitária tem um átomo posicionado em cada vértice do cubo e outro no centro da célula, conferindo dois átomos por célula (N = 2). Cada átomo apresenta NC = 8. O parâmetro de rede deve ser calculado por meio da diagonal do cubo, correspondendo a 4r (diâmetro de duas esferas rígidas). Utilizando a relação triangular mostrada no item (b) da Figura 2.14, vemos que $a = \frac{4r}{\sqrt{3}}$. O empacotamento atômico, FE, é dado pela Equação 2.9:

$$FE = \frac{2 \cdot \frac{4}{3}\pi r^3}{\left[\frac{4r}{\sqrt{3}}\right]^3} = \frac{2 \cdot 4\pi r^3 \cdot 3\sqrt{3}}{3 \cdot 64 r^3}$$

$$FE = 0{,}68$$

Em razão da elevação do fator de empacotamento para 68%, encontramos vários metais que se cristalizam nessa estrutura.

## Rede cúbica de face centrada (CFC)

Também pode ser chamada de *cubic close-packed*, uma vez que as esferas rígidas estão muito próximas umas das outras. O conjunto de vetores primitivos que descreve essa rede de lado a é:

*Equação 2.13*

$$\vec{a}_1 = \frac{a}{2}(1\ 1\ 0), \quad \vec{a}_2 = \frac{a}{2}(1\ 0\ 1), \quad \vec{a}_3 = \frac{a}{2}(0\ 1\ 1)$$

A célula unitária tem uma base posicionada em cada vértice do cubo e no centro de cada face, obtendo-se 4 átomos por célula (N = 2). Cada átomo tem 12 vizinhos, ou seja, o número de coordenação dessa estrutura é NC = 12. O parâmetro de rede deve ser calculado a partir da diagonal do quadrado da face, que deve corresponder a 4r (diâmetro de duas esferas rígidas). Utilizando a relação triangular mostrada na no item C da Figura 2.14, vemos que $a = \frac{4r}{\sqrt{2}}$. O empacotamento atômico (FE) é dado pela Equação 2.9:

$$FE = \frac{4 \cdot \frac{4}{3}\pi r^3}{\left[\frac{4r}{\sqrt{2}}\right]^3} = \frac{4 \cdot 4\pi r^3 \cdot \sqrt{2}}{3 \cdot 32 r^3}$$

$$FE = 0{,}74$$

Agora, 74% da célula é preenchida por átomos. Esse valor corresponde ao máximo possível de índice de ocupação para a aproximação de esferas rígidas. Por isso, o empacotamento da célula unitária CFC é o mais eficiente se comparado com a estrutura hexagonal compacta (HC), que veremos mais adiante.

**Figura 2.14** – Relação entre o raio do átomo e o tamanho da aresta da célula unitária para cada rede: (a) cúbica simples, (b) cúbica de corpo centrado e (c) cúbica de face centrada

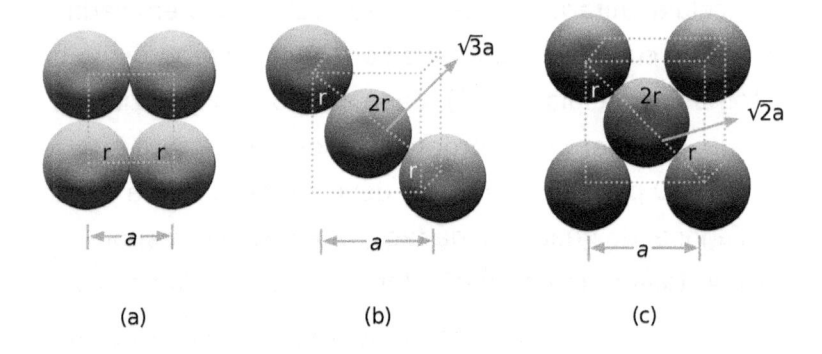

(a) (b) (c)

A **estrutura do diamante** é composta por átomos de carbono e não é uma rede de Bravais. Consiste em uma estrutura complexa, formada por duas CFCs deslocadas na diagonal da célula cúbica por $\left(\dfrac{a}{4} \ \dfrac{a}{4} \ \dfrac{a}{4}\right)$, ou uma CFC com dois átomos de base, conforme mostrado na figura a seguir. A seta indica a distância entre as bases e vale 2r.

**Figura 2.15** – Célula primitiva da estrutura do diamante

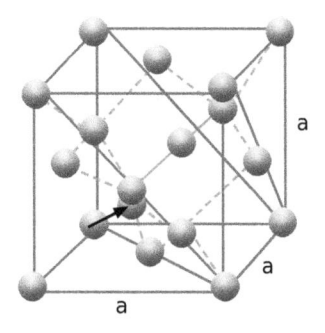

Os vetores primitivos são:

*Equação 2.14*

$$\vec{a}_1 = a(1 \quad 0 \quad 0), \quad \vec{a}_2 = \frac{a}{2}(1 \quad \sqrt{3} \quad 0), \quad \vec{a}_3 = a(0 \quad 0 \quad 1)$$

Nesse caso, $\vec{a}_3$ corresponde ao eixo c. Cada átomo na estrutura tem exatamente quatro vizinhos, organizados simetricamente ao seu redor. A base dessa estrutura é formada por dois átomos, localizados em:

$$\vec{R}_1 = 0\vec{a}_1 + 0\vec{a}_2 + 0\vec{a}_3$$

$$\vec{R}_2 = \frac{1}{4}\vec{a}_1 + \frac{1}{4}\vec{a}_2 + \frac{1}{4}\vec{a}_3$$

A distância entre os átomos equivale ao diâmetro de um dos átomos:

$$2r = \sqrt{\left(\frac{a}{4}\right)^2 + \left(\frac{a}{4}\right)^2 + \left(\frac{a}{4}\right)^2} \quad \therefore \quad a = \frac{8}{\sqrt{3}}r$$

Dentro da célula unitária, encontramos oito átomos em cada vértice, contribuindo com ⅛ de átomo cada um, seis átomos em cada face, contribuindo com ½ de seu volume, e quatro átomos dentro da célula, contribuindo integralmente, ou seja, N = 8. O empacotamento atômico (FE) é dado também pela Equação 2.9:

$$FE = \frac{8 \cdot \frac{4}{3}\pi r^3}{\left[\frac{8r}{\sqrt{3}}\right]^3} = \frac{8 \cdot 4\pi r^3 \cdot 3\sqrt{3}}{3 \cdot 512 r^3}$$

$$FE = 0{,}34$$

### 2.2.2 Sistema hexagonal

A célula primitiva da rede hexagonal não se parece realmente com um hexágono, conforme podemos perceber no Quadro 2.1. Conseguimos ver o hexágono apenas quando combinamos três ou mais células unitárias. Dependendo da posição que os átomos ocupam na estrutura cristalina, o cristal pode ser classificado em *rede hexagonal simples* (HS) ou *rede hexagonal compacta* (HC). Acompanhe.

## Rede hexagonal simples (HS)

Tem como vetores primitivos:

*Equação 2.15*

$$\vec{a}_1 = a\left(\frac{\sqrt{3}}{2} \quad \frac{1}{2} \quad 0\right), \quad \vec{a}_2 = a\left(\frac{\sqrt{3}}{2} \quad -\frac{1}{2} \quad 0\right), \quad \vec{a}_3 = \left(0 \quad 0 \quad c\right)$$

## Rede hexagonal compacta (HC)

Essa estrutura é uma das mais frequentes formas de cristalização para os metais. A célula primitiva é formada por dois hexágonos sobrepostos, que apresentam um átomo em cada vértice e um átomo em seu centro.

A base de átomos é formada por dois átomos, configurando a HC como uma rede mais de base. A base inferior e a superior consistem em seis átomos que formam um hexágono regular com um átomo no meio da face. Outro plano, situado no meio da distância entre as bases $\left(\frac{c}{2}\right)$, tem mais três outros átomos. É importante ressaltarmos que cada átomo de uma camada está diretamente acima (ou abaixo) dos intervalos dos átomos, ou seja, nos interstícios formados entre os três átomos de cada camada adjacente. Cada átomo apresenta 12 vizinhos próximos, isto é, NC = 12.

O número de átomos por célula primitiva deve levar em consideração os 12 vértices, que contribuem com $\frac{1}{6}$ de átomo, as duas faces, que contribuem com $\frac{1}{2}$ de átomo cada uma, e três átomos da camada do meio, que contribuem integralmente, de modo que obtemos N = 6.

O volume da estrutura é a soma das áreas dos seis triângulos equiláteros de lados a, multiplicado pela altura c:

$$V = 3\sqrt{3}a^2 \frac{c}{2}$$

Note que os parâmetros a e c não necessariamente se relacionam. Contudo, quando o parâmetro a é igual ao diâmetro de um átomo, a = 2r, e o parâmetro c obedece ao triângulo na pirâmide mostrada na figura seguinte, os átomos estão no lugar correto para que a estrutura tenha um alto fator de empacotamento. Nessa situação, obtemos $c = a\sqrt{\frac{8}{3}}$. O fator de empacotamento pode ser obtido por meio da Equação 2.9:

$$FE = \frac{6 \cdot \frac{4}{3}\pi r^3}{3\sqrt{3}a^2 \frac{c}{2}} = \frac{6 \cdot 4\pi r^3 \cdot 2}{3\sqrt{3}[2r]^2 \cdot 1{,}67 \cdot 2r}$$

$$FE = 0{,}74$$

**Figura 2.16** – (a) Rede hexagonal, (b) rede hexagonal em esferas rígidas e (c) tetraedro usado para o cálculo das arestas

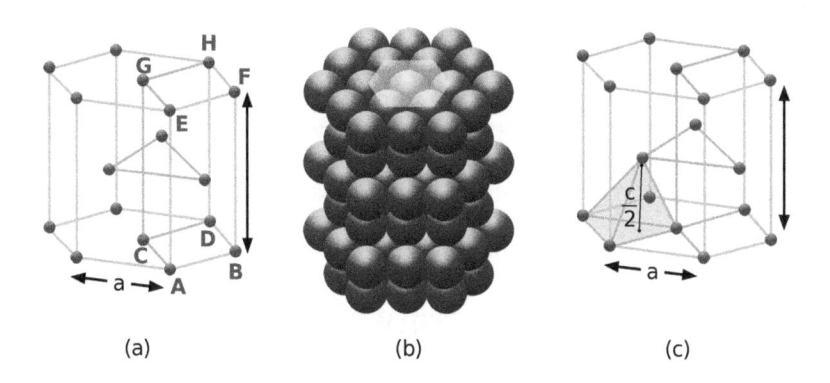

(a)  (b)  (c)

A tabela a seguir resume as características das estruturas cristalinas de alguns metais, em que a são as arestas do cubo, r é o raio do átomo, N é o número de átomos por célula, NC é o número de coordenação e FE é o fator de empacotamento. Vejamos.

**Tabela 2.1** – Características da estrutura cristalina de alguns metais à temperatura ambiente

| Estrutura | a(r) | N | NC | FE | Exemplos |
|---|---|---|---|---|---|
| CS | $a = 2r$ | 1 | 6 | 0,52 | Po, CsCl, CuZn, α-Mn |
| CCC | $a = \dfrac{4r}{\sqrt{3}}$ | 2 | 8 | 0,68 | Fe, W, K, Na, V, Ti, Mo, Nb |
| CFC | $a = \dfrac{4r}{\sqrt{2}}$ | 4 | 12 | 0,74 | Fe, Cu, Au, Pt, Ag, Pb, Ni, MnO, NaCl, KBr |

*(continua)*

*(Tabela 2.1 – conclusão)*

| Estrutura | a(r) | N | NC | FE | Exemplos |
|---|---|---|---|---|---|
| Diamante | $a = \dfrac{8r}{\sqrt{3}}$ | 8 | 4 | 0,34 | Ge, Si, C, Sn |
| HC | $a = 2r$ | 2 | 12 | 0,74 | Cd, Mg, Ti, Zn |

Fonte: Elaborado com base em Askeland; Fulay; Wright, 2011; Ashcroft; Mermin, 1976.

## 2.2.3 Alotropia ou transformações polimórficas

É a propriedade de algumas substâncias de se organizarem com diferentes estruturas cristalinas. O termo *alotropia* é usado, geralmente, para elementos puros, e *transformação polimórfica* é empregado para compostos. Esses materiais apresentam formas e propriedades físicas diferentes, tais como densidade, organização espacial e condutividade elétrica.

Dois materiais naturais alotrópicos são o diamante e o grafite; ambos apresentam propriedades físicas distintas, como dureza, condutividade térmica e condutividade elétrica. Também é possível sintetizar formas alotrópicas do carbono, como é o caso do fluoreno e do grafeno, cada um com propriedades físicas e aplicações distintas.

Na figura a seguir, podemos observar a estrutura cristalina do diamante, do grafite, do fluoreno e do grafeno.

**Figura 2.17** – Estrutura cristalina de diamante, grafite, fluoreno e grafeno

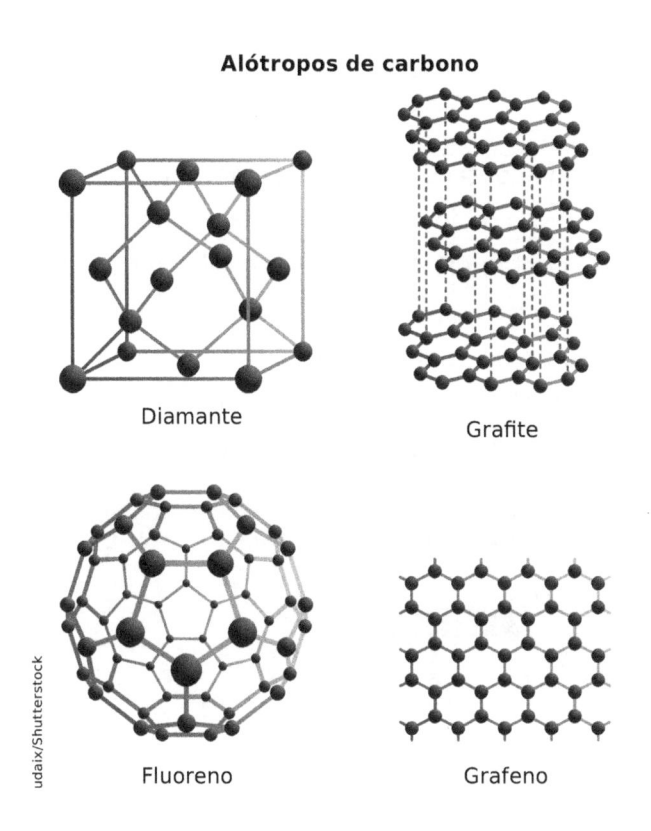

**Alótropos de carbono**

Diamante

Grafite

Fluoreno

Grafeno

udaix/Shutterstock

## 2.3 Rede recíproca

É fundamental para o estudo dos sólidos, uma vez que a física de ondas em cadeias periódicas, seja por ondas eletrônicas, seja por ondas vibracionais, é mais bem descrita no espaço recíproco. Um dos experimentos mais importantes para a análise de estruturas cristalinas é chamado de *difração de raios X*.

## Saber equivalente

A difração depende do tamanho do objeto e do comprimento de onda do feixe.

O mesmo acontece quando o comprimento de onda do feixe é muito maior do que o tamanho da constante de rede do cristal; existe apenas um feixe difratado obedecendo às regras da óptica clássica. Contudo, quando o comprimento de onda do feixe se compara ao tamanho do parâmetro de rede do material, surgem difrações dependentes de onde esse feixe atuou.

**Figura 2.18** – Espectro eletromagnético

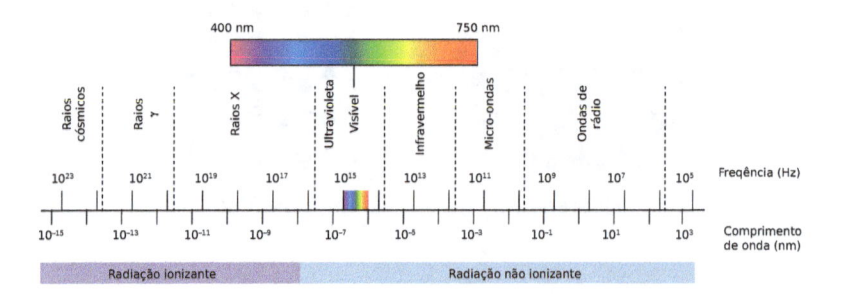

Se observarmos o espectro eletromagnético, perceberemos que os raios X têm comprimento de onda de $10^{-10}$ m aproximadamente, o que equivale a unidades de angstrons (Å). Essa é nossa região de interesse, pois é capaz de distinguir a estrutura atômica. Lembramos que o tamanho do espaçamento de rede também tem ordem de angstrons. As partículas podem se comportar como ondas, o que se refere à teoria de ondas de matéria desenvolvida por De Broglie.

### 2.3.1 Desenvolvimento de Bragg

As informações que obtemos nos experimentos de difração dependem fundamentalmente do processo de interação do feixe com o cristal, que foi observado pela primeira vez por W. H. Bragg e W. L. Bragg. Eles perceberam que substâncias cristalinas produziam padrões de difração nítidos e bem definidos, reemitida em direções determinadas, diferentemente do que acontecia com outras substâncias, como os líquidos, nos quais obtiveram uma radiação espalhada em todas as direções. Bragg e Bragg supuseram que os feixes de radiação eram refletidos de modo especular por planos paralelos de átomos do cristal, ou seja, os raios que incidem com a mesma direção são refletidos com o mesmo ângulo, e esses planos atuariam como um espelho plano, parcialmente transparente, conforme mostra a figura a seguir.

**Figura 2.19** – Reflexão de Bragg

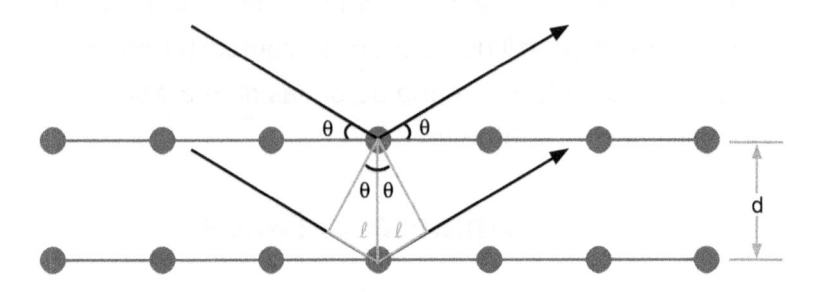

### Partícula essencial

*Difração* é o resultado da radiação sendo espalhada por um arranjo regular de centros espalhadores quando a distância entre os centros é da mesma ordem de grandeza do comprimento de onda da radiação incidente.

Bragg e Bragg imaginaram que cada família de planos cristalinos contribui construtivamente para reemitir a radiação. Para que isso seja verdade, a diferença entre caminhos dos feixes interferentes, $\ell$, deve ser um múltiplo inteiro, m, do comprimento de onda da radiação, $\lambda$. Analisando a figura anterior, percebemos que a diferença entre os caminhos dos dois feixes é $2\ell$. Relacionando $\ell'$ com o ângulo de incidência $\theta$ e a distância entre planos d, obtemos a Lei de Bragg:

*Equação 2.16*

$$2d\operatorname{sen}(\theta) = \ell = m\lambda$$

Isso ocorre para m inteiro.

Existem algumas limitações no desenvolvimento de Bragg. Embora a Lei de Bragg (Equação 2.16) seja uma consequência direta da periodicidade da rede cristalina, não há referência à base associada à rede; a lei apenas estabelece a condição de interferência construtiva. A Lei de Bragg também não faz menção à intensidade do feixe espalhado pela distribuição espacial eletrônica.

### 2.3.2 Desenvolvimento de Laue

Importa-nos saber como se comporta a atuação de um feixe de onda em uma estrutura periódica ou, melhor, como os raios X incidem no material cristalino, e entender o espalhamento causado pela base de átomos que compõem a rede. Esse desenvolvimento foi proposto por M. Laue em 1912. Retornemos ao conceito matemático da rede de Bravais:

$$\vec{R} = n_1\vec{a}_1 + n_2\vec{a}_2 + n_3\vec{a}_3$$

Em que $\vec{a}_i$ são os vetores primitivos e $n_i$ inteiros, para todo i = 1, 2 e 3.

A periodicidade da rede de Bravais está embutida no conjunto de todos os $\vec{R}$. Podemos fazer uma operação de translação em cada $\vec{R}$, obtendo a invariância da rede. Consideremos uma onda incidente $U_i$ com vetor de onda $\vec{k}_o$ e frequência $\omega_o$, que interage com o átomo. Nesse caso, U pode ser a componente elétrica ou magnética da onda:

*Equação 2.17*

$$U_i = U_o e^{i[\vec{k}_o \cdot \vec{r} - \omega_o t]}$$

Em que i é a unidade imaginária. Embora estejamos utilizando a notação complexa para a função de onda, é subentendido que a parte real é a quantidade física sendo representada.

Quando os raios X são incidentes no cristal, a maior parte do feixe passa pelo cristal sem ser defletida. Contudo, uma parte é defletida pelos centros de espalhamento (também chamados de *centros dispersores*). Assumimos que não existe diferença de fase durante o processo de espalhamento e que a amplitude total pode ser encontrada pelo princípio da superposição de ondas espalhadas – geralmente feixes são emitidos de várias fontes, e os fótons não têm fases correlatadas (*uncorrelated*). Por simplicidade, suponhamos o caso em que a onda de raios X é espalhada por um único centro, situado na posição $\vec{R}$ da rede de Bravais. Em atenção ao princípio de Huygens, o centro espalhador, exposto à radiação incidente, é fonte secundária de radiação, gerando ondas esféricas na radiação espalhada. Contudo, como a detecção dessa onda é feita a uma grande distância, $\vec{r}$, do centro espalhador, a frente de onda esférica pode ser aproximada a uma frente de onda plana*, com vetor de onda $\vec{k}$, direcionado da posição $\vec{R}$ para a $\vec{r}$.

Podemos também assumir que a energia da onda não mudará no espalhamento, logo, a frequência de radiação da onda incidente é a mesma da onda espalhada, o que caracteriza o caso de espalhamento elástico. Assim:

*Equação 2.18*

$$\left|\vec{k}_o\right| = \left|\vec{k}\right|$$

No entanto, não podemos ignorar a diferença de fase que o espalhamento produz e, por isso, $\vec{k}$ não é necessariamente igual a $\vec{k}_o$.

A onda espalhada tem dois fatores diferentes: o primeiro, $e^{i\vec{k}_o \cdot \vec{R}}$, é a fase da onda incidente no centro espalhador, e o segundo, $e^{i\vec{k} \cdot [\vec{r} - \vec{R}]}$, é a mudança de fase na onda propagante de $\vec{R}$ para $\vec{r}$. Lembre-se de que agora o fator $U_s$ é apenas uma fração da onda incidente e deve ser, em módulo, muito menor do que 1. Assim, temos:

*Equação 2.19*

$$U = U_s e^{-i\omega_o t} \left\{ e^{i\vec{k}_o \cdot \vec{R}} e^{i\vec{k} \cdot [\vec{r} - \vec{R}]} \right\}$$

$$= U_s e^{-i\omega_o t} \left\{ e^{i\vec{k} \cdot \vec{r}} e^{-i\vec{R} \cdot [\vec{k} - \vec{k}_o]} \right\}$$

---

\* A onda espalhada é descrita por Cohen-Tannoudji, Diu e Laloë (1977), no Capítulo VIII, Equação B-9, e por Marder (2010), na Equação 3.1.

Considerando vários centros espalhadores (localizados em $\vec{R}$ na rede de Bravais), a composição da onda espalhada final será a soma de todas as ondas produzidas em todos os centros:

*Equação 2.20*

$$U_T = U_S e^{-i\omega_0 t} e^{i\vec{k}\cdot\vec{r}} \sum_{\vec{R}} e^{-i\vec{R}\cdot[\vec{k}-\vec{k}_0]}$$

O primeiro fator expressa o fato de que a onda espalhada, em que $\hbar$ é a constante de Planck dividida por $2\pi$, tem vetor de onda $\vec{k}$. O segundo fator, a somatória, depende da rede de Bravais e determina quão forte será o espalhamento da direção $\vec{k}$. A grandeza $\hbar[\vec{k}-\vec{k}_0]$ representa a transferência de momento entre a onda incidente e a onda espalhada. O campo $U_T$ somente é expressivo quando os termos têm a mesma fase, ou seja, existe um conjunto de vetores $\vec{k}$ que produzem ondas planas com a periodicidade da rede de Bravais. Para um par de pontos quaisquer na somatória que obedecem a esse princípio, temos:

*Equação 2.21*

$$e^{-i\vec{R}_1\cdot[\vec{k}-\vec{k}_0]} = e^{-i\vec{R}_2\cdot[\vec{k}-\vec{k}_0]}$$

$$e^{-i[\vec{R}_2-\vec{R}_1]\cdot[\vec{k}-\vec{k}_0]} = 1$$

Vamos observar a próxima figura, que ilustra a diferença de caminho entre os raios espalhados por dois pontos da rede.

**Figura 2.20** – Ondas de radiação sendo difratadas por centros espalhadores

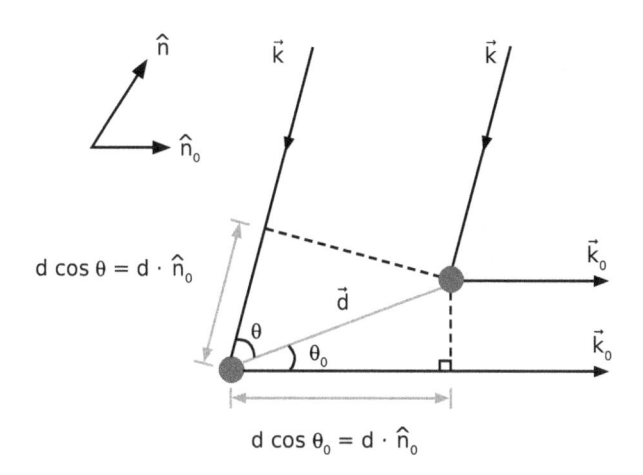

Assim, se $\hat{n}$ e $\hat{n}_o$ são os versores na direção de $\vec{k}$ e $\vec{k}_o$, podemos reescrever os vetores de onda como:

*Equação 2.22*

$$\vec{k} = \frac{2\pi}{\lambda}\hat{n}$$

$$\vec{k}_o = \frac{2\pi}{\lambda}\hat{n}_o$$

Não existe razão para que o espalhamento de um dos pontos de rede seja diferente do outro para a mesma onda incidente. Considerando o espalhamento elástico, a diferença de caminho dos raios será:

*Equação 2.23*

$$d\cos(\theta) + d\cos(\theta_o) = \vec{d} \cdot [\hat{n} - \hat{n}_o]$$

A condição para interferência construtiva é que a diferença de caminho seja múltipla do comprimento de onda, portanto, temos, para qualquer m inteiro:

*Equação 2.24*

$$\vec{d} \cdot \left[ \hat{n} - \hat{n}_o \right] = m\lambda$$

Retornando ao vetor $\vec{k}$, ou seja, multiplicando os dois lados da equação por $2\pi / \lambda$, temos:

*Equação 2.25*

$$\vec{d} \cdot \left[ \vec{k} - \vec{k}_o \right] = 2\pi m$$

Se $\vec{R}_1$ é a posição do sítio 1 e $\vec{R}_2$ é a posição do sítio 2, com relação a uma origem arbitrária, logo, $\vec{R}_2 - \vec{R}_1 = \vec{d}$. Ou seja:

*Equação 2.26*

$$\left[ \vec{R}_2 - \vec{R}_1 \right] \cdot \left[ \vec{k} - \vec{k}_o \right] = 2\pi m$$

*Equação 2.27*

$$e^{-i\left[ \vec{R}_2 - \vec{R}_1 \right] \cdot \left[ \vec{k} - \vec{k}_o \right]} = 1$$

Levando em conta a origem no próprio átomo 1, o vetor $\vec{d}$ é um vetor da rede de Bravais. Desse modo, a relação será verdade para qualquer vetor $\vec{R}$ pertencente à rede. A condição para que todos os raios espalhados interfiram construtivamente pode ser reescrita por:

*Equação 2.28*

$$e^{-i\vec{R}\cdot[\vec{k}-\vec{k}_o]} = 1$$

### Partícula essencial

Um cristal consiste em um conjunto de objetos idênticos, que chamamos de *base*, colocados regularmente em pontos da rede. Quando um feixe incide nesses objetos, a radiação é reemitida em todas as direções. A intensidade dessa difração será maior em determinada direção, que corresponde à interferência construtiva das ondas espalhadas.

## 2.3.3 Definição da rede recíproca

As Equações 2.26 e 2.27 são as condições de espalhamento para todos os vetores $\vec{R}$ da rede de Bravais, também chamada de *rede direta*. A rede recíproca identifica o conjunto de vetores que produzem ondas planas com a periodicidade da rede de Bravais. É um conjunto de pontos, de dimensão $L^{-1}$, no espaço dos vetores de onda. Esse espaço é chamado de *espaço recíproco* (ou espaço k, ou espaço dual). Dessa forma, podemos caracterizar a rede recíproca como o conjunto de vetores de onda $\vec{G}$ que satisfaz a relação:

## Equação 2.29

$$e^{i\vec{G}\cdot\vec{R}} = 1 \text{ ou } \vec{G}\cdot\vec{R} = 2\pi m$$

Para todos os valores dos vetores da rede de Bravais, $\vec{R}$, e m inteiros.

### Partícula essencial

Não confunda o vetor de onda $\vec{k}$ com o índice k. Embora na literatura a notação seja parecida, essas duas grandezas têm significados distintos.

Definimos $\vec{G}$ como:

## Equação 2.30

$$\vec{G} = h\vec{b}_1 + k\vec{b}_2 + l\vec{b}_3$$

E os vetores primitivos da rede recíproca como:

## Equação 2.31

$$\vec{b}_1 = 2\pi\frac{\vec{a}_2 \times \vec{a}_3}{\vec{a}_1 \cdot \vec{a}_2 \times \vec{a}_3}, \quad \vec{b}_2 = 2\pi\frac{\vec{a}_3 \times \vec{a}_1}{\vec{a}_1 \cdot \vec{a}_2 \times \vec{a}_3}, \quad \vec{b}_3 = 2\pi\frac{\vec{a}_1 \times \vec{a}_2}{\vec{a}_1 \cdot \vec{a}_2 \times \vec{a}_3}$$

Perceba que os vetores $\vec{b}_i$, i = 1, 2 e 3, satisfazem a relação:

## Equação 2.32

$$\vec{a}_i \cdot \vec{b}_j = 2\pi\delta_{ij}$$

Em que $\delta_{ij}$ corresponde ao delta de Kronecker, definido como:

*Equação 2.33*

$$\begin{cases} \delta_{ij} = 0, & i \neq j \\ \delta_{ij} = 1, & i = j \end{cases}$$

Nesse caso, $|\vec{a}_1 \cdot \vec{a}_2 \cdot \vec{a}_3|$ é o volume da célula primitiva. Usando a definição de $\vec{R}$ (Equação 2.5) e $\vec{G}$ (Equação 2.31), obtemos:

*Equação 2.34*

$$\vec{G} \cdot \vec{R} = 2\pi \left( hn_1 + kn_2 + ln_3 \right) = 2\pi m$$

Para que seja verificada essa condição, chamada de *condição de Laue*, é necessário que a soma ($hn_1 + kn_2 + ln_3$) seja um número inteiro para quaisquer valores de h, k e l. Isso só é possível se h, k e l forem também números inteiros. Assim, necessariamente a rede recíproca é também uma rede de Bravais, gerada a partir da base dos vetores primitivos $\vec{b}_i$, diferentemente da rede direta, gerada a partir dos vetores $\vec{a}_i$. A rede recíproca é um objeto geométrico invariante que apresenta propriedades importantes:

- Cada vetor da rede recíproca é normal ao conjunto de planos da rede direta.
- Se as componentes de $\vec{G}$ não têm fator comum, então $|\vec{G}|$ é inversamente proporcional ao espaço do plano de rede normais a $\vec{G}$.

- O volume da célula unitária na rede recíproca é inversamente proporcional ao volume da célula unitária na rede direta.
- A rede direta é a rede recíproca de sua própria rede recíproca.
- A célula unitária da rede recíproca não precisa ser um paralelepípedo.

E a rede recíproca da rede recíproca? A forma mais simples de sabermos essa resposta está na análise da própria definição $e^{i\vec{G}\cdot\vec{R}} = 1$. A rede recíproca da rede recíproca seria o conjunto de vetores $\vec{H}$ que satisfaçam $e^{i\vec{H}\cdot\vec{k}} = 1$ (e já vimos que estes são os próprios vetores da rede direta, $\vec{H} = \vec{R}$). Você também pode pensar na propriedade da transformada de Fourier, na qual esse caso se encaixa muito bem.

## 2.3.4 Rede recíproca e a transformada de Fourier

Alguns autores, como Kittel (2013) e Ibach e Lüth (2009), mencionam a densidade de espalhamento complexa $\rho(\vec{R})$ na equação da onda espalhada (Equação 2.20). Em uma estrutura cristalina real, é necessário estipularmos valores para uma função $\rho(\vec{R})$ no espaço que considerem o potencial eletroestático e a densidade eletrônica local, que está associada com o arranjo de átomos da rede.
Na figura a seguir, temos um exemplo de múltiplas funções periódicas.

**Figura 2.21** – Múltiplas funções periódicas

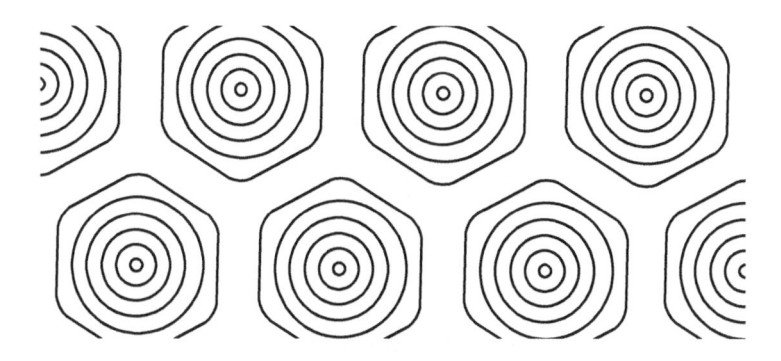

Fonte: Ziman, 1995, p. 6.

Essa densidade se torna significativa se considerarmos uma cadeia periódica e não homogênea, de modo que:

*Equação 2.35*

$$\rho\left[\vec{R}+\vec{d}\right]=\rho(\vec{R})$$

Em que $\vec{d}$ é um vetor com o período da função. A onda espalhada é dada por:

*Equação 2.36*

$$U_T \propto \int_{\text{célula}} \rho(\vec{R})e^{-i\vec{R}\cdot\vec{G}}d\vec{R}$$

Na figura a seguir, apresentamos um esquema de uma função de onda periódica.

**Figura 2.22** – Função de onda periódica

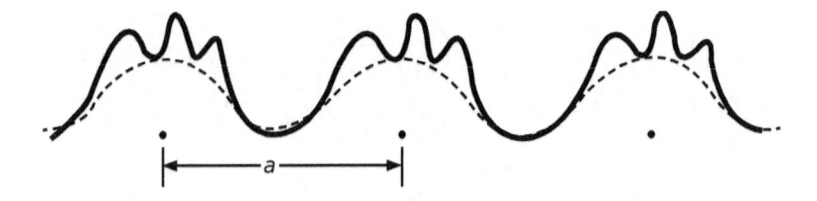

Fonte: Ziman, 1995, p. 6.

Se $\rho(\vec{R})$ é independente do tempo e a única dependência de $U_T$ é sua parte temporal, com frequência $\omega_0$, temos a aproximação de esferas rígidas com conservação de energia e, logicamente, o choque será elástico. Se $\rho(\vec{R})$ dependesse do tempo, obteríamos ondas com $\omega \neq \omega_0$ e teríamos o caso inelástico, que será importante mais adiante.

A medida do feixe difratado, nos experimentos de difração, é realizada por meio da quantificação de sua intensidade. Isso significa dizer que, na condição de espalhamento coerente, temos:

*Equação 2.37*

$$I(\vec{G}) \propto |U_T|^2 \propto \left| \int \rho(\vec{R}) e^{-i\vec{R} \cdot \vec{G}} d\vec{R} \right|^2$$

A equação anterior traz uma informação de extrema importância: a intensidade é o quadrado absoluto da transformada de Fourier da densidade de espalhamento complexa $\rho(\vec{R})$ com respeito ao vetor de espalhamento $\vec{G}$. Infelizmente, como a fase da onda não pode ser medida, não é possível utilizar a transformada inversa de Fourier para obter a distribuição espacial da densidade pelo padrão de difração. Usando a função de Patterson, podemos analisar estruturas cristalinas, processo descrito em detalhes por Ibach e Lüth (2009).

## 2.3.5 Equivalência entre a condição de Laue e a de Bragg

Vimos que a condição de Bragg, para m inteiro, é dada pela equação:

$$2d\,\text{sen}(\theta) = m\lambda$$

Em que d é a distância interplanar, $\theta$ é o ângulo entre a onda incidente e o plano de rede e $\lambda$ é o comprimento de onda da radiação incidente.

A condição de Laue para quando o vetor de espalhamento, $[\vec{k} - \vec{k}_o]$, é igual a um dos vetores da rede recíproca, $\vec{G}$, é definida como:

*Equação 2.38*

$$[\vec{k} - \vec{k}_o] = \vec{G} \text{ ou } \vec{k} = \vec{G} + \vec{k}_o$$

A soma vetorial anterior nos mostra que o vetor $\vec{G}$ é perpendicular ao plano cristalino. No choque elástico, a frequência de radiação permanece a mesma e, com isso, os módulos dos vetores de onda do feixe incidente e difratado são as mesmas (Equação 2.18). Observe a figura a seguir.

**Figura 2.23** – Definição dos vetores $\vec{G}$, $\vec{k}$ e $\vec{k}_o$ e do ângulo θ na equação de Bragg

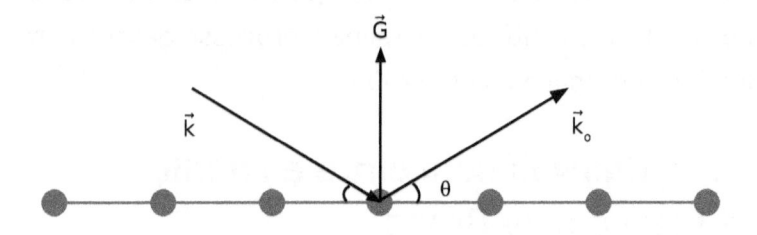

Elevando a equação ao quadrado, temos:

*Equação 2.39*

$$k^2 = G^2 + 2\vec{k}_o \cdot \vec{G} + k_o^2$$

$$G^2 + 2\vec{k} \cdot \vec{G} = 0$$

Esse é resultado central da teoria do espalhamento elástico em uma rede de Bravais. O ângulo entre $\vec{k}$ e $\vec{G}$ é o complementar do ângulo entre $\vec{k}$ e o plano de rede. Assim, o produto escalar pode ser escrito como:

*Equação 2.40*

$$\vec{k} \cdot \vec{G} = -kG\cos\left(\frac{\pi}{2} - \theta\right) = -kG\,\text{sen}(\theta)$$

Logo, temos:

*Equação 2.41*

$$G^2 - 2kG\,\text{sen}(\theta) = 0$$

$$G = 2k\,\text{sen}(\theta)$$

Lembrando que k é o vetor de onda igual a $k = \frac{2\pi}{\lambda}$, temos:

**Equação 2.42**

$$G = \frac{4\pi}{\lambda} \text{sen}(\theta)$$

**Equação 2.43**

$$\lambda = 2\frac{2\pi}{G} \text{sen}(\theta)$$

Como $\vec{d}$ é um vetor da rede de Bravais, podemos utilizar a definição $\vec{G} \cdot \vec{d} = 2\pi m$. Esses vetores são normais aos planos de rede, assim, o ângulo entre eles é zero e obtemos $G = \frac{2\pi m}{d}$. Portanto, temos, precisamente, a Lei de Bragg:

**Equação 2.44**

$$m\lambda = 2d\,\text{sen}(\theta)$$

### 2.3.6 Zonas de Brillouin

Uma zona de Brillouin é qualquer célula primitiva na rede recíproca. Sua importância está na descrição do espectro de excitação de ondas em um potencial periódico.
No Capítulo 3, veremos que, como as ondas no cristal são equivalentes, de um ponto de vista físico, quanto à

translação no vetor de onda $\vec{k}$ por um fator de $\frac{2\pi}{a}$, podemos sempre representar cada excitação no esquema de zona reduzida na primeira zona de Brillouin. Isso ficará claro mais adiante.

Uma vez que a rede recíproca é também uma rede de Bravais, a zona de Brillouin apresentará as mesmas propriedades. Os vetores primitivos da rede recíproca dependem dos vetores primitivos da rede direta. Se V é o volume da célula primitiva, na Equação 2.8, efetuando o produto $|\vec{b}_1 \cdot \vec{b}_2 \times \vec{b}_3|$, encontramos o volume da célula primitiva na rede recíproca, que vale $\frac{(2\pi)^3}{V}$.

A célula primitiva de Wigner-Seitz da rede recíproca é chamada de *primeira zona de Brillouin* (1ª ZB). Começamos com o ponto na rede recíproca $\vec{G} = 0$. Todos os pontos $\vec{k}$ que estão mais pertos da origem do que qualquer outro definem a 1ª ZB. Dessa forma, a 1ª ZB será o conjunto de pontos que podem ser alcançados a partir da origem, de modo que nenhum plano de Bragg seja cruzado.

**Figura 2.24** – Construção das zonas de Brillouin em um cristal bidimensional. Os pontos azuis representam os pontos da rede recíproca

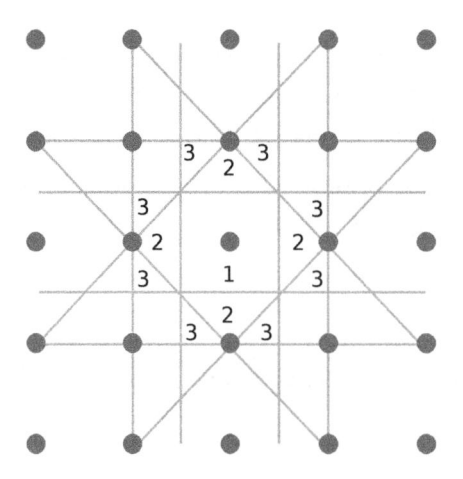

Para construir as zonas de Brillouin, devemos desenhar as bissetrizes perpendiculares entre a origem e cada um dos vetores da rede recíproca, delimitando, assim, as zonas de Brillouin. Qualquer ponto que podemos ligar à origem sem cruzar nenhuma dessas linhas é a 1ª ZB. Se cruzarmos apenas uma bissetriz, temos a segunda zona de Brillouin (2ª ZB), e assim sucessivamente.

### Partícula essencial

A 1ª ZB é formada por um quadrado apenas, e as outras zonas são formadas por pedaços desconectados.

As zonas de Brillouin ocorrem em pares simétricos ao redor da origem. Isso se deve ao fato de a distância da origem para $\vec{G}$ ser a mesma da origem para $-\vec{G}$.

As áreas (ou o volume, em três dimensões) de todas as zonas de Brillouin são iguais.

## 2.4 Planos cristalinos e índices de Miller

Ao estudarmos materiais cristalinos, muitas vezes precisamos especificar um ponto dentro de uma célula unitária, uma direção cristalográfica ou algum plano dos átomos. Na rede cristalina, podemos identificar um conjunto de planos igualmente espaçados entre si. A densidade de pontos de rede em cada conjunto de planos é a mesma, e todos os pontos da rede estão contidos em cada conjunto de planos – este chamado de *família de planos*. Esses planos de rede são muito importantes para os cristalógrafos e, por isso, é fundamental que exista uma forma de identificar diferentes famílias de planos.

## Partícula essencial

Planos cristalinos são aqueles que contêm ao menos três pontos não colineares da rede.

Família de planos é conjunto de planos paralelos entre si que gera todos os planos e contém todos os pontos da rede de Bravais.

Os planos e os eixos que passam por pontos da rede cristalina são representados por três números ou algarismos que caracterizam suas coordenadas, denominados *índices de Miller*.

## Saber equivalente

Em 1839, o cristalógrafo inglês William Hallowes Miller, em seu livro *A Treatise on Crystallography*, propôs um novo sistema de indexação de direções e planos. Contudo, somente com a interpretação da difração de raios X por Bragg e Bragg é que o sistema de índices se tornou amplamente conhecido (Miller, 1839).

Para saber como obter esses índices, devemos retornar para o vetor de espalhamento $\vec{G}$, definido em termos de números inteiros (Equação 2.30), representando os vetores do espaço recíproco:

$$\vec{G}_{(h,k,l)} = h\vec{b}_1 + k\vec{b}_2 + l\vec{b}_3$$

O vetor de espalhamento $\vec{G}$ é definido sem ambiguidade a partir da base do espaço recíproco. Os índices (hkl), conhecidos como *índices de Miller*, podem ser também usados para rotular os feixes difratados e a família de planos cristalinos. Os menores valores inteiros (hkl) designam a família de planos de rede. Como consequência da simetria de translação, existem infinitos planos paralelos a esse plano, mas o plano definido por (hkl) representa as coordenadas do menor vetor de rede da rede recíproca normal ao plano.

Os valores de (hkl) também podem ser negativos, e, por convenção, o sinal de menos é denotado com uma barra sobre o número: $(-1\,1\,-1) = (\bar{1}1\bar{1})$.

Consideremos um sistema de eixos coordenados, ou *eixos cristalográficos*, como vimos anteriormente. A base para determinar os valores de índice é a célula unitária, com um sistema de coordenadas à direita composto por três eixos (x, y, z) situados em um dos vértices e coincidentes com as bordas da célula unitária. Devemos nos atentar que, para algumas redes cristalinas, como hexagonal, romboédrica, monoclínica e triclínica, os três eixos não são perpendiculares entre si, como ocorre por convenção no esquema de coordenadas cartesianas.

**Figura 2.25** – Sistema de coordenadas

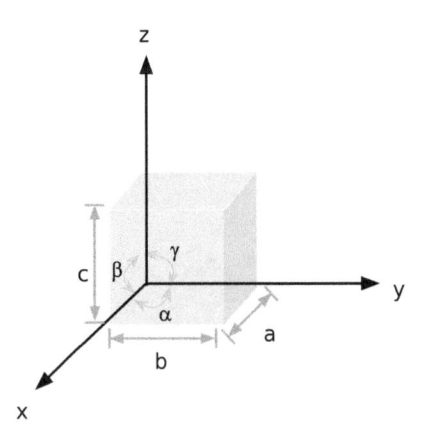

Para determinar os índices de Miller referentes a uma direção cristalográfica, devemos seguir as seguintes etapas:

- Determinar a projeção do vetor em cada um dos três eixos. As projeções são medidas em termos dos parâmetros a, b e c da célula unitária.
- Multiplicar e dividir os números encontrados por fatores comuns e reduzir a mínimos inteiros.
- Apresentar os três índices (números inteiros) dentro de colchetes, sem separação por vírgulas, por exemplo: [hkl].

Para exemplificar, vamos determinar os índices das direções representadas pelos vetores em azul, verde e vermelho da figura a seguir.

**Figura 2.26** – Direção cristalográfica no sistema proposto por Miller

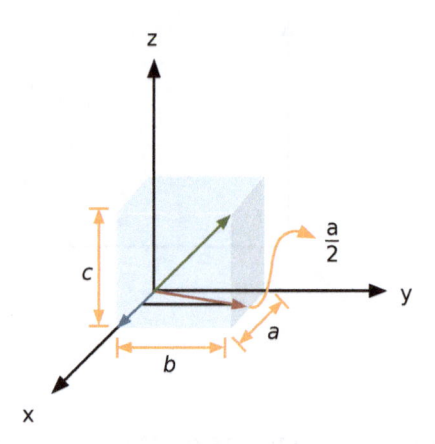

As projeções do **vetor azul** em x, y e z são, respectivamente, a, 0b e 0c, que se tornam 1, 0 e 0 em termos dos parâmetros da célula unitária (ou seja, quando a, b e c são descartados). Então, podemos escrever que a direção cristalográfica é [100].

Para o **vetor verde**, as projeções em x, y e z são, respectivamente, a, b e c, que se tornam 1, 1 e 1 em termos dos parâmetros da célula unitária. Assim, a direção cristalográfica é [111].

E, para o **vetor vermelho**, as projeções são $\frac{a}{2}$, b e 0c que se tornam $\frac{1}{2}$, 1 e 0. Esses números devem ser multiplicados e divididos por fatores comuns e reduzidos a mínimos inteiros. Portanto, temos a direção cristalográfica [120].

Vejamos a tabela.

**Tabela 2.2** – Índices das direções representadas pelos vetores azul, verde e vermelho

| Vetor | Eixo x | Eixo y | Eixo z | Projeções | Redução aos mínimos inteiros | Notação |
|---|---|---|---|---|---|---|
| Azul | a | 0b | 0c | 100 | | [100] |
| Verde | a | b | c | 111 | | [111] |
| Vermelho | $\frac{a}{2}$ | b | 0c | $\frac{1}{2}10$ | 120 | [120] |

De maneira semelhante, faremos a determinação dos índices de Miller para orientação de planos cristalográficos. Em todos, exceto no sistema cristalino hexagonal, os planos cristalográficos são especificados por três índices de Miller, como (hkl). Quaisquer dois planos paralelos entre si são equivalentes e têm índices idênticos, ou seja, são da mesma família. Devemos, assim, proceder da seguinte forma:

- Determinar as intersecções dos planos com os eixos em termos dos parâmetros a, b e c da célula unitária. Caso o plano passe pela origem, é necessária uma translação ou a fixação de uma nova origem.
- Tomar os recíprocos dos interceptos. Caso o plano seja paralelo ao eixo (ou aos eixos), consideramos o intercepto infinito. Nesse caso, o recíproco é zero.

- Quando necessário, esses números devem ser multiplicados (e não divididos) por fatores comuns para obtermos números inteiros (e não necessariamente mínimos).
- Os índices inteiros, não separados por vírgulas, devem ser colocados entre parênteses, por exemplo: (hkl).

Vamos a outro exemplo, dessa vez para determinarmos as direções dos planos cristalográficos nas estruturas cristalinas da figura a seguir.

**Figura 2.27** – Planos cristalográficos no sistema proposto por Miller

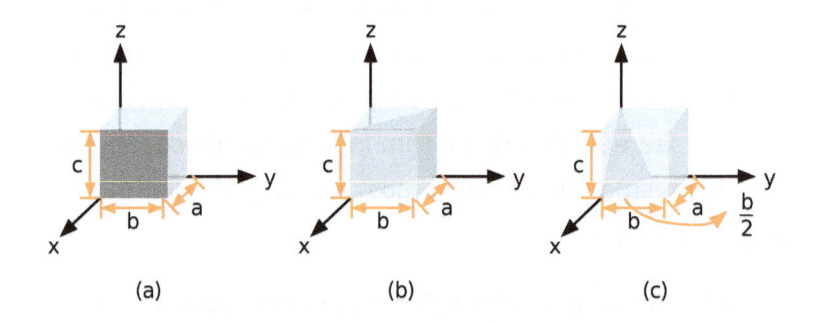

A seguir, vejamos a aplicação das etapas para determinarmos os índices de Miller do plano cristalográfico da célula unitária de cada item da figura anterior. Acompanhe as tabelas a seguir.

**Tabela 2.3** – Plano cristalográfico da célula unitária do item *a* da Figura 2.25

|  | Eixo x | Eixo y | Eixo z |
|---|---|---|---|
| Intercepção | a | 0b | 0c |
| Projeções | 1 | 0 | 0 |
| Notação | (100) | | |

**Tabela 2.4** – Plano cristalográfico da célula unitária do item *b* da Figura 2.25

|  | Eixo x | Eixo y | Eixo z |
|---|---|---|---|
| Intercepção | a | b | 0c |
| Projeções | 1 | 1 | 0 |
| Notação | (110) | | |

**Tabela 2.5** – Plano cristalográfico da célula unitária do item *c* da Figura 2.25

|  | Eixo x | Eixo y | Eixo z |
|---|---|---|---|
| Intercepção | a | b/2 | c |
| Projeções | 1 | 1/2 | 1 |
| Recíprocos reduzidos | 1 | 2 | 1 |
| Notação | (121) | | |

Existe também uma notação para especificar tanto uma família de planos de rede como todas as outras famílias equivalentes a ela, em virtude da simetria do cristal. Vejamos o exemplo de um cristal cúbico. Os planos (100), (010) e (001) são todos equivalentes e podem ser referidos coletivamente como planos {100} – em geral, usamos chaves para indicar os planos (hkl) e todos os seus equivalentes em virtude da simetria do cristal. Uma convenção similar é usada com as direções: as direções [100], [010], [001], [$\bar{1}$00], [0$\bar{1}$0] e [00$\bar{1}$] no cristal cúbico são referidas coletivamente como <100>.

Resumindo, temos as notações para o espaço real e a rede recíproca apresentadas no quadro a seguir.

Quadro 2.2 – Notações para espaço real e espaço recíproco

| Espaço real | Espaço recíproco | Notação |
| --- | --- | --- |
| Uma direção cristalográfica | Um plano cristalográfico | [hkl] |
| Um plano cristalográfico | Uma direção cristalográfica | (hkl) |
| Uma família de direções | Uma família de planos | <hkl> |
| Plano geral | Direção geral | {hkl} |

## 2.5 Identificação da estrutura cristalina (raios X)

Os métodos de difração de raios X são de grande importância na análise estrutural de materiais, fornecendo informações sobre o tipo e os parâmetros do reticulado, assim como detalhes a respeito da perfeição e da orientação do cristal. Também são utilizadas as difrações de elétrons ou a difração eletrônica, que veremos mais adiante.

Os raios X são uma forma de radiação eletromagnética com altas energias e curtos comprimentos de onda, $\lambda$, na ordem dos espaçamentos atômicos para sólidos. Quando um feixe de raios X incide sobre um material sólido cristalino, uma parte desse feixe é espalhada em várias direções pelos elétrons associados a cada átomo ou íons que constituem esse sólido. Portanto, a difração acontece quando a Lei de Bragg (Equação 2.16) for satisfeita. Ou seja, os feixes são difratados quando as reflexões provenientes de planos paralelos de átomos produzirem interferência construtiva. Se a equação de Bragg não for satisfeita, concluímos que a interferência será de natureza não construtiva (ou destrutiva), de modo a produzir um feixe difratado de baixa intensidade.

Ainda podemos definir a distância entre planos ou distância interplanar d, conforme apresentado na Figura 2.19. Esse é um importante resultado na determinação de estrutura cristalina, pois essa distância é dada em função dos índices de Miller (hkl) e dos parâmetros de rede. Por exemplo, a distância interplanar para a estrutura cristalina de simetria cúbica é dada por:

*Equação 2.45*

$$d_{hkl} = \frac{a}{\sqrt{h^2 + k^2 + l^2}}$$

Em que a é o parâmetro de rede (comprimento da aresta da célula unitária).

A tabela a seguir apresenta as relações entre espaçamento interplanar ($d_{hkl}$), parâmetros de rede a, b e c, e ângulos entre planos ($\alpha$, $\beta$, $\gamma$) e planos (hkl) para as demais simetrias.

**Tabela 2.6** – Relações entre espaçamento interplanar ($d_{hkl}$), parâmetros de reticulado (a, b, c), ângulos entre planos ($\alpha$, $\beta$, $\gamma$) e planos (hkl)

| Sistemas cristalinos | Distância interplanar |
|---|---|
| Tetragonal | $\dfrac{1}{d_{hkl}^2} = \dfrac{h^2+k^2}{a^2} + \dfrac{l^2}{c^2}$ |
| Hexagonal | $\dfrac{1}{d_{hkl}^2} = \dfrac{4}{3}\left(\dfrac{h^2+hk+k^2}{a^2}\right) + \dfrac{l^2}{c^2}$ |
| Trigonal | $\dfrac{1}{d_{hkl}^2} = \dfrac{\left[h^2+k^2+l^2\right]\left[\operatorname{sen}\alpha\right]^2 + 2\left[hk+kl+hl\right]\left\{\left[\cos\alpha\right]^2 - \cos\alpha\right\}}{a^2\left\{1-3\left[\cos\alpha\right]^2 + 2\left[\cos\alpha\right]^3\right\}}$ |
| Ortorrômbico | $\dfrac{1}{d_{hkl}^2} = \dfrac{h^2}{a^2} + \dfrac{k^2}{b^2} + \dfrac{l^2}{c^2}$ |
| Monoclínico | $\dfrac{1}{d_{hkl}^2} = \dfrac{1}{\left[\sin\beta\right]^2}\left\{\dfrac{h^2}{a^2} + \dfrac{k^2\left[\operatorname{sen}\beta\right]^2}{b^2} + \dfrac{l^2}{c^2} - \dfrac{2hl\cos\beta}{ac}\right\}$ |

*(continua)*

*(Tabela 2.6 – conclusão)*

| Sistemas cristalinos | Distância interplanar |
|---|---|
| Triclínico | $\dfrac{1}{d_{hkl}^2} = \dfrac{1}{V^2}\left[S_{11}h^2 + S_{22}k^2 + S_{33}l^2 + 2S_{12}hk + 2S_{23}kl + 2S_{13}hl\right]$ |
| Se V é o volume da célula triclínica, teremos: | $S_{11} = b^2c^2\left[\operatorname{sen}\alpha\right]^2$ <br> $S_{22} = a^2c^2\left[\operatorname{sen}\beta\right]^2$ <br> $S_{33} = a^2b^2\left[\operatorname{sen}\gamma\right]^2$ <br> $S_{12} = abc^2\left[\cos\alpha\cos\beta - \cos\gamma\right]$ <br> $S_{23} = a^2bc\left[\cos\beta\cos\gamma - \cos\alpha\right]$ <br> $S_{13} = ab^2c\left[\cos\gamma\cos\alpha - \cos\beta\right]$ |

Fonte: Elaborada com base em Cullity, 1978, p. 501.

Essa teoria constitui a base para vários métodos de difração de raios X. A partir dos ângulos de difração e das intensidades dos feixes difratados, podemos obter as posições relativas dos átomos em moléculas e em cristais. O método de Laue é utilizado para determinar a orientação de monocristais; consiste em manter o ângulo de incidência fixo com um feixe de raios X, com espectro contínuo de comprimentos de onda, $\lambda$, sobre cristal estacionário. Os raios são difratados pelos planos cristalográficos do cristal para valores discretos de $\lambda$ para os quais o ângulo $\theta$ e o espaçamento d satisfaçam a Lei de Bragg. A figura de difração consiste em uma série de pontos luminosos (*spots*) que serão gravados em um filme sensível, e a disposição desses pontos indica o tipo de simetria do cristal.

**Figura 2.28** – Formação do padrão de difração (*spots*) segundo o método de Laue

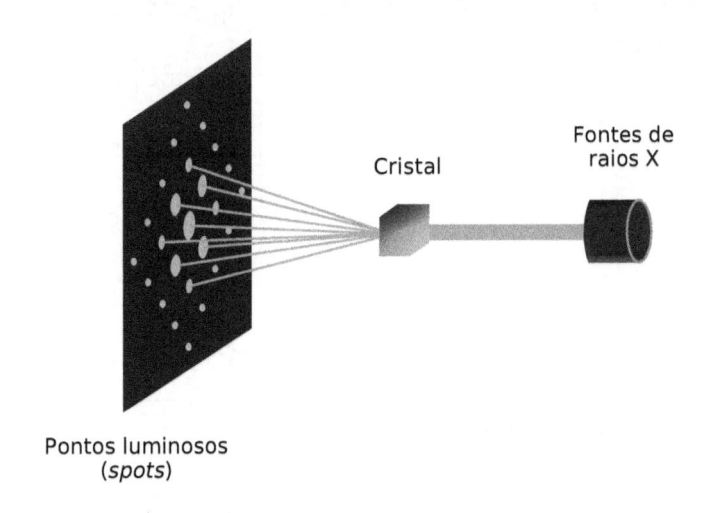

Pontos luminosos (*spots*)

Cristal

Fontes de raios X

Para a difração de policristais pelo método do pó, um feixe de raios X incide sobre o material, sendo difratado e formando um ângulo θ com o plano do material. O feixe espalhado é captado por um detector e forma um ângulo de 2θ com feixe incidente.

**Figura 2.29** – Difratômetro de pó

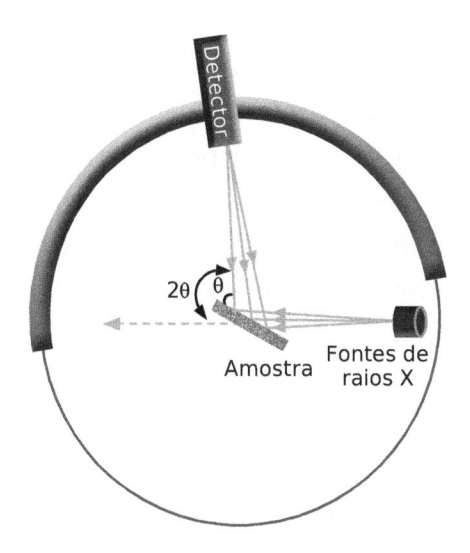

Ao colocarmos a intensidade desses feixes em função do ângulo de espalhamento 2θ, obtemos um gráfico denominado *difratograma*, do qual podemos extrair informações limitadas dos parâmetros de célula unitária do material.

O difratograma de raios X da figura a seguir foi coletado no difratômetro automático SHIMADZU XRD – 6000 do Instituto de Química da Universidade Federal de Goiás (IQ/UFG). Usou-se radiação $CuK_\alpha$ de um tubo selado com tensão de 40,0 kV e corrente de 30,0 ou 40,0 mA. A indexação das reflexões dos picos de difração referente à 2q foi realizada atribuindo os índices Muller (hkl) por comparação com os índices de uma amostra de silício disponível no banco de dados The RRUFF™ (RRUFF).

Essa técnica é usualmente empregada em amostra pulverizada ou policristalina composta por inúmeras partículas finas e orientadas aleatoriamente. Assim, no difratograma, os picos de alta intensidade surgem quando a condição de Bragg é satisfeita por algum conjunto de planos cristalográficos. Vale ressaltar que, com essa técnica, é possível identificar compostos desconhecidos, determinar estrutura cristalina do material, definir parâmetros de rede, avaliar pureza das fases cristalinas, analisar quantitativamente essas fases e determinar tamanho do cristalito.

**Figura 2.30** – Difratograma obtido por difração de raios X de uma amostra de silício

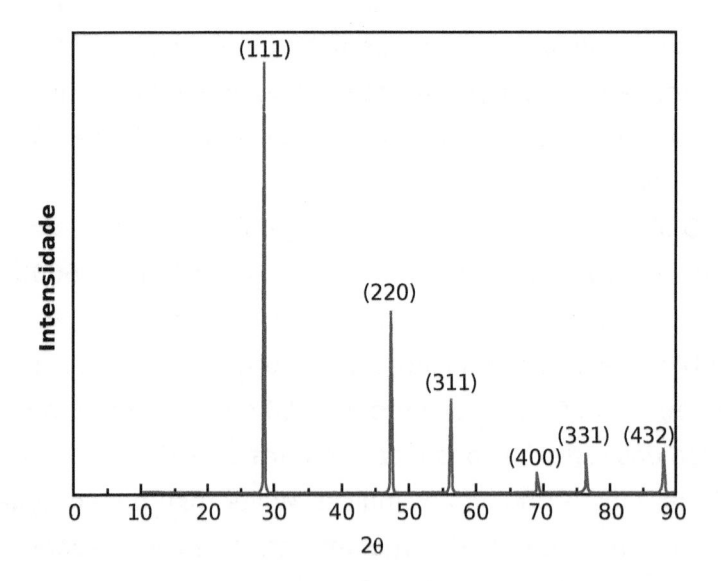

A organização dos átomos em materiais sólidos também pode ser investigada por microscopia eletrônica de alta resolução. É uma técnica comumente empregada no estudo de nanossistemas, tais como: nanopartículas, nanodots, compósitos, filmes finos, compostos orgânicos naturais, dentre outros. Podemos destacar as seguintes informações que podem ser obtidas dos padrões de difração: se o material é mono ou policristalino; parâmetros de rede e simetrias; orientação do material ou dos grãos individuais; identificação de uma ou mais fases cristalinas.

Na microscopia eletrônica, temos o microscópio eletrônico de transmissão (MET), de alta resolução espacial, para a caracterização morfológica e estrutural de nanossistemas, dependendo do modo de operação.

No item (a) da Figura 2.31, temos o microscópio eletrônico de transmissão Jeol, JEM-2100, de 200 kV, instalado no Laboratório Multiusuário de Microscopia de Alta Resolução da Universidade Federal de Goiás (LabMic/UFG). Já o item (b) da figura seguinte traz um feixe de elétrons que incide sobre uma amostra cristalina suficientemente fina, no interior do microscópio eletrônico de transmissão, no modo de operação de difração de área selecionada (SAED, do inglês *selected area electron diffraction*). Vejamos.

**Figura 2.31** – Microscópio eletrônico de transmissão (MET) instalado no LabMic/UFG e esquema geométrico da difração de elétrons

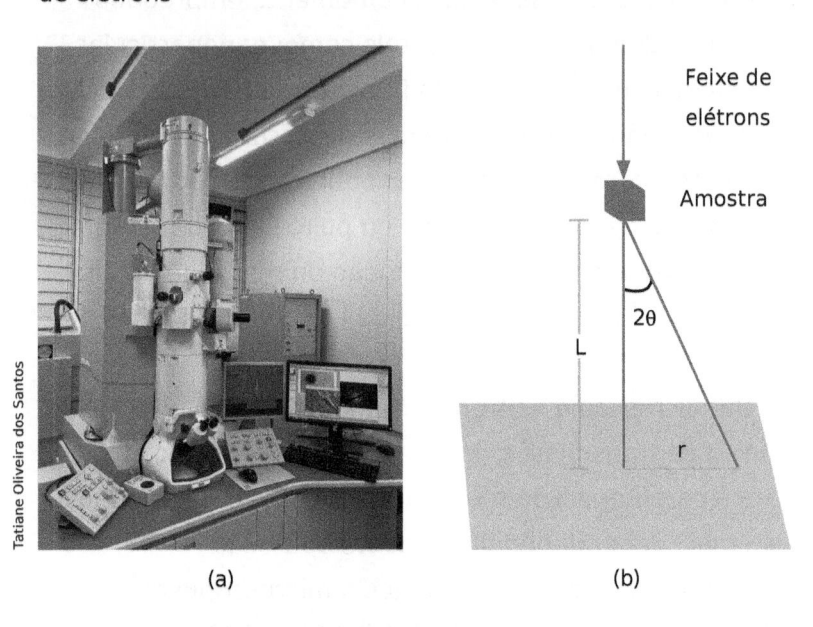

(a)  (b)

Nessa situação, alguns elétrons do feixe incidente podem difratar ao interagirem com os planos dos átomos da amostra cristalina e, também, alguns elétrons podem passar pela amostra sem desvio, formando um feixe transmitido central, com o qual o raio difratado faz um ângulo igual a $2\theta$. Podemos notar que a difração de elétrons também obedece à Lei de Bragg. Os ângulos de Bragg são muito pequenos, permitindo a aproximação $\sin\theta \approx \tan\theta \approx \theta$. Considerando a Lei de Bragg, temos:

$$2d\,\text{sen}(\theta) = m\lambda$$

E a relação obtida do item (b) da Figura 2.31:

$$\tan\theta = \frac{\lambda L}{r}$$

Para m = 1, temos:

*Equação 2.46*

$$d_{hkl} = \frac{\lambda L}{r}$$

Em que $d_{hkl}$ é a distância interplanar; r é a distância no plano entre o feixe transmitido e o feixe difratado; e L é uma distância virtual, que depende de alguns parâmetros do microscópio (tensão de aceleração e magnificação). Dessa forma, $\lambda L$ é uma constante, conhecida como *constante de câmara*.

O padrão de difração de elétrons aparece na forma de *spots* (pontos), que representa um ponto do espaço recíproco, o qual, por sua vez, corresponde a um plano (hkl) no espaço real, com distância interplanar dada pela Equação 2.46. A indexação de cada *spot* com os índices de Miller (hkl) é realizada por meio da medida da distância interplanar ($d_{hkl}$) e por comparação da ficha de referência de algum banco de dados. Na figura seguinte, podemos verificar os padrões de difração de elétrons para diferentes materiais (monocristais, policristais e amorfos).

**Figura 2.32** – Padrões de difração de elétrons obtidos por Saed para: (a) cristal de sílica ($SiO_2$), monocristalino; (b) nanopartículas de ouro (Au), material policristalino; (c) filme de carbono, material amorfo

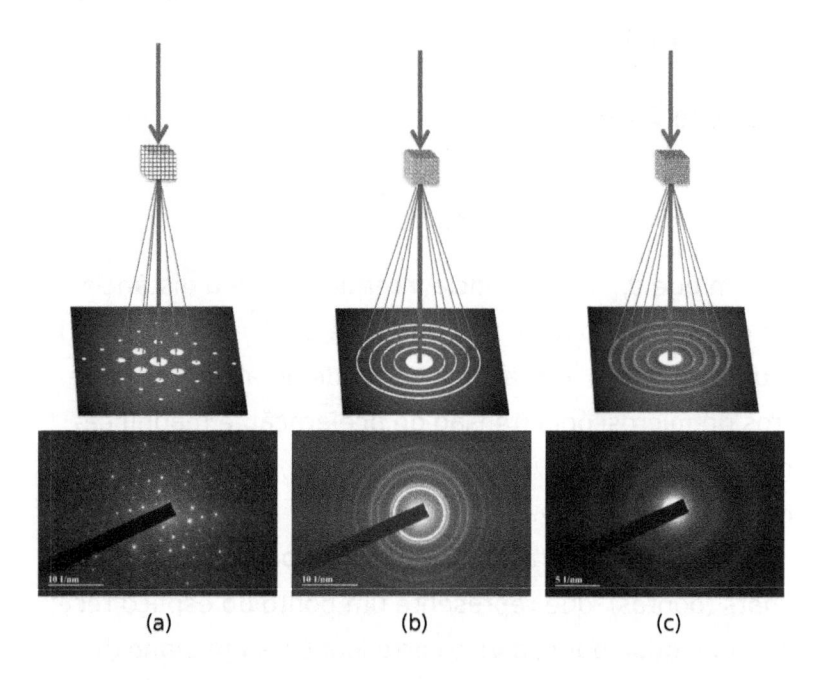

(a)  (b)  (c)

Por fim, podemos citar fontes de luz síncrotron, capazes de produzir radiação eletromagnética de amplo espectro e alto brilho, na faixa do infravermelho, ultravioleta e raios X. Esses aceleradores de partículas abrem a possibilidade para estudarmos uma gama de materiais e, assim, obtermos informações da estrutura molecular, atômica e eletrônica com alta resolução. Atualmente, o Brasil tem uma das fontes de luz síncroton mais sofisticadas e avançadas do mundo, o Sírius, localizado no

Laboratório Nacional de Luz Síncrotron (LNLS), que integra o Centro Nacional de Pesquisa em Energia e Materiais (CNPEM), em Campinas, São Paulo.

## *Síntese de elementos*

Neste segundo capítulo, abordamos a definição de rede cristalina em suas diferentes formas. Várias células primitivas podem ser estabelecidas para uma rede específica, no entanto, cada estrutura tem apenas uma única célula de Wigner-Seitz. Todas as estruturas podem ser escritas em termos de uma rede e uma base.

Além disso, definimos o fator de empacotamento e o número de coordenação, bem como tratarmos das redes de Bravais, em especial as cúbicas, simples, de face centrada, de corpo centrado e hexagonais.

Também abordamos a rede recíproca, que é uma rede de Bravais no espaço k, em que o conjunto de pontos é dado pela relação $e^{i\vec{G}\cdot\vec{R}} = 1$, para todos os $\vec{R}$ na rede direta. Mostramos que a rede recíproca pode ser vista como a transformada de Fourier da rede direta e que vetores da rede recíproca $\vec{G}$ definem um conjunto de planos igualmente espaçados, tal que $\vec{G}\cdot\vec{r} = 2\pi m$. Observamos, ainda, que o espaçamento entre os planos é dado por $d = \frac{2\pi}{|\vec{G}|}$ e os índices de Miller são usados para descrever as famílias dos planos de rede ou dos vetores da rede recíproca.

Ainda, ressaltamos que definição da 1ª ZB é a célula de Wigner-Seitz da rede recíproca e que cada zona de Brillouin tem o mesmo volume e contém um estado k por célula unitária.

Por fim, apresentamos os principais métodos de estudo das estruturas cristalinas.

## *Partículas em teste*

1) Qual das seguintes propriedades **não** é uma característica de uma estrutura cristalina?
   a) Geometria definida.
   b) Periodicidade.
   c) Ordenamento atômico.
   d) Isotropia.
   e) Rede e base.

2) Examine as afirmativas a seguir.
   I) A classificação das redes de Bravais é baseada na forma da rede, e não na simetria da rede.
   II) Uma rede de duas dimensões tem cinco formas de se organizar para que sua vizinhança seja idêntica: quadrada, oblíqua, hexagonal, retangular e retangular de face centrada.
   III) Nem todos os arranjos regulares de pontos são uma rede de Bravais. Um exemplo é a estrutura do grafeno (favo de mel), que, embora tenha rede periódica e ordenada, não é uma rede de Bravais.
   IV) A rede recíproca identifica o conjunto de vetores que produzem ondas planas com a periodicidade da rede de Bravais.

Estão corretas as afirmativas:

a) I e II.
b) I e IV.
c) II e III.
d) I, II e IV.
e) III e IV.

3) As redes cúbicas simples, de corpo centrado e face centrada podem ser expressas em termos de uma célula unitária convencional maior do que a célula unitária primitiva. Assim, os valores de x, y e z são:

a) $x = y = z = 1$.
b) $x = 1$, $y = 2$ e $z = 4$.
c) $x = 1$, $y = z = 2$.
d) $x = 1$, $y = z = 4$.
e) Nenhuma das alternativas anteriores está correta.

4) Avalie as afirmativas a seguir.

I) Polimorfismo ocorre quando um material específico pode apresentar mais de uma estrutura cristalina. A alotropia é usada, geralmente, para elementos puros.

II) Os planos e os eixos que passam por pontos da rede cristalina são representados por três números ou algarismos que caracterizam suas coordenadas, denominados *índices de Miller*.

III) A difração de raios X é usada para determinar a estrutura cristalina e o espaçamento interplanar. Um feixe de raios X direcionado sobre um material cristalino pode sofrer difração como resultado de sua interação com uma série de planos atômicos paralelos.

IV) A microscopia eletrônica de transmissão também pode ser usada para se obter imagens de características microestruturais, essenciais para a caracterização de amostras espessas.

Estão corretas as afirmativas:

a) I e II.
b) II e III.
c) I, II e III.
d) III e IV.
e) I, II, III e IV.

5) Marque a alternativa que indica o volume de uma célula unitária CFC em função do raio atômico r:
a) $2r^2\sqrt{3}$.
b) $4r^3\sqrt{2}$.
c) $8r^4\sqrt{2}$.
d) $r^3\sqrt{3}$.
e) $16r^3\sqrt{2}$.

## Solidificando o conhecimento

### Reflexões estruturais

1) De qual forma, no sentido matemático, os vetores da rede de Bravais e da rede recíproca de um cristal correspondem um ao outro?

2) Usando o vetor primitivo $\vec{a}_1 = a\hat{x}$, $\vec{a}_2 = \left(\frac{a}{2}\right)\hat{x} + \left(\sqrt{3}\frac{a}{2}\right)\hat{y}$ e $\vec{a}_3 = c\hat{z}$, juntamente das definições de vetores primitivos da rede recíproca, mostre que a rede recíproca da rede hexagonal simples da rede de Bravais é uma rede hexagonal rotacionada de 30° no eixo z respectivo à rede direta e com constantes de rede $\frac{2\pi}{c}$ e $\frac{4\pi}{(\sqrt{3}a)}$.

3) Considerando a estrutura do diamante, mostre que o ângulo entre quaisquer duas ligações do tetraedro aos seus vizinhos mais próximos é $\text{ArcCos}\left(\frac{1}{3}\right) = 109°28'$.

4) Na estrutura hexagonal, prove que a razão $\frac{c}{a}$ ideal para a estrutura compacta é 1,633.

5) Determine os índices de Miller para os planos apresentados nas figuras seguintes:

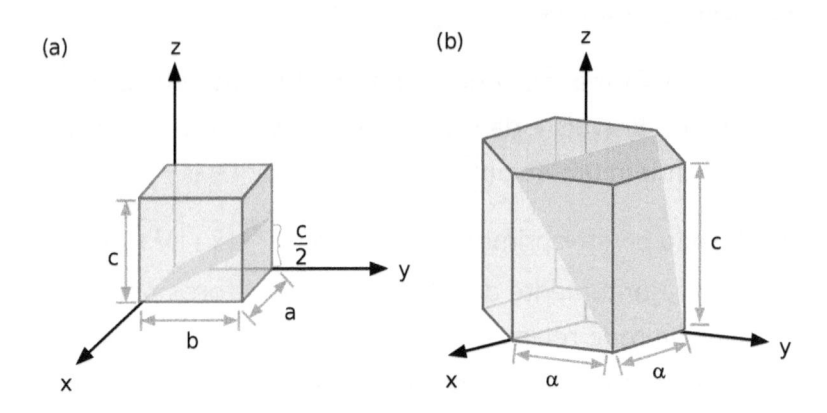

(a)

(b)

6) Determine a distância interplanar e o ângulo de difração para o conjunto de planos (220) da estrutura cúbica de corpo centrada do ferro (Fe). O parâmetro de rede do ferro é 0,2866 nm. Suponha que a radiação seja monocromática com comprimento de onda de 0,1790 nm e reflexão de primeira ordem.

## Relatório de experimento

1) Você possui amostras de ferro em pó para fazer uma caracterização: algumas delas são rede cúbica de face centrada (CFC) e outras são rede cúbica de corpo centrado (CCC). Simule um experimento e descreva passo a passo um método de difração de raios X pelo qual será possível realizar essa caracterização.

# Elétrons em sólidos

3

Grande parte das propriedades dos sólidos é determinada pelos elétrons que os compõem. No Capítulo 1, vimos os vários tipos de coesões cristalinas que dependem da forma como íons e elétrons se relacionam. Certas descrições se tornam muito complexas, por isso, convém que comecemos este capítulo com um dos modelos mais simples de sólidos para progressivamente adotarmos mais interações e elementos para descrever sólidos mais complexos e entender propriedades mais sofisticadas.

Portanto, neste capítulo vamos descrever os metais como um gás de elétrons livres, que é o modelo mais simples que podemos imaginar. Contudo, esse modelo não leva em consideração a cadeia periódica dos átomos. Também veremos o comportamento eletrônico em um potencial periódico por meio do teorema de Bloch. Isso nos permitirá analisar a dinâmica eletrônica no cristal em diferentes limites: com o elétron livre, com o potencial fraco, como uma perturbação, e o fortemente ligado ao íon. Ao final, teremos uma ideia dos estados de energia em elétrons de Bloch.

## 3.1 Gás de elétrons livres

A partir de agora, preocuparemo-nos com as interações eletrônicas. Mas você já se perguntou o que é um elétron?

Essa pergunta é bem pertinente. Até hoje não foi possível ver um elétron. A verdade é que as experiências apenas podem "ver" as ações dos elétrons e, dependendo do conjunto de condições experimentais e tipos de medições, os elétrons podem manifestar-se de várias formas diferentes.

Assim, antes de entrarmos na teoria do gás de elétrons livres, devemos relembrar brevemente algumas características das partículas da matéria. Vamos lá?

A luz faz parte do nosso cotidiano. Intuitivamente, percebemos a luz como uma onda que viaja de determinada fonte até nosso ponto de observação. Os experimentos de óptica, interferência, difração e dispersão confirmam de maneira absoluta o caráter ondulatório da luz. A cor da luz visível, por exemplo, é determinada pelo seu comprimento de onda, $\lambda_f$, que está relacionado com sua frequência, $v_f$. Esses aspectos da luz já são conhecidos há tempo; em 1801, Thomas Young apresentou um experimento que demonstrava o caráter ondulatório da luz.

Por outro lado, também temos evidências da natureza corpuscular da luz. Quando deixamos um objeto exposto ao sol, percebemos que ele se aquece. Esses e muitos outros efeitos só podem ser entendidos quando tratamos a luz como uma partícula. Embora Newton tenha sido um grande defensor dessa ideia, foi com o experimento de Hertz, em 1887, e com a posterior interpretação de Einstein, em 1905, que essa característica se tornou irrefutável.

Planck, por sua vez, estudava paralelamente a radiação do corpo negro. Considerou que as cavidades do corpo negro podiam ser representadas por um conjunto de osciladores harmônicos, cujas energias possíveis eram discretas. Ou seja, os osciladores não irradiam continuamente, mas "pulam" de um estado estacionário para outro e, nessa transição, absorvem (ou liberam) energia. A energia, $E_n$, é quantizada.

Hoje está estabelecido que os quanta de luz, chamados de *fótons*, têm energia quantizada dada por:

*Equação 3.1*

$$E_f = \hbar v_f = \hbar \omega_f$$

Em que $\hbar$ é a constante de Planck: $\hbar \cong 6{,}62 \cdot 10^{-34}$ Js, e $\hbar = \dfrac{h}{2\pi}$.

O momento relativístico está relacionado com a energia de repouso, $E_o = mc^2$, na forma:

*Equação 3.2*

$$E^2 = E_o^2 + (pc)^2$$

Em que E é a energia total. Para o fóton, devemos observar que a energia de repouso será nula, porque a massa do fóton é zero. Assim, obtemos:

*Equação 3.3*

$$p_f = \frac{\hbar}{\lambda_f} \qquad \vec{p}_f = \hbar \vec{k}_f$$

Todos esses experimentos e esforços feitos para entender o comportamento da luz e muitos outros que não foram tratados aqui levaram ao estabelecimento do seguinte conceito da dualidade onda-partícula:

- Os aspectos da luz ondulatórios e corpusculares são inseparáveis. A luz se comporta como onda e um fluxo de partículas simultaneamente.
- As predições sobre o comportamento de um fóton são apenas probabilísticas.
- A informação no tempo t sobre um fóton é dada pelo campo elétrico, $\vec{\varepsilon}(\vec{r}, t)$, solução das equações de Maxwell. O campo pode ser visto como a probabilidade de amplitude de um fóton a um tempo t na posição $\vec{r}$. A probabilidade correspondente é proporcional a $|\vec{\varepsilon}(\vec{r}, t)|^2$.

E para os elétrons? As propriedades de carga, q, e massa, m, eletrônicas eram conhecidas desde Thomson, no início do século XX, por meio do experimento com tubos de raios catódicos. Contudo, foi Rutherford, em 1910, que mostrou que o átomo era parecido com um pequeno sistema solar: elétrons se movendo ao redor de um núcleo massivo.

Paralelamente aos estudos com fótons, houve o estudo da emissão atômica, no qual foi observado que os espectros de absorção e emissão atômicos eram compostos por linhas finas, como demonstrado experimentalmente por Franck-Hertz. Bohr e Sommerfeld desenvolveram uma regra empírica para o cálculo das órbitas atômicas para o átomo de hidrogênio, mas não explicaram o que acontecia fisicamente. Em 1924, De Broglie, baseado na hipótese de reciprocidade das leis físicas e em evidências parciais, sugeriu que os elétrons teriam natureza ondulatória e corpuscular. Foi capaz de deduzir as regras de quantização de Bohr-Sommerfeld como consequência de sua hipótese.

Logo, o comprimento de onda eletrônico, $\lambda$, e seu momento, p, são relacionados por:

*Equação 3.4*

$$p = \frac{\hbar}{\lambda} = \frac{2\pi}{|\vec{k}|}$$

Somente em 1927, depois que Schrödinger formulou matematicamente a teoria de De Broglie, que dois experimentos independentes demonstraram a característica ondulatória dos elétrons. Thomson realizou o experimento de difração em pó de alumínio usando um feixe de raios X e outro de elétrons, com energias tais que os comprimentos de onda nos dois experimentos fosse o mesmo, resultando em difração idêntica nos dois casos. No ano seguinte, Davisson e Germer elaboraram um experimento no qual o feixe de elétrons incidia em um cristal de níquel, encontrando comprimento de onda idêntico à difração de Bragg e à difração com feixe eletrônico.

## Saber equivalente

Em 1922, Arthur Holly Compton fez uma série de experimentos com raios X monocromáticos no grafite.
Ele percebeu que parte da radiação tinha o mesmo comprimento de onda dos raios X, mas havia outra componente com um comprimento de onda maior. Compton assumiu os fótons como partículas que colidem com os elétrons, também partículas, transferindo momento. Seus resultados demonstravam o comportamento corpuscular dos elétrons.

## Distribuição de Fermi-Dirac

Existe uma grande diferença entre a mecânica clássica e a mecânica quântica quando falamos sobre partículas. Mesmo que duas partículas sejam idênticas, podemos distingui-las nesses dois campos: na mecânica clássica, é possível seguirmos a trajetória de cada partícula; na mecânica quântica, não podemos determinar simultaneamente a posição e o momento de uma partícula. O princípio da incerteza de Heisenberg estabelece que o produto entre a posição e o momento de uma partícula deve ser maior do que a constante de Planck. Partículas quânticas, então, devem ser indistinguíveis.

Quando Pauli mostrou a importância de considerar o *spin* eletrônico, foi dado um grande passo na direção do modelo semiclássico. O princípio da exclusão de

Pauli afirma que dois ou mais férmions não podem ter o mesmo número quântico. A substituição da distribuição de Maxwell-Boltzmann pela distribuição de Fermi-Dirac foi necessária para a descrição de partículas quânticas. Assim, a função de Fermi-Dirac[*] é dada por:

**Equação 3.5**

$$f(E, T, \mu) \equiv \left\{e^{\beta[E-\mu]} + 1\right\}^{-1}$$

Em que E corresponde à energia e $\mu$, ao potencial químico[**]. Logo, temos:

**Equação 3.6**

$$\beta \equiv \frac{1}{k_B T}$$

Em que $k_B$ é a constante de Boltzmann e T é a temperatura.

---

[*] Não abordaremos o desenvolvimento em séries da estatística de Fermi-Dirac, porém, seus resultados serão utilizados neste capítulo. O desenvolvimento completo da expansão pode ser encontrado em Kiess (1987). A distribuição de Fermi pode ser obtida, por meio da distribuição de Gibbs, em Madelung (1978, p. 24-28).

[**] Uma explicação muito detalhada e clara sobre o potencial químico é dada por Cook e Dickerson (1995), desde sua definição em sistemas termodinâmicos até aplicações no gás de elétrons.

## 3.1.1 Hipóteses básicas

A teoria de Sommerfeld pode ser resumida como um gás de elétrons clássico restrito ao princípio de exclusão de Pauli e, por isso, a distribuição de velocidades eletrônicas obedece à distribuição de Fermi-Dirac. De acordo com esse modelo, os elétrons que estão nas camadas mais externas dos átomos, chamados de *elétrons de valência*, são livres para se mover por todo o metal.

As duas hipóteses básicas desse modelo são:

1. Os elétrons são como um gás porque não interagem entre si. Nesse caso, podemos utilizar a aproximação da partícula independente – o movimento de cada elétron não está ligado (ou influenciado) pelos demais elétrons. Dessa forma, a interação repulsiva entre elétrons de condução também é negligenciada.
2. Os elétrons são livres para se mover. Isso significa dizer que estão uniformemente distribuídos no material (metal) e se movem em um potencial constante (ou seja, todos os detalhes da estrutura cristalina são perdidos).

O modelo de Sommerfeld retrata metais que dependem apenas das propriedades cinéticas dos elétrons de condução. Os metais que melhor se enquadram nessa teoria são os metais alcalinos. Para visualizarmos melhor como isso é possível, imagine que o núcleo iônico exerça um potencial coulombiano, em uma dimensão, sobre os elétrons de valência, cujo valor é dado por:

## Equação 3.7

$$\mathcal{U}(r) = -\frac{Zq^2}{4\pi\varepsilon_o r}$$

No átomo livre, o elétron de valência se move orbitalmente ao redor do núcleo. Quando vários átomos formam um sólido, a aproximação dos íons faz com que os orbitais (potenciais) se sobreponham e há interação entre potenciais individuais. Os íons se organizam periodicamente no espaço. Podemos perceber, na figura a seguir, que o potencial resultante dentro do cristal é dramaticamente reduzido pela contribuição de cada íon e pode ser considerado constante. Dessa forma, os elétrons de valência não vão estar fortemente ligados a um núcleo iônico e serão capazes de se mover livremente dentro do metal.

**Figura 3.1** – (a) Potencial coulombiano de um átomo isolado e (b) potencial resultante de núcleos iônicos em uma cadeia periódica unidimensional

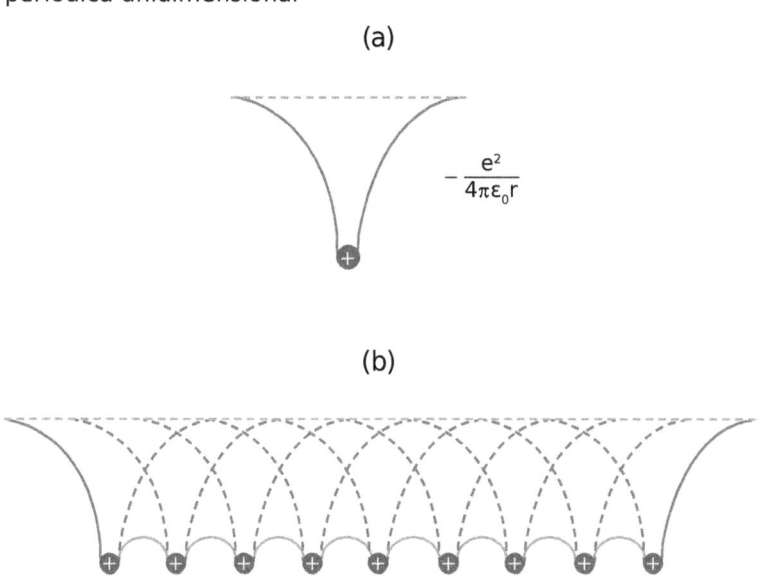

(a)

$$-\frac{e^2}{4\pi\varepsilon_0 r}$$

(b)

Nessa figura, as linhas pontilhadas mostram o potencial individual, enquanto a linha sólida mostra a redução drástica do potencial no interior do cristal devido à interação iônica. A caixa cinza indica o potencial efetivo na aproximação do elétron livre.

> **Saber equivalente**
>
> Sommerfeld foi indicado 81 vezes para o prêmio Nobel. Infelizmente, ele nunca ganhou em seu nome. Mas acreditamos que ganhou 4 vezes no nome de seus estudantes laureados: Werner Heisenberg, Wolfgang Pauli, Peter Debye e Hans Bethe.

## 3.1.2 Estado fundamental

O estado fundamental do gás de elétrons livres ocorre quando a temperatura é T = 0 K e, consequentemente, os elétrons assumem a menor configuração de energia possível. Ou seja, os elétrons vão se acomodando em pares (*spin* para cima e *spin* para baixo) nos níveis de energia, começando no nível mais baixo até o nível mais alto.

Consideremos um gás com N elétrons em um volume V. Como, por hipótese, **os elétrons não interagem entre si**, podemos estudar o sistema para apenas um elétron, encontrando seu nível de energia no volume V. Depois, preenchemos esses níveis respeitando o princípio da exclusão de Pauli, para os N elétrons.

O elétron pode ser descrito por uma função de onda, $\psi_k(\vec{r})$, associada ao nível de energia $E_k$. Por estar **sujeito a um potencial constante**, a hamiltoniana do sistema, $\hat{\mathcal{H}}$, para um elétron é independente do tempo e pode ser escrita como:

## Equação 3.8

$$\hat{\mathcal{H}} = -\frac{\hbar^2 \nabla^2}{2m} + u(\vec{r})$$

Portanto, a equação de Schrödinger se torna:

## Equação 3.9

$$-\frac{\hbar^2 \nabla^2}{2m}\psi_k(\vec{r}) + u(\vec{r})\psi_k(\vec{r}) = E_o\psi_k(\vec{r})$$

Em que $\nabla^2$ é o laplaciano, dado por:

## Equação 3.10

$$\nabla^2 \equiv \frac{\partial^2}{\partial x^2} + \frac{\partial^2}{\partial y^2} + \frac{\partial^2}{\partial z^2}$$

O potencial, $u(\vec{r})$, é definido como:

## Equação 3.11

$$u(\vec{r}) = \begin{cases} u_o, & 0 \leq x, y, z \leq L \\ \infty, & \text{todos os outros casos} \end{cases}$$

Fazendo $E_k = E_o - u_o$, obtemos:

## Equação 3.12

$$-\frac{\hbar^2 \nabla^2}{2m}\psi_k(\vec{r}) = E_k\psi_k(\vec{r})$$

A função de onda que satisfaz a equação de Schrödinger é a onda plana progressiva:

## Equação 3.13

$$\psi_k(\vec{r}) = Ae^{i\vec{k}\cdot\vec{r}}$$

Em que $\vec{k}$ é o vetor de onda. Como vimos anteriormente, a onda plana é constante nos planos perpendiculares a $\vec{k}$, tal que $\vec{k}\cdot\vec{r} = $ cte, e periódica paralelamente ao vetor de onda, com comprimento de onda dado por $\lambda = \dfrac{2\pi}{k}$.

Os elétrons não podem sair do material em decorrência do potencial infinito na superfície. Por simplicidade, consideremos que os elétrons estão confinados em um cubo de lados L, com volume $V = L^3$. Usaremos as condições periódicas de Born-von Karman para o sistema e, em vez de a função de onda desaparecer nas superfícies do cubo ou ser refletida de volta, vamos imaginar que o cubo está todo conectado, como um circuito. Aqui é importante lembrarmos que, quando fixamos as extremidades de uma corda, por exemplo, sempre obtemos como solução ondas estacionárias. As condições periódicas têm o intuito de assegurar que os elétrons sejam ondas contínuas, descartando por completo a influência da superfície.

Dessa forma, toda vez que o elétron atingir a posição final, L, no cubo, ele reentra na posição inicial, 0.

### Partícula essencial

As propriedades do volume de um corpo macroscópico, como a condutividade, são independentes da forma do corpo, ou seja, da configuração de sua superfície.

Já que consideramos que os elétrons não podem sair do material, a probabilidade de encontrarmos o elétron no cubo deve ser igual à unidade:

*Equação 3.14*

$$\int_{cubo} d^3\vec{r}\, |\psi_k(\vec{r})|^2 = 1$$

Aplicando a Equação 3.13 em 3.14, podemos encontrar a constante A:

*Equação 3.15*

$$A = \frac{1}{\sqrt{V}} = L^{-3/2}$$

A energia, $E_k$, por sua vez, será:

*Equação 3.16*

$$E_k = \frac{\hbar^2 \vec{k}^2}{2m} = \frac{\hbar^2}{2m}\left[k_x^2 + k_y^2 + k_z^2\right]$$

Em que m é a massa do elétron. A função de onda que descreve o elétron é, portanto, dada pelas Equações 3.13 e 3.15:

*Equação 3.17*

$$\psi_k(\vec{r}) = \frac{1}{\sqrt{V}} e^{i\vec{k}\cdot\vec{r}}$$

**Vetor de onda $\vec{k}$**

A generalização das condições de contorno para três dimensões é dada por:

*Equação 3.18*

$$\psi(x+L, y, z) = \psi(x, y, z)$$

$$\psi(x, y+L, z) = \psi(x, y, z)$$

$$\psi(x, y, z+L) = \psi(x, y, z)$$

Se a função de onda precisa ter os mesmos valores na posição r e r + L, então o vetor de onda, $\vec{k}$, terá uma forma restrita. Utilizando a Equação 3.18 na função de onda do elétron (Equação 3.17), obtemos:

*Equação 3.19*

$$\vec{k} = \frac{2\pi}{L}(n_x, n_y, n_z)$$

Em que $n_x$, $n_y$ e $n_z$ podem assumir valores inteiros (positivos, negativos e zero). No caso de $k_x$, temos:

*Equação 3.20*

$$k_x = 0; \pm \frac{2\pi}{L}; \pm \frac{4\pi}{L}; \pm \frac{6\pi}{L} \ldots$$

Dessa forma, no espaço k, os vetores de onda permitidos são aqueles múltiplos de $\frac{2\pi}{L}$. Existe um conjunto de números quânticos $k_x$, $k_y$ e $k_z$ para cada elemento de volume do espaço recíproco, $\left[\frac{2\pi}{L}\right]^3$.

## Partícula essencial

A somatória de todos os valores possíveis de k, para um valor grande o suficiente de L, em dimensões macroscópicas, pode ser escrita como uma integral:

$$\sum_k \to \frac{L}{2\pi} \int_{-\infty}^{\infty} dk$$

Em três dimensões, o resultado é análogo. Em vez da soma, podemos utilizar a integral em todos os espaços $-\vec{k}$:

$$\sum_{\vec{k}} \to \frac{L^3}{(2\pi)^3} \int_{-\infty}^{\infty} d^3\vec{k}$$

## $\vec{k}$ como autoestado do operador momento

O operador momento linear $\vec{p}$ é representador por:

**Equação 3.21**

$$\vec{p} = -i\hbar\nabla = -i\hbar\left(\frac{\partial}{\partial x}, \frac{\partial}{\partial y}, \frac{\partial}{\partial z}\right)$$

Operando $\vec{p}$ no nível $\psi_k(\vec{r})$, obtemos:

**Equação 3.22**

$$\vec{p}\,\psi_k(\vec{r}) = -i\hbar\nabla\psi_k(\vec{r})$$

$$\vec{p}\,\psi_k(\vec{r}) = \hbar\vec{k}\,\psi_k(\vec{r})$$

Por isso, a função de onda $\psi_k(\vec{r})$ é uma autofunção do operador momento. Isso significa dizer que um elétron, no nível $\psi_k(\vec{r})$, tem um momento proporcional ao vetor de onda, $\vec{p} = \hbar\vec{k}$. Sua velocidade, $\vec{v} = \frac{\vec{p}}{m}$, é:

**Equação 3.23**

$$\vec{v} = \frac{\hbar\vec{k}}{m}$$

### Nível de Fermi

Para obter o número total de elétrons, N, contidos no sistema, devemos contar quantos estados o sistema tem. Como cada estado pode acomodar dois elétrons de *spins* opostos, podemos escrever N como:

*Equação 3.24*

$$N = 2\sum_{\vec{k}} f(E, T, \mu)$$

$$= 2\frac{V}{[2\pi]^3} \int f(E, T, \mu) d\vec{k}$$

Logo, introduzimos o fator 2 para contar os dois *spins* para o mesmo estado k. Na temperatura T = 0 K, a função de Fermi-Dirac se transforma em uma função degrau, $\Theta(E_F - E)$, ou seja:

*Equação 3.25*

$$\begin{cases} \Theta(E_F - E) = 1, E_F - E \geq 0 \\ \Theta(E_F - E) = 0, E_F - E < 0 \end{cases}$$

Assim, a Equação 3.24 se torna:

*Equação 3.26*

$$N = 2\frac{V}{[2\pi]^3} \int^{|k|<k_F} d\vec{k}$$

Essa integral representa a soma referente a uma esfera de raio $k_F$, e o resultado é o volume da esfera. A quantidade de elétrons que está dentro da esfera é:

*Equação 3.27*

$$N = 2\frac{V}{[2\pi]^3}\left[\frac{4}{3}\pi k_F^3\right] = V\frac{k_F^3}{3\pi^2}$$

Os elétrons preenchem uma esfera, a esfera de Fermi, no espaço k de raio $k_F$, desde seu interior até sua superfície, conforme mostrado no item (c) da Figura 3.2, a seguir. Nessa superfície (superfície de Fermi), estão localizados os elétrons de maior energia, com energia de Fermi, $E_F$, e vetor de onda de Fermi, $k_F$. Levando em conta o fato de que a densidade eletrônica, $n$, é definida como $n = N/V$, podemos encontrar o valor do vetor de onda de Fermi, $k_F$:

*Equação 3.28*

$$K_F = [3\pi^2 n]^{1/3}$$

E, portanto, a energia de Fermi toma a forma:

*Equação 3.29*

$$E_F = \frac{\hbar^2 k_F^2}{2m} = \frac{\hbar^2}{2m}[3\pi^2 n]^{2/3}$$

A **energia de Fermi** é o potencial químico à temperatura T = 0 K, e por ser dependente da temperatura termodinâmica, não necessariamente será igual ao potencial químico em outras condições.

### Partícula essencial

O comprimento de onda do elétron no nível de Fermi é comparável com o espaçamento interatômico.

Tanto a energia de Fermi como o vetor de onda de Fermi independem do volume de elétrons ou do número de elétrons isoladamente, dependendo da densidade de elétrons. O momento de Fermi e a velocidade de Fermi podem ser definidos com base nas Equações 3.22 e 3.23 e são, respectivamente, $p_F = \hbar k_F$ e $v_F = \dfrac{\hbar k_F}{m}$.

A energia total do sistema no estado fundamental, $E_T^0$, segue análoga à do número de elétrons. Aqui, inserimos um índice 0 para lembrar que essa energia foi calculada no estado fundamental. Vejamos:

*Equação 3.30*

$$E_T^0 = 2\frac{V}{[2\pi]^3}\int \Theta(E_F - E)E\,d\vec{k}$$

$$= 2\frac{V}{[2\pi]^3}\int 4\pi^2 \frac{\hbar^2 k^2}{2m}\,dk$$

E finalmente:

*Equação 3.31*

$$\frac{E_T^0}{V} = \frac{\hbar^2 k_F^5}{10\pi^2 m}$$

**Figura 3.2** – (a) A descrição dos elétrons de valência quase livres de um metal em T = 0 K é uma função degrau; (c) a concentração n elétrons de valência é dada pela área sob a curva da densidade de estados até a energia de Fermi, $E_F^0$; (c) no espaço k a esfera de Fermi $E(k) = E_F^0$ separa os estados ocupados dos estados vazios

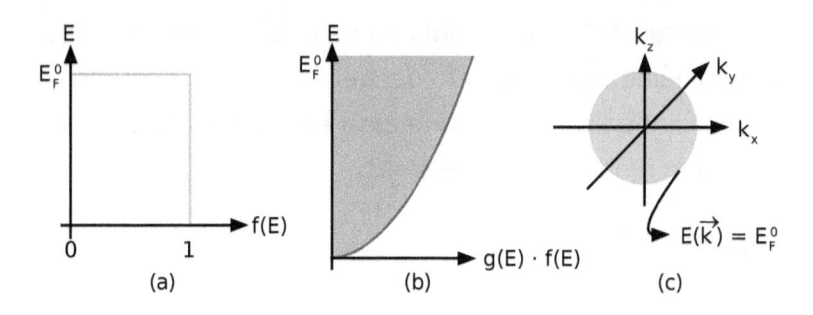

## Considerações gerais

A energia do elétron no orbital é dada por:

*Equação 3.32*

$$E_n^o = \frac{\hbar^2}{2m}\left[\frac{n\pi}{L}\right]^2$$

Ou seja, substituímos o vetor de onda k (Equação 3.19) na energia (Equação 3.17). Assim, usamos n = 1, $E_1^0$ como referência e podemos reescrever as demais energias como:

*Equação 3.33*

$$E_n^o = n^2 E_1^o$$

Em atenção ao princípio da exclusão de Pauli, não podem existir dois elétrons com os mesmos números quânticos. Cada orbital admitirá apenas dois elétrons que se diferenciam entre si por meio da orientação do *spin*.

Em um sistema de N elétrons no estado fundamental, a energia de Fermi, $E_F$, é definida como a energia do nível mais alto ocupado, e seu valor é igual ao do potencial químico, $\mu$.

Usando a definição da densidade de elétrons, $\mu = \dfrac{N}{V}$, na Equação 3.31, a energia no estado fundamental é $\dfrac{E_T^0}{N} = \dfrac{3E_F}{5}$. Podemos estimar que a temperatura de Fermi será da ordem de $10^4$ K. Perceba, porém, que a energia interna de um elétron no gás clássico ideal se anularia para T = 0 K. É importante frisarmos que a temperatura de Fermi **não é** a temperatura termodinâmica do gás de elétrons, mas sim um padrão para o estudo das propriedades térmicas do gás.

Todas as quantidades mencionadas podem ser estimadas numericamente (Ashcroft; Mermin, 2011). A velocidade de Fermi está na ordem de 1% da velocidade da luz. Esse resultado não é esperado porque o gás clássico tem velocidade nula no zero absoluto. Os intervalos da energia de Fermi para os metais estão entre 1,5 e 15 eV.

O estado fundamental do gás de elétrons é a esfera de Fermi completamente cheia com elétrons. Cada elétron em um estado $\vec{k}$, $s$ está associado com outro no estado $-\vec{k}$ e $-s$. Dessa forma, os momentos $\hbar\vec{k}$ e os *spins* $s$ dos elétrons cancelam uns aos outros, e o momento total e o *spin* total serão zero.

> **Partícula essencial**
>
> O conjunto de números usados para descrever a posição e a energia de um elétron em um átomo é chamado de *números quânticos*. Existem quatro números quânticos: principal, azimutal, magnético e *spin*.

### 3.1.3 Densidade de estados

Para estudarmos a capacidade térmica do gás de elétrons em um metal para uma temperatura qualquer, devemos definir a energia do gás. A energia total do sistema de elétrons é a soma de todas as energias possíveis de um elétron dentro da esfera de Fermi. Assim, analogamente à Equação 3.30, podemos escrever:

*Equação 3.34*

$$E_{total} = 2\frac{V}{[2\pi]^3}\int E_k f(E, T, \mu)d\vec{k}$$

$$= 2\frac{V}{[2\pi]^3}\int 4\pi k^2 E_k f(E, T, \mu)dk$$

A função de Fermi-Dirac, f(E, T, µ), foi definida na Equação 3.5. O potencial químico pode ser encontrado resolvendo Equação 3.24:

*Equação 3.35*

$$N = 2\frac{V}{[2\pi]^3} \int f(E, T, \mu) d\vec{k}$$

$$= 2\frac{V}{[2\pi]^3} \int 4\pi k^2 f(E, T, \mu) dk$$

Considerando a relação entre o vetor de onda k e a energia E, na Equação 3.16, temos:

$$k = \sqrt{\frac{2mE}{\hbar^2}}$$

E, assim, obtemos o diferencial dk:

*Equação 3.36*

$$dk = \frac{1}{2}\frac{2m}{\hbar^2} dE \sqrt{\frac{\hbar^2}{2mE}} \quad \therefore$$

*Equação 3.37*

$$dk = \sqrt{\frac{m}{2E\hbar^2}} dE$$

Para simplificar as Equações 3.34 e 3.35, definimos uma quantidade, g(E), como:

*Equação 3.38*

$$g(E)dE \equiv \frac{[2m]^{3/2}}{2\pi^2\hbar^3} \sqrt{E} dE$$

Logo, obtemos:

*Equação 3.39*

$$E_T = V \int E g(E) f(E, T, \mu) dE$$

*Equação 3.40*

$$N = V \int g(E) f(E, T, \mu) dE$$

Chamamos g(E)dE de *densidade de estados por unidade de volume*, ou *densidade de estados na escala da energia*. Indica o número total de autoestados considerando a degenerescência, com energias que variam de E a E + dE. Uma vez que o potencial químico é encontrado, a equação $E_T$ mostra o valor da energia cinética do sistema. Podemos obter o potencial químico, µ(T), até a segunda ordem em T:

*Equação 3.41*

$$\mu(T) = E_F - \frac{\pi^2 g'(E_F)}{6 g(E_F)} [k_B T]^2$$

Em que $g'(E_F)$ é a derivada da densidade de estados da energia no nível de Fermi. Se $g'(E) = \frac{g(E)}{[2E]}$, então:

*Equação 3.42*

$$\mu(T) = E_F \left\{ 1 - \frac{\pi^2}{12} \left[ \frac{T}{T_F} \right]^2 \right\}$$

Não é surpreendente que o potencial químico dependa da temperatura. A Figura 3.3 mostra a curva da distribuição de Fermi-Dirac e a curva da densidade de elétrons, ambas em função da energia. Quando a energia aumenta de valor no estado fundamental, os elétrons que estão abaixo da energia de Fermi são excitados para os estados acima da energia de Fermi. Contudo, para que o número de elétrons seja constante, as áreas à direita e à esquerda de $E_F$ devem ser iguais. Analisando a Equação 3.40, percebemos que o número de elétrons é função da integral da função de Fermi-Dirac, simétrica em $E_F$, e função da densidade de estados, que tem maior valor à direita do que à esquerda de $E_F$. Assim, a única forma de mantermos o número de elétrons constantes é se o potencial químico variar com a temperatura: conforme a temperatura aumenta, o potencial químico diminui e, portanto, haverá o equilíbrio entre as áreas, e a densidade de elétrons será constante.

**Figura 3.3** – (a) Distribuição de Fermi-Dirac, f(E, T), para T = 0 (curva azul) e para uma temperatura finita (curva laranja); (b) número de elétrons por unidade de energia de acordo com o modelo do elétron livre

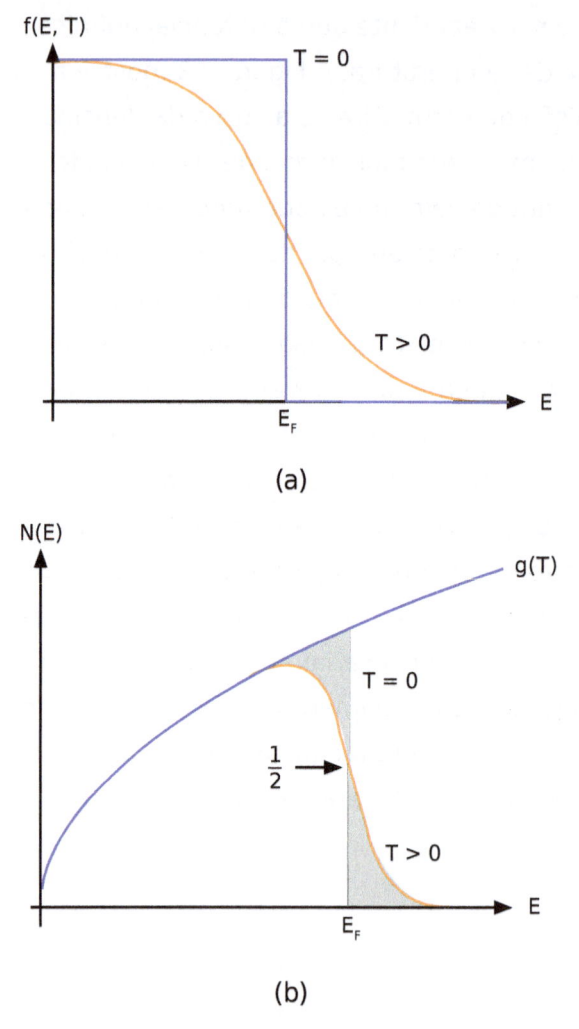

(a)

(b)

Na figura anterior, a área hachurada em cinza mostra a mudança na distribuição do zero absoluto para uma temperatura finita. Para ambas as curvas, $E_F$ é a energia de Fermi, que consideramos igual ao potencial químico, por simplicidade.

Usando a definição de energia de Fermi (Equação 3.29), podemos reescrever a densidade de estados:

*Equação 3.43*

$$g(E) = \frac{3n}{2E_F}\sqrt{\frac{E}{E_F}}$$

A densidade de estados tem dimensão do inverso do volume dividido pela energia, como podíamos esperar. Para verificarmos se nosso raciocínio até aqui está correto, podemos encontrar a densidade de estados quando a energia E é igual a $E_F$:

*Equação 3.44*

$$g(E_F) = \frac{3n}{2E_F}$$

Ou seja, o número de orbitais por intervalo de energia é proporcional à densidade de portadores dividido pela energia de Fermi[*].

---

[*] Kittel (2005) faz um desenvolvimento semelhante que define a densidade de estados por $D(E) = \frac{dN}{dE}$, obtendo, para o nível de Fermi, $D(E_F) = \frac{3N}{2E_F}$. Perceba que a diferença entre os resultados é a definição básica, à qual não adicionamos o volume na densidade de estados. Assim, a densidade de estados depende da concentração (densidade) de portadores, e não do número de portadores.

**Figura 3.4** – Estados de um elétron em um poço quadrado infinito por meio de uma rede de valores de vetor de onda permitidos no espaço $\vec{k}$

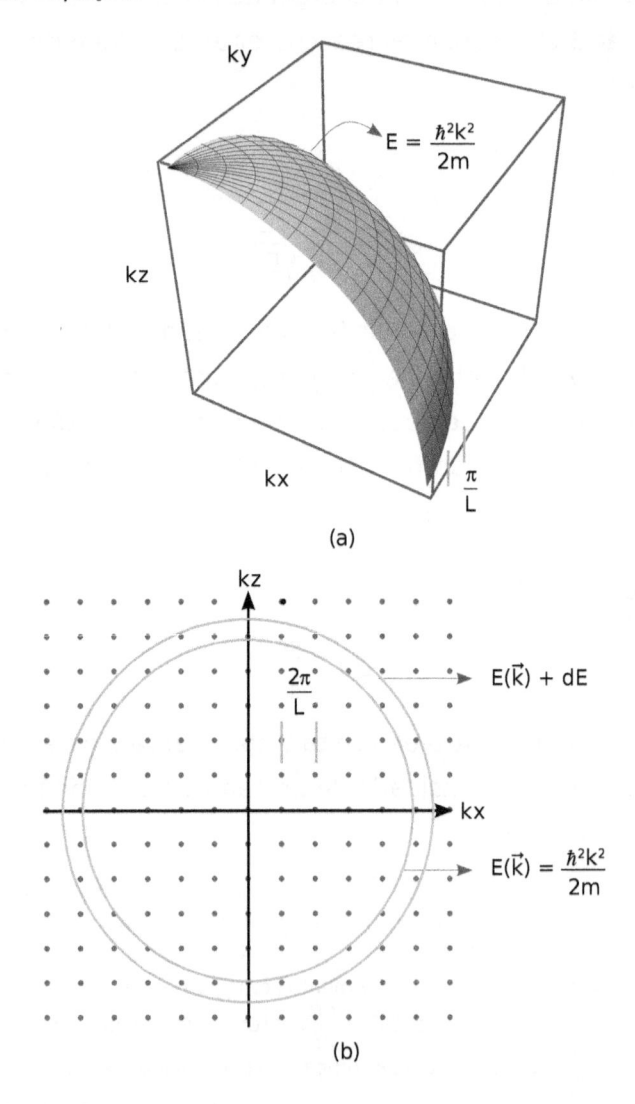

(a) $E = \dfrac{\hbar^2 k^2}{2m}$, $\dfrac{\pi}{L}$

(b) $\dfrac{2\pi}{L}$, $E(\vec{k}) + dE$, $E(\vec{k}) = \dfrac{\hbar^2 k^2}{2m}$

Por causa das duas possíveis orientações de *spin*, na figura anterior cada ponto corresponde a dois estados. No item (a), para condições de contorno fixas, todos os estados estão em um octante e têm uma separação linear de $\frac{\pi}{L}$. No item (b), para condições de contorno periódicas, os estados permitidos abrangem todo o espaço $\vec{k}$, mas com separação linear $\frac{2\pi}{L}$.

### 3.1.4 Capacidade térmica

A teoria clássica é incapaz de descrever a capacidade térmica dos elétrons de condução de um metal. Um elétron livre deveria ter uma capacidade térmica de $\frac{3K_B}{2}$. Se um sólido é formado por N átomos, cada um contribuindo com um elétron de valência, a capacidade térmica do gás de elétrons total deveria ser $\frac{3NK_B}{2}$. Mas experimentos revelaram um valor bem menor que o teórico.

A explicação desse efeito está na densidade de orbitais. Quando um material está no zero absoluto, todos os elétrons estão nos estados abaixo da energia de Fermi. Conforme a energia vai aumentando, não são todos os elétrons que ganham energia proporcional a $k_B T$, apenas aqueles que se encontram na faixa de energia centrados na energia de Fermi. Somente uma fração dos elétrons pode ser excitada termicamente para os estados acima de $E_F$.

Podemos notar que o potencial químico não se difere da energia de Fermi (significativamente) se estivermos em condições de temperaturas muito menores do que a temperatura de Fermi ($T_F \sim 10^4$K). Vamos considerar, por simplicidade, que a quantidade de estados removidos abaixo do potencial químico é a mesma da somada acima do potencial químico. Assim, para temperaturas $T \ll T_F$, não é necessário mover o potencial químico de seu valor da energia de Fermi para manter o número de partículas constantes, $\mu \approx E_F$. Entretanto, para cálculos precisos, é importante observarmos a diferença entre o potencial químico e a energia de Fermi*.

A área hachurada no item (b) da Figura 3.3 é a quantidade de portadores excitados termicamente. Podemos aproximá-la por um triângulo de altura $f(E_F) g(E_F)$ e base igual à energia de excitação $k_B T$. Ou seja, $N = g(E_F) k_B \dfrac{T}{4}$. A energia térmica, U, de todos os portadores é tão somente o número de portadores multiplicado pela variação de energia, $|E - E_F| \sim k_B T$. Ou seja:

*Equação 3.45*

$$U \approx \frac{1}{4} g(E_F) \left[ k_B T \right]^2$$

A contribuição eletrônica ao calor específico a volume constante, $c_v$, de um metal é dada por:

---

* Cálculos mais detalhados podem ser encontrados no Capítulo 2 de Ashcroft e Mermin (2011), que trata do desenvolvimento de séries de Taylor para a energia.

## Equação 3.46

$$c_v = \frac{T}{V}\left(\frac{\partial S}{\partial T}\right)_V = \left(\frac{\partial U}{\partial T}\right)_V$$

Assim, temos:

## Equação 3.47

$$c_v \approx g(E_F)k_B^2 T = \frac{3}{2}Nk_B \frac{T}{T_F}$$

A diferença do valor de $c_v$ entre essa simplificação e o desenvolvimento em séries é apenas uma constante. Esse valor está de acordo com o calculado experimentalmente para baixas temperaturas; o primeiro termo da equação anterior é apenas o resultado clássico para a capacidade térmica, e $c_V$ apresenta uma dependência linear com a temperatura, T.

### Partícula essencial

O valor exato para a capacidade térmica é $c_v = \gamma T + AT^3$, com $\gamma$ proporcional à massa eletrônica. A dependência em $T^3$ deve-se à vibração da rede e se torna significativa quando a temperatura T é grande.

## Considerações gerais

A abordagem mais simples para a descrição de um metal é supor que os elétrons se comportam como um gás de partículas livres não interagentes. Em razão da simplificação do modelo, todos os detalhes da estrutura são perdidos e a repulsão entre os elétrons é desconsiderada.

O gás de elétrons livres é um bom modelo para metais alcalinos, tais como o sódio. Entretanto, não funciona adequadamente para isolantes ou sólidos magnéticos.

As propriedades de volume* são independentes da forma do metal. A capacidade térmica foi obtida respeitando o princípio da exclusão de Pauli. Encontramos uma dependência linear com a temperatura, que descreve a tendência da curva para baixas temperaturas, nas quais a componente eletrônica domina a componente da rede. Quando as interações elétron-elétron são significativas, é necessário calcular a massa efetiva eletrônica, ou seja, um novo modelo com o potencial mais sofisticado.

Efeitos de emissão podem ser explicados pelo modelo de gás de elétrons. Esses processos estão mostrados na Figura 3.5. Na emissão termiônica, a energia térmica $k_B T$ é suficiente para superar a função trabalho, $\varphi$, conforme apresentado no item (a) da Figura 3.5. No efeito

---

* Propriedades de volume também são chamadas de *bulk properties*, que são as propriedades referentes a muitos átomos, íons ou moléculas agindo juntos.

fotoelétrico – item (b) da Figura 3.5 –, fótons incidentes fornecem a energia necessária para que ocorra o salto eletrônico. Se o fóton tiver maior energia do que a função trabalho, o restante da energia aparecerá como energia cinética no elétron emitido. Na emissão de campo – item (c) da Figura 3.5 – ocorre o tunelamento do elétron da energia de Fermi para o vácuo. Para que isso ocorra, a barreira de potencial deve ser fina. O campo elétrico aplicado é distorcido, de modo que o potencial de um lado é aumentado e o potencial do outro é diminuído.

**Figura 3.5** – Diagrama de energia dos mecanismos de emissão do elétron: (a) emissão termiônica; (b) efeito fotoelétrico; (c) emissão de campo

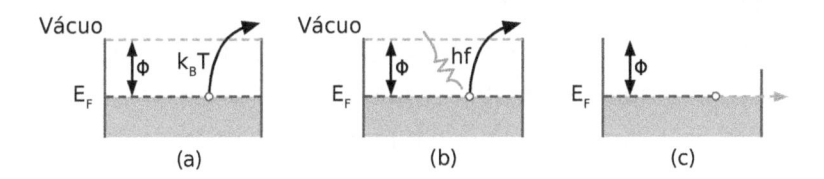

Como os elétrons são ondas, o campo elétrico externo deve afetar a função de onda eletrônica. Para entender esse efeito, considere que o momento eletrônico é dado pelo produto da massa pela velocidade de grupo, $\vec{p} = m\vec{v}_g = \hbar\vec{k}$. A força elétrica que se deve ao campo elétrico aplicado, $\vec{\varepsilon}$, é $\vec{F} = -q\vec{\varepsilon}$, em que q é o módulo da carga eletrônica. Sabendo que $\frac{d\vec{p}}{dt} = \vec{F}$, temos $\frac{d\vec{k}}{dt} = -\frac{q\vec{\varepsilon}}{\hbar}$. Isso mostra que o elétron se move de um ponto no espaço recíproco aumentando ou encurtando seu comprimento de onda na presença de um campo elétrico.

Se analisarmos a condutividade usando a velocidade dos elétrons perto da superfície de Fermi, percebemos que o livre caminho médio será bem alto (para o sódio, da ordem de 300 Å). A explicação está exatamente na característica ondulatória do elétron: a cadeia cristalina está organizada periodicamente e os elétrons se "adaptam" à periodicidade da estrutura. Consequentemente, os íons não são capazes de espalhar os elétrons. O que retarda o movimento eletrônico é justamente a imperfeição na rede cristalina, que adiciona um deslocamento abrupto. Outro fator que espalha os elétrons é a interação com os fônos, que são vibrações da rede, como veremos no Capítulo 4.

De modo geral, as simplificações excessivas do modelo do elétron livre não nos permitem obter uma descrição detalhada de um sólido. Uma simples característica amplamente observada é a cor dos metais. A absorção dos metais em algumas frequências características faz com que tenham uma coloração típica. A teoria de Sommerfeld não é capaz de explicar esse fenômeno.

## 3.2 Elétrons em um potencial periódico

A teoria de Sommerfeld do gás de elétrons oferece um bom começo para o estudo dos metais e pode ser comparada a elétrons confinados em um poço de potencial. O objetivo agora é entendermos o comportamento eletrônico em um cristal. Para começar, levaremos em consideração a estrutura cristalina do metal. Devemos enfatizar que a periodicidade perfeita é característica de um material ideal. Os metais reais não são puros, podendo ter impurezas em alguns sítios do cristal, bem como não são perfeitos, podendo ter átomos ausentes, por exemplo. Uma vez que os íons em um cristal perfeito estão distribuídos em um arranjo periódico regular, o elétron em um metal será semelhante a um elétron em um potencial periódico, formado por um arranjo de poços de potenciais e barreiras de potenciais repetidas.

### 3.2.1 Simetria translacional: teorema de Bloch

Suponhamos um potencial $u(\vec{r})$ tal que tenha a periodicidade da rede de Bravais, para todo $\vec{R}$ pertencente à rede de Bravais:

*Equação 3.48*

$$u(\vec{r}) = u(\vec{r} + \vec{R})$$

A hamiltoniana é dada por:

*Equação 3.49*

$$\hat{\mathcal{H}} = -\frac{\hbar^2 \nabla^2}{2m},$$

que tem autoestados $\psi(\vec{r})$ dados por uma onda plana multiplicados por uma função, $u_{nk}(\vec{r})$, com a mesma periodicidade da rede de Bravais, tal que:

*Equação 3.50*

$$\psi_{nk}(\vec{r}) = e^{i\vec{k}\cdot\vec{r}} u_{nk}(\vec{r})$$

Em que n é o índice de banda.

### Partícula essencial

A função de onda não é periódica, apesar de o potencial cristalino ser periódico.

Esse fato é verificável calculando a função de onda no ponto $\vec{r} + \vec{R}$:

*Equação 3.51*

$$\psi_{nk}(\vec{r}+\vec{R}) = e^{i\vec{k}\cdot[\vec{r}+\vec{R}]} u_{nk}(\vec{r}+\vec{R}) = e^{i\vec{k}\cdot\vec{r}} u_{nk}(\vec{r}) e^{i\vec{k}\cdot\vec{R}}$$

*Equação 3.52*

$$\psi_{nk}(\vec{r}+\vec{R}) = e^{i\vec{k}\cdot\vec{R}} \psi_{nk}(\vec{r})$$

Quando a função de onda é transladada na rede de Bravais, esta adquire um fator de fase, $e^{i\vec{k}\cdot\vec{R}}$.

## *Demonstração do teorema de Bloch*

Veremos aqui a mais simples prova do teorema de Bloch. Um desenvolvimento mais elegante é mostrado no Apêndice A.

Para que possamos demostrar esse teorema, devemos nos atentar para alguns resultados importantes:

1. O operador translação, $\hat{T}_R$, atuando em uma função qualquer, f, no ponto $\vec{r}$, retorna à função no ponto $\vec{r}+\vec{R}$, ou seja, $\hat{T}_R f(\vec{r}) = f(\vec{r}+\vec{R})$.
2. Uma vez que o potencial é periódico, $\mathcal{U}(\vec{r})$, a hamiltoniana também o será. Portanto, é invariante quanto à translação, de forma que: $\hat{\mathcal{H}}(\vec{r}) = \hat{\mathcal{H}}(\vec{r}+\vec{R})$.
3. Se a translação é invariante, então a hamiltoniana comuta com o operador translação: $\hat{T}_R(\hat{\mathcal{H}}(\vec{r})\psi(\vec{r})) = \hat{\mathcal{H}}(\vec{r}+\vec{R})\psi(\vec{r}+\vec{R}) = \hat{\mathcal{H}}(\vec{r})\hat{T}_R\psi(\vec{r})$. Assim, $[\hat{T}_R, \hat{\mathcal{H}}] = 0$.
4. Dois operadores de translação comutam entre si, $[\hat{T}_R, \hat{T}_{R'}] = 0$. Atuando os dois operadores de translação em uma função de onda, obtemos $\hat{T}_R \hat{T}_{R'} \psi(\vec{r}) = \psi(\vec{r}+\vec{R}'+\vec{R})$. Como a soma vetorial é comutativa, temos $\psi(\vec{r}+\vec{R}'+\vec{R}) = \psi(\vec{r}+\vec{R}+\vec{R}')$. Assim, $\hat{T}_R \hat{T}_{R'} \psi(\vec{r}) = \hat{T}_{R'} \hat{T}_R \psi(\vec{r})$.
5. Como $\hat{T}_R \hat{T}_{R'} \psi(\vec{r}) = \psi(\vec{r}+\vec{R}'+\vec{R})$, chamando $\vec{R}'' = \vec{R}'+\vec{R}$, temos $\hat{T}_R \hat{T}_{R'} \psi(\vec{r}) = \psi(\vec{r}+\vec{R}'') = \hat{T}_{R''}\psi(\vec{r}) = \hat{T}_{R+R'}\psi(\vec{r})$.

Os operadores $\hat{\mathcal{H}}, \hat{T}_R, \hat{T}_{R'}$ formam um conjunto em que tais operadores comutam entre si. Portanto, podem ser diagonalizados simultaneamente. Dessa forma, se $\psi(\vec{r})$ é autofunção simultânea de $\hat{\mathcal{H}}$ e $\hat{T}_R$, temos:

*Equação 3.53*

$$\hat{\mathcal{H}}\psi(\vec{r}) = E\psi(\vec{r})$$

*Equação 3.54*

$$\hat{T}_R \psi(\vec{r}) = C(\vec{R})\psi(\vec{r})$$

Aplicando dois operadores de translação distintos em $\psi(\vec{r})$, obtemos por (4):

*Equação 3.55*

$$\hat{T}_R \hat{T}_{R'} \psi(\vec{r}) = C(\vec{R})C(\vec{R}')\psi(\vec{r})$$

E por (5):

*Equação 3.56*

$$\hat{T}_R \hat{T}_{R'} \psi(\vec{r}) = C(\vec{R} + \vec{R}')\psi(\vec{r})$$

Os autovalores devem satisfazer:

*Equação 3.57*

$$C(\vec{R} + \vec{R}') = C(\vec{R})C(\vec{R}')$$

A única função que tem essa propriedade é a exponencial:

*Equação 3.58*

$$C(\vec{R}) = e^{i\vec{k} \cdot \vec{R}}$$

Vamos, agora, descobrir as propriedades de $\vec{k}$. Levando em consideração a periodicidade da rede, se $\vec{a}_j$ é o vetor primitivo de rede, temos:

*Equação 3.59*

$$\psi(\vec{r} + \vec{a}_j) = C(\vec{a}_j)\psi(\vec{r}) = \psi(\vec{r})$$

Ao completar uma volta em torno do circuito de N células primitivas, temos:

*Equação 3.60*

$$\psi(\vec{r} + N_j\vec{a}_j) = C(\vec{a}_j)^{N_j} \psi(\vec{r}) = \psi(\vec{r})$$

Então, necessariamente:

*Equação 3.61*

$$C(\vec{a}_j)^{N_j} = 1 = e^{iN_j\vec{k} \cdot \vec{a}_j}$$

Se $\vec{k}$ tem a forma:

*Equação 3.62*

$$\vec{k} = x_1\vec{b}_1 + x_2\vec{b}_2 + x_3\vec{b}_3$$

Então, obtemos:

*Equação 3.63*

$$e^{iN_j x_i \vec{b}_i \cdot \vec{a}_j} = 1$$

Isso é equivalente aos vetores $b_j$ serem os vetores primitivos da rede recíproca, com $\vec{b}_i \cdot \vec{a}_j = 2\pi\delta_{ij}$ e $x_i$ inteiros, para i, j = 1, 2 e 3. Assim, temos:

*Equação 3.64*

$$\psi_{nk}(\vec{r} + \vec{R}) = e^{i\vec{k} \cdot \vec{R}} \psi_{nk}(\vec{r})$$

### Considerações gerais

No modelo de Sommerfeld, mostramos que a função de onda, $\psi$, era um autoestado do operador momento $\vec{p}$ (3.1.2, B.1). Podemos mostrar que esse **não** é o caso para um elétron de Bloch. Aplicando $\vec{p}$ na função de onda de Bloch, $\psi_{nk}$, temos:

*Equação 3.65*

$$\vec{p}\psi_{nk} = -i\hbar\nabla\left[e^{i\vec{k}\cdot\vec{r}} u_{nk}(\vec{r})\right] = \hbar\vec{k}\psi_{nk} - i\hbar e^{i\vec{k}\cdot\vec{r}} \nabla u_{nk}(\vec{r})$$

Claramente, a função de onda não é autofunção do operador momento. Contudo, obtemos a grandeza $\hbar\vec{k}$, que recebe o nome de momento cristalino. O momento do elétron é dado pela força total exercida sobre o elétron, e o momento cristalino é dado pelos campos externos (o campo periódico da rede não é considerado no momento cristalino). Devemos interpretar $\vec{k}$ como o "número quântico característico da simetria translacional de um potencial periódico, da mesma maneira que o momento $\vec{p}$ é um número quântico característico da mais completa simetria translacional do espaço livre" (Ashcroft; Mermin, 1976, p. 139, tradução nossa). Ou seja, o vetor de onda $\vec{k}$ é um número quântico associado à fase $e^{i\vec{k}\cdot\vec{r}}$.

No caso de ondas de elétrons, podemos indexar as funções de onda com o vetor de onda $\vec{k}$, de tal forma que $\psi_k(\vec{r}+\vec{R}) = e^{i\vec{k}\cdot\vec{R}}\psi_k(\vec{r})$. O fator $e^{i\vec{k}\cdot\vec{R}}$ é similar ao fator $e^{i\vec{G}\cdot\vec{R}}$, que apareceu quando abordamos a rede recíproca; o vetor de onda $\vec{k}$ tem a mesma dimensão do vetor da rede recíproca $\vec{G}$ e pertence ao espaço recíproco. Se um estado tivesse o vetor de onda $\vec{G}$, seria uma função periódica, $\psi_G(\vec{r}+\vec{R}) = e^{i\vec{G}\cdot\vec{R}}\psi_G(\vec{r}) = \psi_G(\vec{r})$, para todo $\vec{R}$ pertencente à rede de Bravais, da mesma forma que, se $\vec{k} = \vec{k}' + \vec{G}$, o estado $\psi_k$ satisfaz as condições de Bloch para um vetor de onda $\vec{k}'$. Percebemos, então, que o vetor $\vec{k}$ não é único. Haverá, em cada estado, uma gama de vetores de onda possíveis, que se diferenciam um do outro pelos vetores da rede recíproca. E como podemos definir univocamente o vetor de onda para cada estado? Para isso, é conveniente restringir os vetores de onda $\vec{k}$ permitidos apenas aos que estão contidos na primeira zona de Brillouin. Enquanto o vetor de onda $\vec{k}$ está dentro da primeira zona, o vetor de onda $\vec{k} + m\vec{G}$ está fora dela, para $m \geq 1$, m sendo um valor inteiro qualquer. Perceba que qualquer célula unitária no espaço $\vec{k}$ poderia ser usada, mas não são convenientes porque não são definidas unicamente. Por isso, é utilizada a primeira zona de Brillouin.

O número de vetores de onda $\vec{k}$, $N_k$, permitidos na primeira zona de Brillouin (1ª ZB) é igual ao número de células primitivas contidas no cristal. Para cristais macroscópicos, tomado o limite $V \to \infty$, o conjunto de vetores $\vec{k}$ se torna um quase contínuo. Sabemos que a quantidade de vetores $\vec{k}$ situados na 1ª ZB é simplesmente seu volume, $V_{1ZB}$, dividido pelo volume dos vetores $\vec{k}$, $d^3k = \dfrac{(2\pi)^3}{V}$. Assim, temos:

*Equação 3.66*

$$N_k = \frac{V_{1ZB}}{d^3k} = \frac{V_{1ZB}V}{[2\pi]^3}$$

Em que V é o volume do cristal e pode ser escrito como o volume da célula unitária, $V_{cel}$, vezes o número de células unitárias contidas no cristal, $N_{cel}$. Recordando que o volume da 1ª ZB é $V_{1ZB} = \dfrac{(2\pi)^3}{V_{cel}}$, temos:

*Equação 3.67*

$$N_k = \frac{V_{1ZB}V}{[2\pi]^3} = \frac{[2\pi]^3}{V_{cel}}\frac{N_{cel}V_{cel}}{[2\pi]^3} = N_{cel}$$

A função de Bloch tem a forma $\psi = e^{i\vec{k}\cdot\vec{r}}u(\vec{r})$, $u(\vec{r})$ com a periodicidade da rede de Bravais. Retornando com essa função na equação de Schrödinger (Equação 3.9), encontramos:

*Equação 3.68*

$$\hat{\mathcal{H}}_k\left(e^{i\vec{k}\cdot\vec{r}}u_k(\vec{r})\right) = -\frac{\hbar^2\nabla^2}{2m}\left[e^{i\vec{k}\cdot\vec{r}}u_k(\vec{r})\right] + U(\vec{r})e^{i\vec{k}\cdot\vec{r}}u_k(\vec{r})$$

$$= E_k e^{i\vec{k}\cdot\vec{r}}u_k(\vec{r})$$

Devemos ter redobrada atenção para o cálculo do laplaciano, que faremos detalhadamente:

*Equação 3.69*

$$\nabla^2\left[e^{i\vec{k}\cdot\vec{r}}u_k(\vec{r})\right] = \nabla\cdot\nabla\left[e^{i\vec{k}\cdot\vec{r}}u_k(\vec{r})\right]$$

$$= \nabla\cdot\left[i\vec{k}e^{i\vec{k}\cdot\vec{r}}u_k(\vec{r}) + e^{i\vec{k}\cdot\vec{r}}\nabla u_k(\vec{r})\right]$$

Como todos os termos terão o termo exponencial, podemos colocar em evidência depois da derivação:

*Equação 3.70*

$$\nabla^2\left[e^{i\vec{k}\cdot\vec{r}}u_k(\vec{r})\right] = e^{i\vec{k}\cdot\vec{r}}\left[-k^2 + u_k(\vec{r}) + i\vec{k}\nabla u_k(\vec{r}) + i\vec{k}\nabla u_k(\vec{r}) + \nabla^2 u_k(\vec{r})\right]$$

$$\nabla^2\left[e^{i\vec{k}\cdot\vec{r}}u_k(\vec{r})\right] = e^{i\vec{k}\cdot\vec{r}}\left[i\vec{k} + \nabla\right]^2 u_k(\vec{r})$$

Retornando com o resultado (Equação 3.70) para a hamiltoniana (Equação 3.68), percebemos que todos os termos têm a exponencial, a qual pode ser cancelada, e assim encontramos:

*Equação 3.71*

$$\hat{\mathcal{H}}_k u_k(\vec{r}) = \left\{ -\frac{\hbar^2}{2m}\left[i\vec{k} + \nabla\right]^2 + U(\vec{r}) \right\} u_k(\vec{r}) = E_k u_k(\vec{r})$$

Isso nos mostra que a parte periódica da função de Bloch, $u_k(\vec{r})$, obedece a uma equação de autovalores com uma hamiltoniana efetiva para cada vetor de onda $\vec{k}$, restrita à condição de contorno, $u_k(\vec{r}) = u_k(\vec{r} + \vec{R})$.

Uma vez que podemos resolver essa equação apenas para a célula primitiva em virtude da periodicidade de $u_k(\vec{r})$, fica implícito que existe uma família infinita de soluções com autovalores discretos. Nomeamos essa família com o subíndice n, que é o índice de banda. A existência de múltiplas soluções fica mais evidente na solução da equação central para a aproximação da rede vazia, que veremos a seguir.

Uma das mais importantes informações obtidas com as funções de energia $E_{nk}$ é a velocidade do elétron na n-ésima banda com vetor de onda $\vec{k}$. Observe:

*Equação 3.72*

$$\vec{v}_{nk} = \frac{1}{\hbar} \nabla_k E_{nk}$$

Essa equação é a definição de velocidade de grupo* para ondas, $\vec{v} = \frac{\partial \omega}{\partial k}$. Pensando no contexto de mecânica ondulatória, o elétron é um pacote de onda, ou seja, um somatório de todas as suas funções de onda, que se move sem nenhuma degradação de sua velocidade de grupo, em determinada banda de energia. Comparando com a teoria clássica, percebemos que o elétron se move livremente, com velocidade média, $\bar{v} = \frac{dx}{dt}$, bem definida, independentemente da aplicação de campo no material.

O elétron descrito pelo modelo de Bloch é uma quase partícula que já tem embutida em suas propriedades a interação com a rede cristalina. Quando uma força externa é aplicada ao cristal e consequentemente ao elétron, ele responde diferentemente do que um elétron livre, comportando-se como uma massa diferente daquela do vácuo. Esse conceito, o de massa efetiva, será explicado no Capítulo 5.

### 3.2.2 Equação central

Para resolver a hamiltoniana de Bloch, devemos recorrer à expansão de série de Fourier. A energia potencial é uma função periódica e, por isso, invariante a translações da rede cristalina, de modo que, em uma dimensão, temos:

---

* Não entraremos no desenvolvimento explícito dessa relação, que pode ser encontrado no Apêndice E de Ashcroft e Mermin (2011) e em Kittel (2013, p. 164).

*Equação 3.73*

$$\mathcal{U}(x) = \mathcal{U}(x+a)$$

Em que *a* é o parâmetro de rede. Por ser invariante, a função $\mathcal{U}(x)$ pode ser expandida em uma série de Fourier no espaço recíproco:

*Equação 3.74*

$$\mathcal{U}(x) = \sum_G \mathcal{U}_G \, e^{iGx}$$

Da mesma forma, podemos expandir a função de onda de Bloch:

*Equação 3.75*

$$\psi_k(\vec{r}) = \sum_k C(k) \, e^{ikx}$$

Nosso problema é encontrar os coeficientes C(k). A expansão que fizemos é chamada de *expansão em uma base de ondas planas*. Retornando à equação de Schrödinger (Equação 3.9), temos:

*Equação 3.76*

$$-\frac{\hbar^2}{2m}\frac{d}{dx}\left\{\sum_{k'} C(k)\, e^{ik'x}\right\} + \sum_G \mathcal{U}_G \, e^{iGx} \sum_{k'} C(k')\, e^{ik'x} = E \sum_k C(k)\, e^{ikx}$$

$$\left\{\sum_k \frac{\hbar^2 k^2}{2m} C(k)\, e^{ik'x}\right\} + \sum_{G,k'} C(k)\, \mathcal{U}_G \, e^{i(G+k')x} = E_{k'} C(k)\, e^{ikx}$$

$$\left\{\sum_k \left[\frac{\hbar^2 k^2}{2m} - E\right] C(k)\, e^{ikx}\right\} + \sum_{G,k'} C(k')\, \mathcal{U}_G \, e^{i(G+k')x} = 0$$

Cada coeficiente de Fourier deve ser o mesmo em todos os membros da equação. Para que isso seja respeitado, devemos inserir a delta de Kronecker, $\delta(G + k' - k)$. A soma referente à delta de Kronecker garante o vínculo k' = k − G, tal que:

*Equação 3.77*

$$\left\{\frac{\hbar^2 k^2}{2m} - E\right\} C(k) + \sum_{G} C(k - G)\mathcal{U}_G = 0$$

Essa equação é chamada de *equação central para uma dimensão*. É composta de um sistema de equações lineares homogêneas com os coeficientes C(k − G), para todos os vetores $\vec{G}$ da rede recíproca. O número de equações é igual à quantidade de termos C(k − G). A equação em três dimensões é análoga, da seguinte forma:

*Equação 3.78*

$$\left\{\frac{\hbar^2 \vec{k}^2}{2m} - E\right\} C(\vec{k}) + \sum_{G} C(\vec{k} - \vec{G})\mathcal{U}_G = 0$$

### Partícula essencial

A delta de Kronecker, $\delta(x - a)$, é definida como:

$$\delta(x - a) = \begin{cases} 1, & x = a \\ 0, & x \neq a \end{cases}$$

### 3.2.3 Aproximação da rede vazia

Podemos retornar à teoria de Sommerfeld (Equações 3.16 e 3.17) com esse novo formalismo que desenvolvemos. Suponhamos que exista uma rede cristalina definida por vetores primitivos da rede $\vec{a}_i$ e uma rede recíproca na qual $\vec{G}$ é vetor. Suponhamos também que o potencial efetivo é tão fraco que podemos desconsiderar sua influência, ou seja, $\mathcal{U}_G = 0$. Ademais, usaremos k = k' + G. A equação central (Equação 3.76) se torna trivial:

*Equação 3.79*

$$\left[\frac{\hbar^2(\vec{k}'+\vec{G})^2}{2m} - E\right] C(\vec{k}'+\vec{G}) = 0$$

Como temos vários vetores $\vec{G}$ possíveis, precisamos de uma forma para indexá-los. Assim, para cada $\vec{G}$ associaremos um subíndice n; além disso, trocaremos a letra muda k' por k, por simplicidade:

*Equação 3.80*

$$\left\{ \frac{\hbar^2 \left[\vec{k} + \vec{G}_n\right]^2}{2m} - E \right\} C\left(\vec{k} + \vec{G}_n\right) = 0$$

A equação anterior tem soluções não triviais quando o primeiro termo é igual a zero, ou seja, $C\left(\vec{k} + \vec{G}_n\right) \neq 0$. O valor da energia também depende do índice n:

*Equação 3.81*

$$E_{n,0}(\vec{k}) = \frac{\hbar^2 \left[\vec{k} + \vec{G}_n\right]^2}{2m}$$

Em que $\vec{k}$ está na 1ª ZB e $\vec{G}$ se estende aos pontos na rede recíproca. Esse índice, que surgiu naturalmente, é o índice de banda, n. Perceba que as bandas de energia $E_{n,0}(\vec{k})$ são parábolas centradas nos diferentes G, conforme apresentado na Figura 3.6 – o subíndice 0 foi adicionado para marcar o fato de a energia ter sido solucionada com potencial constante. A função de onda é dada por:

*Equação 3.82*

$$\psi_{nk}(\vec{r}) = \frac{1}{\sqrt{V}} e^{i\left[\vec{k} + \vec{G}_n\right] \cdot \vec{r}}$$

**Figura 3.6** – Primeiras bandas de energia da rede vazia transpostas para a primeira zona de Brillouin

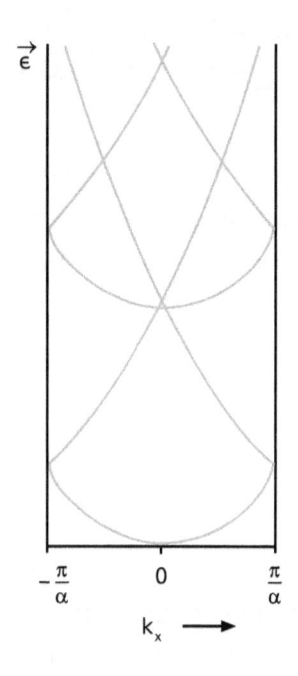

### 3.2.4 Aproximação do elétron quase livre

Queremos saber o que acontece quando o elétron está na presença de um potencial. Suponhamos que a energia potencial, $u$, é pequena com relação à energia cinética do elétron. Metais alcalinos têm, em algumas situações, elétrons se comportando como elétrons livres. Existem duas razões para que isso ocorra: a primeira é que, devido à repulsão coulombiana exercida pelos elétrons de caroço (elétrons próximos ao núcleo), os elétrons de valência ficam nas regiões intersticiais, mais afastados da influência do núcleo; a segunda é que, por estarem mais afastados, os elétrons de caroço fornecem uma blindagem ao potencial iônico do núcleo. O desenvolvimento que emprega a teoria de perturbação para $\mathcal{U}$ se encontra no Apêndice B deste livro. Aqui faremos uma abordagem mais simples.

Considere que o vetor de onda $\vec{k}$ está exatamente no limite da primeira zona de Brillouin, ou seja, $\frac{G}{2}, \frac{\pi}{a}$:

### Equação 3.83

$$k^2 = \left[\frac{G}{2}\right]^2$$

### Equação 3.84

$$\left[k - G\right]^2 = \left[\frac{G}{2} - G\right]^2 = \left[\frac{G}{2}\right]^2$$

Essa condição assegura que, no limite da 1ª ZB, os valores das energias cinéticas sejam iguais para as componentes $k = \frac{G}{2}$ e $k = -\frac{G}{2}$. Substituindo esses valores na equação central, obtemos:

### Equação 3.85

$$\left[\frac{\hbar^2 \vec{k}^2}{2m} - E\right] C\left(\frac{G}{2}\right) + C\left(-\frac{G}{2}\right) \mathcal{U}_G = 0$$

Mas também podemos ter:

*Equação 3.86*

$$\left[\frac{\hbar^2 \vec{k}^2}{2m} - E\right] C\left(-\frac{G}{2}\right) + C\left(\frac{G}{2}\right) \mathcal{U}_G = 0$$

Resolvendo o sistema de equações homogêneas (Equações 3.85 e 3.86), encontramos:

*Equação 3.87*

$$\begin{vmatrix} \lambda - E & \mathcal{U}_G \\ \mathcal{U}_G & \lambda - E \end{vmatrix} = 0$$

No qual o comprimento de onda é dado por:

*Equação 3.88*

$$\lambda = \frac{\hbar^2 \vec{k}^2}{2m}$$

E, assim, obtemos:

*Equação 3.89*

$$[\lambda - E]^2 - \mathcal{U}_G^2 = 0$$

*Equação 3.90*

$$E = \frac{\hbar^2}{2m}\left[\frac{G}{2}\right]^2 \pm |\mathcal{U}_G|$$

Portanto, nos planos de Bragg, ou seja, no limite da primeira zona de Brillouin, a energia do elétron é modificada pelo termo $\pm|U_G|$. A quebra de simetria, em decorrência do potencial cristalino, modifica a energia e adiciona um espaço entre os níveis de energia possíveis, que é chamado de *gap*, ou *banda proibida*, e tem magnitude de $2|U_G|$. Essa faixa de energia não permite soluções para os estados eletrônicos.

### Partícula essencial

A energia potencial, em virtude da estrutura cristalina do material, é responsável pela origem da banda de energia proibida nos sólidos cristalinos.

## 3.2.5 Aproximação do elétron fortemente ligado

Vamos investigar o caso no qual a função de onda dos átomos isolados se sobrepõe, de modo que é necessário corrigir a descrição atômica, o que é particularmente útil para a descrição de bandas de energia formadas em metais de transição.

Suponhamos dois átomos neutros separados por uma distância muito maior do que seu raio atômico. Nesse caso, as funções de onda também estão completamente separadas. Conforme os átomos se aproximam, dois estados de energia são formados para cada nível dos átomos isolados. Se N átomos são unidos, N orbitais são formados para cada orbital do átomo isolado. O que divide os níveis de energia é a interação coulombiana entre os núcleos atômicos e os elétrons. A largura da banda será proporcional à força de interação entre os átomos vizinhos.

Os elétrons estão fortemente ligados aos átomos-pais, e devemos considerar a energia potencial como alta. Quando as funções de onda de átomos vizinhos começam a interagir, os elétrons podem ocasionalmente tunelar de um átomo para o outro. Analisando a forma como essa interação ocorre, é possível realizar uma correspondência dos N estados de energia com os N vetores de onda. Esse tipo de problema é muito difícil de ser resolvido analiticamente; para que possamos encontrar uma descrição, devemos fazer uma série de aproximações para facilitar o desenvolvimento teórico.

Vamos considerar que todos os átomos da rede sejam iguais e tenham um orbital s. Seja φ(r) a função de onda do átomo, se a influência de um átomo no outro é pequena, a função de onda para o elétron no cristal pode ser escrita como uma combinação linear dos orbitais atômicos:

*Equação 3.91*

$$\psi_k(\vec{r}) = \sum_{\vec{R}} C_k(\vec{R}) \, \phi(\vec{r} - \vec{R})$$

Nesse caso, a soma ocorre para todos os vetores da rede de Bravais, $\vec{R}$. Devemos encontrar os valores das constantes de $C_k(\vec{R})$, tal que atendam ao teorema de Bloch. Suponhamos que:

*Equação 3.92*

$$C_k(\vec{R}) = \frac{1}{\sqrt{N}} e^{i\vec{k}\cdot\vec{R}}$$

Essa solução deve satisfazer o teorema de Bloch:

*Equação 3.93*

$$\psi_k(\vec{r}+\vec{R}\,') = e^{i\vec{k}\cdot\vec{R}\,'} \psi_k(\vec{r})$$

Substituindo a função de onda (Equação 3.91) no teorema de Bloch (Equação 3.93), encontramos:

*Equação 3.94*

$$\psi_k(\vec{r}+\vec{R}\,') = \frac{1}{\sqrt{N}} \sum_{\vec{R}} e^{i\vec{k}\cdot\vec{R}} \phi(\vec{r}+\vec{R}\,'-\vec{R})$$

Multiplicando e dividindo a Equação 3.94 pelo termo $e^{i\vec{k}\cdot\vec{R}\,'}$, obtemos[*]:

---

[*] Perceba que transladamos a função de onda por um vetor de rede; por isso, podemos utilizar as propriedades (4) e (5) citadas na Seção 3.2.1.

*Equação 3.95*

$$\psi_k(\vec{r}+\vec{R}\,') = \frac{e^{i\vec{k}\cdot\vec{R}\,'}}{\sqrt{N}} \sum_{\vec{R}} e^{i\vec{k}\cdot(\vec{R}-\vec{R}\,')} \phi(\vec{r}+\vec{R}\,'-\vec{R}) \therefore$$

$$\psi_k(\vec{r}+\vec{R}\,') = e^{i\vec{k}\cdot\vec{R}\,'} \psi_k(\vec{r})$$

Com a função de onda definida, podemos calcular o valor esperado da energia:

*Equação 3.96*

$$\langle E_n(k) \rangle = \frac{\langle \psi_k | \mathcal{H} | \psi_k \rangle}{\langle \psi_k | \psi_k \rangle}$$

Reescrevendo a função de onda na forma de Dirac, temos:

*Equação 3.97*

$$|\psi_k\rangle = \sum_{\vec{R}} \frac{1}{\sqrt{N}} e^{i\vec{k}\cdot\vec{R}} |\phi_R\rangle$$

Lembremos que:

*Equação 3.98*

$$\langle \vec{r} | \phi_R \rangle = \phi(\vec{r}-\vec{R})$$

Assim, podemos calcular a energia (Equação 3.96). Para simplificar o cálculo, vamos calcular separadamente o denominador e o numerador:

*Equação 3.99*

$$\langle \psi_k | \psi_k \rangle = \sum_{\vec{R}, \vec{R}'} \frac{1}{N} e^{i\vec{k} \cdot (\vec{R}' - \vec{R})} \langle \phi_R | \phi_{R'} \rangle$$

Em razão da simetria de translação, os valores absolutos de $\vec{R}$ e $\vec{R}'$ não são importantes, somente a diferença entre eles, $(\vec{R}' - \vec{R})$. Podemos simplificar o somatório considerando que $\vec{R}'$ seja a origem, isto é, uma constante. A somatória de um mesmo termo constante N vezes resulta na multiplicação da equação por N, que será simplificada com o denominador da equação. Considerando a normalização dos orbitais, $\langle \phi_0 | \phi_0 \rangle = 1$, e havendo apenas interação dos orbitais com os vizinhos mais próximos*, $\langle \phi_R | \phi_0 \rangle = s$, podemos escrever:

*Equação 3.100*

$$\langle \psi_k | \psi_k \rangle = 1 + s \sum_{\vec{R}} e^{-i\vec{k} \cdot \vec{R}}$$

O numerador, por sua vez, será:

*Equação 3.101*

$$\langle \psi_k | \hat{\mathcal{H}} | \psi_k \rangle = \sum_{\vec{R}, \vec{R}'} \frac{1}{N} e^{i\vec{k} \cdot (\vec{R}' - \vec{R})} \langle \phi_R | \hat{\mathcal{H}} | \phi_{R'} \rangle$$

---

\* Os vizinhos mais próximos estão definidos na Seção 2.1.6 – "Número de coordenação".

Usando as mesmas considerações que fizemos para o denominador, temos:

*Equação 3.102*

$$\langle \psi_k | \hat{\mathcal{H}} | \psi_k \rangle = \sum_{\vec{R}} e^{-i\vec{k}\cdot\vec{R}} \langle \phi_R | \hat{\mathcal{H}} | \phi_0 \rangle$$

O elemento $\langle \phi_R | \hat{\mathcal{H}} | \phi_0 \rangle$ apenas será diferente de zero em duas ocasiões: quando R' = 0 e quando R estiver em um dos núcleos mais próximos. Definindo:

*Equação 3.103*

$$\langle \phi_0 | \hat{\mathcal{H}} | \phi_0 \rangle \equiv \alpha$$

que representa a energia atômica, e:

*Equação 3.104*

$$\langle \phi_R | \hat{\mathcal{H}} | \phi_0 \rangle \equiv \delta$$

que é a interação dos orbitais atômicos entre si e a transferência eletrônica entre átomos (tunelamento). Retornando à Equação 3.102, finalmente obtemos:

*Equação 3.105*

$$\langle \psi_k | \hat{\mathcal{H}} | \psi_k \rangle = \alpha + \delta \sum_{\vec{R}} e^{-i\vec{k}\cdot\vec{R}}$$

E, portanto, temos:

*Equação 3.106*

$$E_n(k) = \frac{\alpha + \delta \sum_{\vec{R}} e^{-i\vec{k}\cdot\vec{R}}}{1 + s \sum_{\vec{R}} e^{-i\vec{k}\cdot\vec{R}}}$$

Estamos tratando de orbitais do tipo s, que têm decaimento exponencial. Podemos supor que $s \ll 1$. Para esse caso, $\frac{1}{(1+s)} = 1 - s$. Ademais, se os elétrons estão fortemente ligados aos seus núcleos, também podemos supor que a energia de tunelamento é muito menor do que a energia do sítio, ou seja, $\alpha \gg \delta$. A energia pode ser reescrita como:

*Equação 3.107*

$$E_n(k) = \left(+\alpha + \delta \sum_{\vec{R}} e^{-i\vec{k}\cdot\vec{R}}\right)\left(1 + s \sum_{\vec{R}} e^{-i\vec{k}\cdot\vec{R}}\right)$$

$$E_n(k) = \alpha + (\delta - \alpha s) \sum_{\vec{R}} e^{-i\vec{k}\cdot\vec{R}}$$

Devemos lembrar que a somatória ocorre apenas nos vizinhos mais próximos. A equação da energia relaciona agora os vetores de onda k e os níveis n. Para resolver o problema, devemos ter a geometria da rede de Bravais na qual queremos encontrar as bandas de energia.

Em um cristal de uma dimensão, os vetores $\vec{R}$ são apenas $\{\vec{R}\} = \pm a\hat{x}$. Vamos supor que conhecemos as integrais $\gamma(a) = \begin{bmatrix} \delta - \alpha s \end{bmatrix}$ e $\alpha$:

### Equação 3.108

$$E_n(k) = \alpha + \gamma(a)\{e^{-ika} + e^{ika}\}$$

$$E_n(k) = \alpha + 2\gamma(a)\cos(ka)$$

Essa é a relação de dispersão que estávamos procurando, a qual descreve como a energia varia com o momento cristalino, k. A largura de banda será a diferença entre o máximo e o mínimo permitido na banda de energia, com magnitude de $4\gamma(a)$. A figura a seguir mostra a relação de dispersão E(k) para um único valor de $\gamma$ e para dois valores diferentes de $\gamma$.

**Figura 3.7** – Relação de dispersão E(k) em função do momento cristalino k

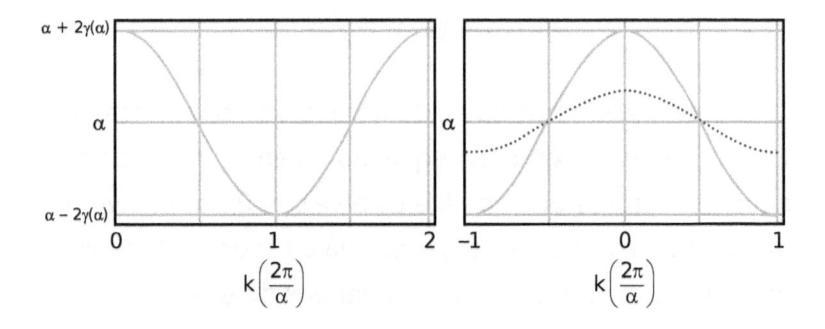

Na figura anterior, podemos observar o gráfico da relação de dispersão para k = 0 até k = 2π, à esquerda, e para k = −π até π, à direita, com o valor de gama para a curva vermelha pontilhada, $\gamma_v = \dfrac{\gamma_a}{3}$, em que $\gamma_a$ corresponde ao parâmetro da curva azul sólida.

## Considerações gerais

O parâmetro γ controla a largura de banda e sua curvatura. Conforme γ diminui, a largura de banda e a curvatura também decrescem. O conceito de massa efetiva será explorado apenas no Capítulo 5, mas neste momento é pertinente afirmar que a massa efetiva será inversamente proporcional à curvatura de γ; quando γ é pequeno, a massa efetiva tende a ser grande.

Também no Capítulo 5 veremos a origem das bandas no modelo cristalino. Para um átomo isolado, existe uma série de níveis atômicos individuais. Já no cristal com N átomos sem sobreposição dos estados atômicos, haverá N níveis degenerados para cada nível atômico. Conforme a sobreposição dos estados se torna mais significativa, os níveis se alargam em bandas, cada uma com N valores diferentes permitidos de k.

A forma das bandas no espaço recíproco será, em parte, determinada pela estrutura cristalina no espaço real. Se os átomos, em algumas direções, estiverem mais distantes, a largura de banda será mais estreita para movimento naquela direção.

A função de onda do modelo fortemente ligado (Equações 3.91 e 3.92) foi construída a partir de níveis atômicos localizados. Contudo, um elétron no nível firmemente ligado será encontrado, com igual probabilidade, em qualquer célula do cristal. Perceba que a função de onda (como qualquer outra função de onda de Bloch) muda apenas mediante o fator de fase, $e^{i\vec{k}\cdot\vec{R}}$, quando nos movemos de uma célula para a outra, em uma distância $\vec{R}$.

## 3.3 Superfície de Fermi

Para visualizar a estrutura de bandas, existem três formas possíveis:

- **Zona estendida**: as bandas são representadas em zonas diferentes do espaço recíproco, conforme mostra o item (a) da Figura 3.8.
- **Zona reduzida**: todas as bandas são representadas na primeira zona de Brillouin, deslocando-se todos os pontos da energia que estão fora da 1ª ZB para dentro dela, de acordo com o que aparece no item (b) da Figura 3.8.

**Figura 3.8** – (a) Zona estendida e (b) Zona reduzida

(a) 2° Zona | 1° Zona de Brillouin | 2° Zona

$-\frac{2\pi}{\alpha}$  $-\frac{\pi}{\alpha}$  $0$  $\frac{\pi}{\alpha}$  $\frac{2\pi}{\alpha}$

(b) 2° Zona | 1° Zona de Brillouin | 2° Zona

$-\frac{2\pi}{\alpha}$  $-\frac{\pi}{\alpha}$  $0$  $\frac{\pi}{\alpha}$  $\frac{2\pi}{\alpha}$

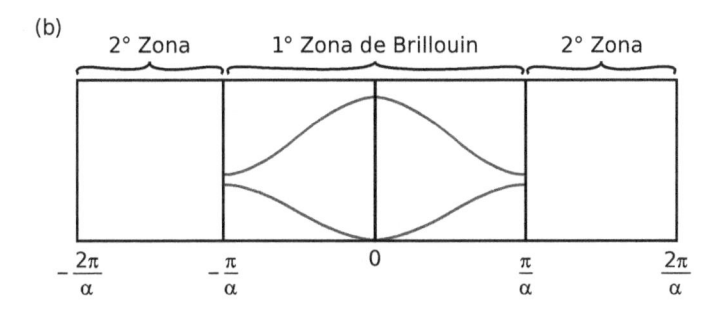

- **Zona periódica**: São repetidas as bandas de energia da 1ª ZB em todas as demais zonas, fazendo $E_n(\vec{k}) = E_n(\vec{k} + \vec{G})$, conforme vemos na figura a seguir.

**Figura 3.9** – Zona periódica

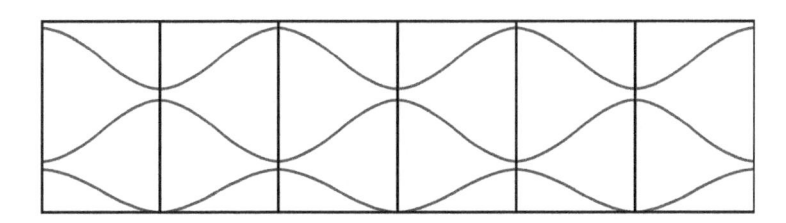

Muitas vezes, para analisarmos as bandas de energia, precisamos analisar a superfície de Fermi. A equação dos limites da zona de Brillouin, $2\vec{k} \cdot \vec{G} + \vec{G}^2 = 0$, tem solução se o vetor $\vec{k}$ termina no plano bissector perpendicular a $\vec{G}$, conforme vimos no Capítulo 2.

As zonas de Brillouin podem ser representadas no esquema de zonas reduzidas, com regiões da superfície de Fermi da mesma zona em um mesmo gráfico. Vejamos a figura a seguir.

**Figura 3.10** – Três primeiras zonas de Brillouin no esquema de zonas reduzidas

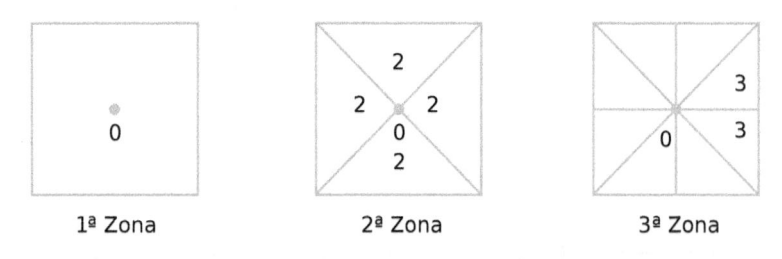

Como vimos, a superfície de Fermi é a superfície de energia constante $E_F$, que, quando a temperatura está no zero absoluto, $T = 0$ K, separa os estados ocupados e vazios. Vimos que o estado fundamental de N elétrons livres foi construído pela acomodação de elétrons com vetor de onda k. Começamos com as menores energias até que chegamos a $E_F = \dfrac{\hbar^2 k_F^2}{2m}$.

Na aproximação da rede vazia, em duas dimensões, a superfície de Fermi será igual à do elétron livre, ou seja, um círculo com raio $k_F$. Se o número de elétrons é pequeno, a esfera estará contida completamente na primeira zona de Brillouin. Como a 1ª ZB contém $N_k = N_{cel}$ valores de k, se cada célula primitiva tem N elétrons, precisamos de $\left(N \dfrac{N_{cel}}{2}\right)$ estados $\psi_k(\vec{r})$ diferentes para acomodá-los*. A 1ª ZB contém $N_{cel}$ valores de k e pode acomodar $2N_{cel}$ elétrons.

Cada zona de Brillouin subsequente pode acomodar $2N_{cel}$ elétrons, porque tem o mesmo volume no espaço recíproco. Para N elétrons por célula unitária, precisamos preencher os estados que ocupam um volume no espaço-k equivalente a $\dfrac{N}{2}$ zonas de Brillouin. Os estados que serão preenchidos dependem da energia total, mas começamos sempre pelos estados de menor energia.

A próxima figura mostra a superfície de Fermi da rede quadrada para elétrons livres cuja quantidade de elétrons é maior do que a acomodada na primeira zona de Brillouin.

---

\* Veja a Seção 3.2.1 – "Simetria translacional: teorema de Bloch".

**Figura 3.11** – Superfície de Fermi da rede quadrada bidimensional para elétrons livres

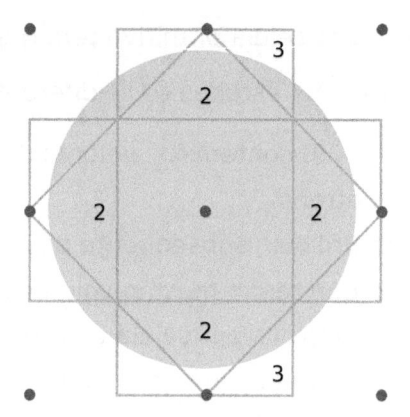

Na figura anterior, a área total da região ocupada por elétrons no espaço recíproco depende apenas da concentração de elétrons e é, portanto, independente da interação dos elétrons com a rede. Por outro lado, a forma da superfície de Fermi depende da interação dos elétrons com a rede e não é um círculo perfeito nas redes reais.

Agora, transferindo as partes da superfície de Fermi para o esquema reduzido, obtemos a próxima figura. As regiões sombreadas representam estados ocupados por elétrons.

**Figura 3.12** – Superfície de Fermi de elétrons livres na Figura 3.11, no esquema de zonas reduzidas

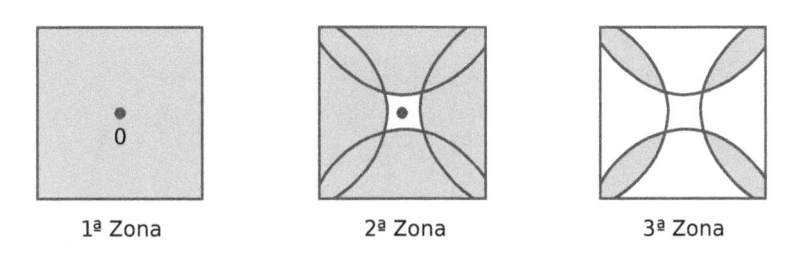

| 1ª Zona | 2ª Zona | 3ª Zona |

O estado fundamental dos elétrons de Bloch é construído da mesma forma, mas os elétrons são identificados por dois números quânticos distintos, n e k, e a energia não terá uma forma tão simples. Na aproximação de elétrons quase livres, podemos inferir a forma da superfície de Fermi baseada nas seguintes características (Kittel, 2013):

- Em razão da interação eletrônica com o potencial cristalino, existe uma zona proibida de energia nos limites das zonas de Brillouin, como vimos anteriormente (Seção 3.2.2).
- O volume da superfície de Fermi depende majoritariamente da concentração de elétrons.
- O potencial da rede distorce os vértices da superfície de Fermi, arredondando-os.
- A esfera de Fermi é deformada de modo característico quando cruza um plano de Bragg, conforme podemos ver no item (b) da Figura 3.13. A superfície de energia constante é perpendicular ao plano de Bragg quando se cruzam.

**Figura 3.13** – (a) Esfera de Fermi cruzando um plano de Bragg em $\frac{K}{2}$; (b) deformação da esfera de Fermi próxima ao plano de Bragg

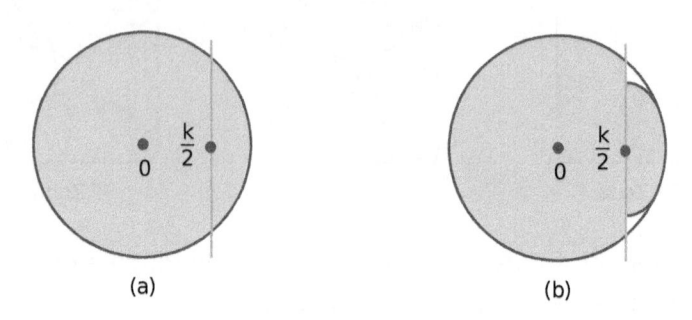

(a)                (b)

Com base nisso, podemos inferir as características das superfícies de Fermi. Perceba que a energia de Fermi é um conjunto de superfícies de energia constante no espaço recíproco. Já que $E_n(\vec{k})$ (Equação 3.81) é periódica, para cada n teremos uma superfície de Fermi com periodicidade da rede recíproca.

## 3.4 Densidade de níveis

Na Seção 3.1.2, definimos uma quantidade chamada de densidade de estados, necessária para o estudo da capacidade térmica do gás de elétrons. Algumas vezes precisamos calcular grandezas que são somadas sobre níveis eletrônicos. Agora, vamos generalizar o desenvolvimento que fizemos anteriormente.

Seja uma grandeza Q, tal que possa ser escrita da forma:

*Equação 3.109*

$$Q = 2\sum_{n,\vec{k}} Q_n(\vec{k})$$

Em que $Q_n(\vec{k})$ é dependente de n e $\vec{k}$ através da energia $E_n(k)$, apenas. Perceba que essa grandeza poderia ter sido o número total de elétrons (Equação 3.24). Sigamos.

Seja a densidade de Q, $q = \dfrac{Q}{V}$, no limite de dimensões macroscópicas, isto é, $V \to \infty$, de modo que os estados de k se tornam um quase contínuo:

*Equação 3.110*

$$q = 2\sum_n \int_{cel} \frac{d\vec{k}}{[2\pi]^3} Q_n(\vec{k})$$

Definimos uma densidade de níveis por unidade de volume g(E):

*Equação 3.111*

$$g(E) = \sum_n \int_{cel} \frac{d\vec{k}}{[2\pi]^3} \delta(E - E(\vec{k}))$$

Em que $\delta(E - E(\vec{k}))$ é o delta de Kronecker. Assim, q pode ser escrito como:

*Equação 3.112*

$$q = \int dE\, g(E)\, Q(E)$$

Outra forma de desenvolver o conceito da densidade de estados, e que será útil no próximo capítulo, é notando que g(ω) pode ser definida como a variação dos números de modos existentes pela variação da frequência:

*Equação 3.113*

$$g(\omega) = \frac{dN}{d\omega}$$

Essencialmente, queremos entender o sistema pelo número de estados por energia para cada vetor de onda, k. Temos um estado para cada volume $\left[\frac{2\pi}{L}\right]^3$ no espaço recíproco, considerando uma célula primitiva de volume $L^3$. O número total de estados permitidos até o vetor k é:

*Equação 3.114*

$$N = \left[\frac{L}{2\pi}\right]^3 \frac{4\pi k^3}{3}$$

A densidade de estados, g(ω)dω, será, portanto:

*Equação 3.115*

$$g(\omega)d\omega = \frac{dN}{d\omega}d\omega = \frac{Vk^2}{2\pi^2}\frac{d\omega}{d\omega/dk}$$

## Considerações gerais e comparações

Em 1900, Paulo Drude percebeu que poderia utilizar a teoria cinética dos gases para estudar o movimento eletrônico em metais. Na época, essa teoria ofereceu um simples entendimento para uma série de fenômenos elétricos. As hipóteses do modelo são:

- É assumida a aproximação do elétron independente, ou seja, a interação elétron-elétron é desconsiderada, e também a aproximação do elétron livre, de modo que interação elétron-íon entre colisões eletrônicas é ignorada.
- As colisões são tratadas como eventos instantâneos que mudam a velocidade de um elétron abruptamente.
- Ao experimentar uma colisão, o elétron retorna com momento médio $\vec{p} = 0$.
- Entre colisões, os elétrons respondem ao campo externo elétrico e magnético, segundo as leis de movimento de Newton.
- Elétrons têm tempo livre médio (ou tempo de colisão) $\tau$, o qual corresponde ao tempo que o elétron viajará até sua próxima colisão. A probabilidade de colisão no intervalo dt é $\frac{dt}{\tau}$.

O modelo de Drude explica, de maneira clássica, a dinâmica eletrônica. Os elétrons se movem no cristal, sofrendo consecutivas colisões com os íons da rede. Já vimos que isso não é verdade, afinal, se fosse, o livre caminho médio do elétron seria da ordem da distância interatômica. Além do mais, os elétrons de Bloch têm velocidade média independente do tempo.

Embora não tenhamos tratado desse modelo em detalhes, o modelo de Drude é baseado na utilização da mecânica estatística clássica para a descrição dos elétrons de condução. Permite estimar a condutividade do metal a frequências finitas e oferece um resultado próximo ao valor experimental do número de Lorenz. Porém, no estudo dos efeitos dos campos termoelétricos e das capacidades caloríficas, a teoria de Drude prevê um valor centenas de vezes maior do que o experimental.

Sommerfeld, por sua vez, manteve todas as suposições do modelo de Drude e apenas alterou a estatística de distribuição para Fermi-Dirac, formando a fundação da teoria quântica dos metais. Consequentemente, Sommerfeld construiu uma distribuição de velocidades e conseguiu explicar a capacidade térmica para os metais a baixas temperaturas. Nas propriedades de transporte previstas por Drude, não consideramos a velocidade da partícula ou o calor específico, mas apenas a ideia de que a partícula irá se mover livremente até sofrer uma colisão. O **movimento** da partícula é levado em conta. Podemos usar a mesma ideia para o movimento do centro de massa do mar de Fermi. Quando um campo elétrico externo é aplicado ao material, todos os elétrons se movem juntos, respondendo ao potencial aplicado. A esfera de Fermi é deslocada com uma velocidade média não nula, chamada de *velocidade de deriva* (ou *velocidade de arraste*).

No modelo de Drude, os elétrons são espalhados pela colisão com outros elétrons. No modelo de Sommerfeld, como os elétrons estão posicionados em estados, o espalhamento destes só pode acontecer para os que estão próximos do nível de Fermi. Eles são levados para os estados vazios do outro lado do nível de Fermi. Quando o elétron é excitado para os estados acima do nível de Fermi, na esfera de Fermi permanece um estado vazio. Esse estado vazio é chamado de *buraco* ou *lacuna* e pode ser considerado como uma quase partícula fictícia de carga positiva.

A tese de Bloch começou com uma questão simples: Como os íons da rede serão estudados? Bloch aproximou a rede cristalina de um potencial periódico e manteve a aproximação do elétron independente, reduzindo o problema de cálculo a um único elétron. Assim, três aproximações foram feitas: a primeira delas desconsidera a rede cristalina, que retoma o resultado do gás de elétrons livres; a segunda considera o potencial fraco, utilizando a teoria de perturbação; e, por fim, na terceira o elétron está firmemente preso ao íon e raramente sai de seu estado localizado. O teorema de Bloch permitiu a descrição eletrônica na rede cristalina e trouxe a fundamentação teórica para o desenvolvimento de vários princípios empregados na análise das propriedades de transporte. Veremos muitos desses desenvolvimentos nos próximos capítulos.

## Síntese de elementos

Neste terceiro capítulo, tratamos de várias abordagens diferentes para descrever os elétrons livres nos metais. Começamos com o modelo mais simples, que é considerar os metais como um gás de partículas livres não interagentes, sendo este um bom modelo para metais alcalinos. Dessa forma, a teoria de Sommerfeld considera que os elétrons são férmions e o desenvolvimento resulta em altas energias de Fermi e velocidades de Fermi. Apenas os elétrons próximos ao nível de Fermi são excitados, corrigindo as predições da capacidade térmica do modelo clássico.

Em um sistema de N elétrons no estado fundamental, a energia de Fermi, $E_F$, é definida como a energia do nível mais alto ocupado à temperatura T = 0 K, e, por ser dependente da temperatura termodinâmica, não necessariamente será igual ao potencial químico em outras condições. Além disso, os elétrons preenchem uma esfera, a esfera de Fermi, no espaçok de raio $k_F$, desde seu interior até sua superfície. Nessa superfície (superfície de Fermi), estão localizados os elétrons de maior energia, com energia de Fermi, $E_F$, e vetor de onda de Fermi, $k_F$.

A capacidade térmica foi obtida respeitando o princípio da exclusão de Pauli. Encontramos uma dependência linear com a temperatura, que descreve a tendência da curva para baixas temperaturas, nas quais a componente eletrônica domina a componente da rede.

Contudo, foi no teorema de Bloch que o potencial cristalino foi considerado nas propriedades de transporte. No momento em que os elétrons estão imersos em um potencial periódico, bandas proibidas surgem no espectro de energia. No modelo do elétron quase livre, a banda proibida é proporcional ao módulo do potencial cristalino. O teorema de Bloch garante que todos os autoestados da equação de Schrödinger são formados por uma função periódica multiplicada por uma onda plana.

## Partículas em teste

1) Assinale a alternativa correta sobre a teoria de Sommerfeld:
   a) Elétrons são considerados como as moléculas de um gás inerte, de modo que não interagem entre si.
   b) Elétrons são atraídos pelo núcleo positivo, de modo que o potencial efetivo não é constante.
   c) A estrutura do material é importante para o cálculo da energia eletrônica.
   d) O estado fundamental ocorre quando a temperatura é $T = 0$ °C.
   e) Todos os elétrons são considerados para o cálculo da função de onda do material.

2) Assinale a opção correta:
   a) Metais de transição são mais bem descritos pela teoria de Sommerfeld.
   b) As propriedades de volume de um condutor são fortemente dependentes da forma geométrica do material.
   c) As imperfeições na estrutura cristalina são responsáveis pelo espalhamento eletrônico.
   d) A cor dos metais pode ser explicada pela teoria dos elétrons livres.
   e) A contribuição da temperatura T, $T^3$, da capacidade térmica é encontrada pela teoria de Sommerfeld.

3) Sobre os elétrons de Bloch, é **incorreto** afirmar:
   a) A função de onda do elétron de Bloch não é periódica porque adquire um fator de fase $e^{i\vec{k}\cdot\vec{R}}$ quando transladado na rede de Bravais.
   b) O potencial cristalino é considerado periódico no cristal.
   c) Os vetores de onda $\vec{k}$ permitidos são restritos na primeira zona de Brillouin para que não haja duplicidade de valor.
   d) O número de vetores de onda permitidos na primeira zona de Brillouin é igual ao número de células primitivas contidas no cristal.
   e) O potencial cristalino não é responsável pela existência da banda proibida no cristal.

4) Analise as assertivas a seguir e indique V para as verdadeiras e F para as falsas.

( ) A superfície de Fermi separa os níveis eletrônicos cheios dos vazios quando a temperatura do material está no zero absoluto.

( ) Os estados sempre são preenchidos por elétrons, primeiramente por energias mais baixas.

( ) O volume da superfície de Fermi não depende da concentração de elétrons.

( ) O potencial químico sempre é igual à energia de Fermi.

( ) A densidade de estados indica a quantidade de autoestados de energia entre E e dE.

Agora, marque a alternativa que contém a sequência correta:

a) V – V – V – V – V.
b) V – F – V – F – F.
c) F – F – V – F – F.
d) V – V – F – F – V.
e) V – F – F – V – V.

5) Uma importante informação obtida pelo desenvolvimento de Bloch está relacionada com a velocidade do elétron. Sobre isso, é correto afirmar:
a) O elétron é um pacote de onda que se move no cristal perfeito sem nenhuma degradação da sua velocidade de grupo.
b) A velocidade média do elétron não é bem definida e depende do princípio de exclusão de Pauli.

c) A aplicação de campo elétrico no material é fundamental para o movimento dos elétrons, de modo que estão estáticos na ausência desse campo.

d) O elétron de Bloch não tem associado às suas propriedades a interação com a rede cristalina.

e) A velocidade do elétron na n-ésima banda não depende da energia $E_{n,k}$.

## Solidificando o conhecimento

### Reflexões estruturais

1) Considere uma função de onda na forma:

$$\psi(\vec{r}) = \sum_{R} e^{i\vec{k}\cdot\vec{R}} \varphi(\vec{r} - \vec{R})$$

Sabendo a somatória sobre todos os pontos da rede $\vec{R}$, mostre que a função de onda tem a forma requerida pelo teorema de Bloch.

2) Suponha uma rede hexagonal com parâmetro de rede a = 3 Å e apenas um elétron por célula unitária. Se os elétrons são considerados livres no plano bidimensional, qual é a energia de Fermi?

3) Considere um sistema com N elétrons não interagentes no zero absoluto. Mostre que o potencial químico, $\mu$, está exatamente no meio entre a energia do último estado ocupado e a energia do primeiro estado desocupado.

4) Um elétron de massa m se move em uma rede quadrada de parâmetro de rede a. O potencial da rede é representado por uma função delta de Dirac:

$$\mathcal{U}(r) = -\sum \mathcal{U}_0 a^2 \delta(r-R)$$

a) Para que a aproximação do elétron livre seja válida, quais são as condições para $\mathcal{U}_0$?
b) Qual o valor da banda proibida entre a segunda e a terceira bandas?

5) Considere uma rede de pontos de Bravais $\{\vec{R}\}$ e uma função $F(\vec{x})$, que tem a periodicidade da rede, tal que $F(\vec{x}) = F(\vec{x}+\vec{R})$. Mostre que F pode ser escrito como:

$$F(x) = \sum_G F(\vec{G}) e^{i\vec{G}\cdot\vec{x}}$$

**Relatório de experimento**

1) Para uma amostra metálica cúbica de lado L, demonstre que o número de estados de energia, com energias que variam de E a E + dE, é dado por:

$$N(E)\,dE = \frac{\pi}{2}\left[\frac{8mL^2}{h^2}\right]^{\frac{3}{2}} (E)^{\frac{1}{2}}\, dE$$

# Vibração da rede

**4**

No capítulo anterior, discutimos íons cristalinos que formam uma rede estática. Cristais são vistos como um arranjo regular de átomos fixos em uma posição. Claro que existe um conflito com o princípio da incerteza de Heisenberg, uma vez que a posição e o momento não podem ser exatamente conhecidos de modo simultâneo. Mesmo no zero absoluto, os íons têm um movimento ao redor de suas posições de equilíbrio.

Neste capítulo, vamos desenvolver a teoria para cristais cujos íons podem vibrar ao redor de sua posição de equilíbrio. Conforme a temperatura aumenta, a amplitude de vibração também aumenta. O cristal é considerado um oscilador harmônico, assim, a dinâmica da rede será analisada para obtermos os modos de vibração da rede, que têm papel importante na resposta do sólido às conduções térmica e elétrica. Efeitos anarmônicos são importantes em amplitudes altas e capazes de explicar a dilatação térmica.

## 4.1 Falhas no modelo da rede estática

O desenvolvimento de Bloch tem como ideia central um grupo de íons fixos, rígidos e imóveis ocupando posições regulares no espaço – e por isso esse modelo é chamado de *modelo da rede estática*.

O modelo clássico é válido no zero absoluto, no qual a energia térmica é nula e, consequentemente, não existe componente da energia cinética. Quando a temperatura aumenta, a energia cinética passa a ser diferente de zero, gerando um movimento vibracional dos íons ao redor de sua posição de equilíbrio. Perceba, porém, que os íons não são esferas massivas nem estão presos em uma posição fixa; além do mais, o princípio da incerteza diz que a localização dos íons não pode ser totalmente determinada, mesmo no zero absoluto. Apesar dessas hipóteses grosseiras, entre os fenômenos que podem ser descritos por essa teoria estão a difração de ondas por cristais e as propriedades dinâmicas dos elétrons na rede.

Contudo, existem muitos outros fenômenos que o modelo de íons estáticos não pode explicar, geralmente relacionados à rede iônica. Vejamos:

- De modo geral, as simplificações excessivas do modelo do elétron livre não nos permitem obter descrição detalhada de um sólido. A teoria prevê uma dependência linear da capacidade térmica com a temperatura, mas isso somente é verdade para temperaturas muito abaixo da temperatura de Fermi. Quando a temperatura é mais alta, existe um termo $T^3$ na capacidade térmica dos metais que a teoria não é capaz de explicar. Como já adiantamos, esse termo se deve à rede iônica.

- O único efeito da temperatura em uma rede estática é a excitação de portadores de carga. Determinados materiais, como os isolantes, têm uma quantidade desprezível de portadores de cargas excitados a temperaturas $\frac{E_g}{k_B T}$, em que $E_G$ é a energia da banda proibida. Veremos isso com mais detalhes no próximo capítulo. Dessa forma, a expansão térmica dos isolantes é relacionada com a rede iônica. Se aquecermos mais ainda, os sólidos irão fundir. Novamente, não existe explicação para esse fenômeno na teoria de Bloch.
- No modelo de Drude, a condutividade térmica é explicada por meio dos elétrons livres, que transportam energia térmica. Os metais têm condutividade térmica e elétrica maior do que os isolantes. No entanto, os isolantes têm condutividade térmica. Esse aspecto também não é explicado pelo modelo da rede estática.
- Espalhamento inelástico da luz, supercondutividade e falha na Lei de Wiedemann-Franz são outros exemplos de limitações do modelo da rede estática.

### Partícula essencial

Lembramos que o termo *íon* está sendo empregado de modo geral, ou seja, significa íons em um cristal iônico, núcleos iônicos em metais e cristais covalentes e átomos em sólidos de gases nobres.

## 4.2 Teoria clássica do cristal harmônico

A partir de agora, vamos nos preocupar com as interações iônicas. As ligações no sólido são fortes, fazendo com que o movimento translacional das partículas seja retido. Ainda assim, os íons do sólido continuam a se mover, com movimentos de vibração localizados. O modelo mais simples que podemos supor são os íons conectados por molas. Antes de entrarmos nesse modelo, porém, devemos relembrar um pouco da mecânica clássica.

### 4.2.1 Oscilador harmônico acoplado (OHA)

Vamos considerar os osciladores harmônicos acoplados (OHAs) em um arranjo tal que não têm liberdade para se movimentar, ou seja, estão restritos a uma região do espaço, conforme mostra a Figura 4.1, a seguir. Como os osciladores não podem sair do lugar, isto é, o centro de massa permanece sempre na mesma posição, o movimento do OHA será puramente oscilatório.

Figura 4.1 – Oscilador harmônico acoplado, em que $\gamma$ é a constante de força e M é a massa das partículas

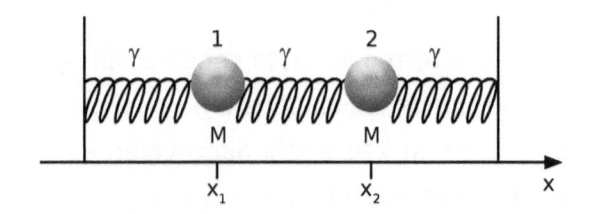

Por simplicidade, imaginemos que esses osciladores são formados por três molas iguais de constante de força $\gamma$ e duas partículas iguais, 1 e 2, de massa M. Antes de escrevermos as equações de movimento, iremos escrever a energia potencial do sistema, $\mathcal{U}(x_1, x_2)$, que é dependente de $x_1$ e $x_2$:

## Equação 4.1

$$\mathcal{U}(x_1, x_2) = \frac{\gamma x_1^2}{2} + \frac{\gamma[x_1 - x_2]^2}{2} + \frac{\gamma x_2^2}{2}$$

Em que $x_i$ é o deslocamento da i-ésima partícula quanto à sua posição de equilíbrio. O primeiro termo é a energia potencial da primeira mola; o segundo, da mola do meio; e o terceiro, da última mola. As equações de movimento são:

## Equação 4.2

$$\begin{cases} M\dfrac{d^2 x_1}{dt^2} = -\dfrac{\partial \mathcal{U}}{\partial x_1} \\ M\dfrac{d^2 x_2}{dt^2} = -\dfrac{\partial \mathcal{U}}{\partial x_2} \end{cases}$$

### Partícula essencial

As equações de movimento são dadas pela relação da força com a aceleração e com a energia potencial:
$F = ma$ e $F = -\dfrac{dU}{dx}$, em uma dimensão.

Utilizando a equação anterior, obtemos:

## Equação 4.3

$$\begin{cases} M\dfrac{d^2 x_1}{dt^2} = -\gamma x_1 - \gamma[x_1 - x_2] = -2\gamma x_1 + \gamma x_2 \\ M\dfrac{d^2 x_2}{dt^2} = -\gamma x_2 - \gamma[x_2 - x_1] = -2\gamma x_2 + \gamma x_1 \end{cases}$$

Essas equações estão acopladas, ou seja, existem termos das duas variáveis em cada uma delas, por isso sua resolução é difícil. Para que possamos transformá-las em uma forma relativamente simples, devemos somar as equações:

## Equação 4.4

$$M\dfrac{d^2}{dt^2}[x_1 + x_2] = -\gamma[x_1 + x_2]$$

E subtraí-las:

## Equação 4.5

$$M\dfrac{d^2}{dt^2}[x_1 - x_2] = -3\gamma[x_1 - x_2]$$

Pela substituição de $Q_1$ e $Q_2$, podemos desacoplar as equações:

*Equação 4.6*

$$\begin{cases} Q_1 \equiv \dfrac{x_1 + x_2}{2} \\ Q_2 \equiv \dfrac{x_1 - x_2}{2} \end{cases}$$

Chamando $\omega_1^2 \equiv \dfrac{\gamma}{m}$ e $\omega_2^2 \equiv \dfrac{3\gamma}{m}$, obtemos:

*Equação 4.7*

$$\begin{cases} \dfrac{d^2 Q_1}{dt^2} = -\omega_1^2 Q_1 \\ \dfrac{d^2 Q_2}{dt^2} = -\omega_2^2 Q_2 \end{cases}$$

Já conhecemos a solução dessas equações. Observe:

*Equação 4.8*

$$\begin{cases} Q_1 = A \; \cos(\omega_1 t + \varphi_1) \\ Q_2 = B \; \cos(\omega_2 t + \varphi_2) \end{cases}$$

Em que A e B são amplitudes e $\varphi_1$ e $\varphi_2$ são fases. Retornando para $x_1$ e $x_2$, obtemos:

*Equação 4.9*

$$\begin{cases} x_1 = A \; \cos(\omega_1 t + \varphi_1) + B \; \cos(\omega_2 t + \varphi_2) \\ x_2 = A \; \cos(\omega_1 t + \varphi_1) - B \; \cos(\omega_2 t + \varphi_2) \end{cases}$$

Lembre-se de que a função cosseno sempre pode ser escrita como uma exponencial com argumento imaginário. A hamiltoniana desse sistema é a soma das energias cinética e potencial:

*Equação 4.10*

$$\mathcal{H} = \left[ \frac{M\dot{Q}_1^2}{2} + \frac{M\omega_1^2 Q_1^2}{2} \right] + \left[ \frac{M\dot{Q}_2^2}{2} + \frac{M\omega_2^2 Q_2^2}{2} \right]$$

Em que $\dot{Q}_i \equiv \frac{dQ_i}{dt}$, representando dois osciladores harmônicos desacoplados com frequências dos modos normais $\omega_1^2 = \frac{\gamma}{M}$ e $\omega_2^2 = \frac{3\gamma}{M}$.

### 4.2.2 Aproximação harmônica

Para pequenos deslocamentos de um átomo de sua posição de equilíbrio, ou seja, quando [R − R$_0$] for pequeno, podemos esperar a energia potencial próxima de seu valor mínimo (veja a Figura 1.5). Se expandirmos a energia potencial próxima do ponto de equilíbrio em séries de Taylor, teremos:

*Equação 4.11*

$$\mathcal{U}(R) = \mathcal{U}(R_0) + \left.\frac{d\mathcal{U}(R)}{dR}\right|_{R_0} [R - R_0] + \frac{1}{2} \left.\frac{d^2\mathcal{U}(R)}{dR^2}\right|_{R_0} [R - R_0]^2 + \dots$$

Definindo:

*Equação 4.12*

$$\left.\frac{d^2\mathcal{U}(R)}{dR^2}\right|_{R_0} \equiv \gamma > 0$$

A força restauradora para determinado deslocamento, $x \equiv R - R_0$, é escrita como:

*Equação 4.13*

$$F = -\frac{d\mathcal{U}}{dx} = -\gamma x$$

## 4.3 Teoria clássica das vibrações de rede

Começamos a análise considerando um cristal unidimensional, como mostrado na Figura 4.2, formado por íons idênticos de massa M, espaçados por uma distância a. No eixo Ox, $R_n$ = na são os pontos da rede de Bravais em uma dimensão, em que n é um número inteiro. Nesse caso, as células unitárias contêm apenas um átomo, e a posição de equilíbrio dos átomos coincide com os pontos de rede.

Vamos considerar que o átomo, identificado pelo número n, é capaz de interagir apenas com seu vizinho mais próximo na esquerda e na direita e que, em uma cadeia infinita de átomos, a energia potencial é invariante a translações nos vetores de rede.

Consequentemente, em qualquer direção da cadeia de átomos, as propriedades serão equivalentes e, na aproximação harmônica, a equação desenvolvida pela matriz de forças será equivalente às equações de movimento de partículas de massa M acopladas por molas ideais[*].
Ou seja, podemos considerar que a interação ocorre por meio de molas de constante $\gamma$, conectadas apenas aos vizinhos próximos. Embora estejamos analisando o deslocamento longitudinal, o mesmo tipo de análise pode ser empregado ao deslocamento transversal.

**Figura 4.2** – Cadeia monoatômica linear

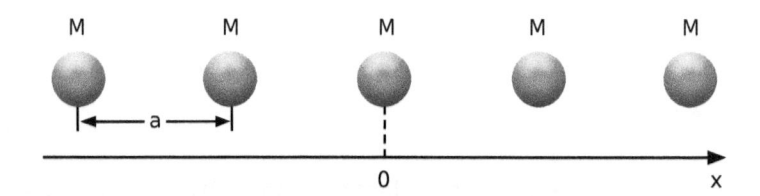

No caso de uma cadeia infinita, a energia potencial total, $\mathcal{U}$, da cadeia de íons pode ser escrita como:

*Equação 4.14*

$$\mathcal{U} = \sum_n \phi\left(x_{n+1} - x_n\right)$$

---

[*] Madelung (1995) e Kiselev (2018) mostram com detalhes como obter a matriz de forças na aproximação harmônica.

*Equação 4.15*

$$U = \sum_n \frac{\gamma \left[ X_{n+1} - X_n \right]^2}{2}$$

Em que $\phi(x)$ é a energia potencial elástica. Considerando que a posição do n-ésimo átomo é $X_n = x_n - x_n^o$, com $x_n^o = $ na sendo a posição de equilíbrio, e que *n* é um número inteiro, a equação de movimento pode ser escrita como:

*Equação 4.16*

$$F = -\frac{dU}{dx}$$

*Equação 4.17*

$$M\frac{d^2 X_n}{dt^2} = \gamma \left[ X_{n+1} + X_{n-1} - 2X_n \right]$$

Para qualquer sistema acoplado, a solução do modo normal é definida como a oscilação na qual todas as partículas se movem com a mesma frequência. Procuramos uma solução parecida com a que obtivemos anteriormente, exposta a seguir. Apenas utilizamos a notação complexa para facilitar os cálculos, mas entendemos que a resposta é a parte real. Além disso, esse tipo de palpite, para ser verificado nas equações, é chamado de *ansatz*:

*Equação 4.18*

$$X_n(t) = A e^{i\omega t - ikna}$$

Em que i é a parte imaginária, A é a amplitude de oscilação, k é o vetor de onda e ω é a frequência da onda. Como a cadeia de íons tem um número finito, devemos especificar o que acontece nos finais de cada ponta. Para isso, utilizaremos a condição de Born-von Karman, que estabelece a condição periódica, unindo as duas pontas da cadeia de íons. Em outras palavras, x([N + 1]a) = x(a) e x(0) = x(Na), para uma cadeia finita de N átomos.

Substituindo 4.18 em 4.17, obtemos:

## Equação 4.19

$$-M\omega^2 A e^{i\omega t - ikna} = KA e^{i\omega t}\left[e^{-ika[n+1]} + e^{-ika[n-1]} - 2e^{-ikan}\right]$$

Simplificando os termos, encontramos:

## Equação 4.20a

$$M\omega^2 = \gamma\left[1 - \cos(ka)\right] \therefore$$

## Equação 4.20b

$$\omega(k) = 2\left|\text{sen}\left(\frac{ka}{2}\right)\right|\sqrt{\frac{\gamma}{M}}$$

## Partícula essencial

Duas dicas:
- As funções seno e cosseno podem ser escritas como
$$\cos(\omega t) = \frac{\left[e^{i\omega t} + e^{-i\omega t}\right]}{2} \text{ e } \text{sen}(\omega t) = \frac{\left[e^{i\omega t} - e^{-i\omega t}\right]}{2}.$$
- Resolva a equação para o caso n = 0.

A Equação 4.20b é chamada de *relação de dispersão*. A Figura 4.3, a seguir, mostra essa relação. A dispersão é periódica em k, tal que $k \to k + \frac{2\pi}{a}$. Isso não é surpreendente – no Capítulo 2, mostramos que um sistema no espaço real com periodicidade a será também periódico no espaço recíproco com periodicidade $\frac{2\pi}{a}$. A condição da periodicidade requer que $e^{ikna} = 1$:

### Equação 4.21

$$k = \frac{2\pi}{a}\frac{n}{N}$$

A solução que descreve o deslocamento iônico é dada pela parte real da Equação 4.18:

### Equação 4.22

$$x_n(na, t) = A \cos(kna - \omega(k)t)$$

Para $0 < |k| < \frac{\pi}{a}$, a solução da Equação 4.22 é uma **onda plana propagante**. Note que $x_n(na, t)$ pode ter adicionado uma fase nessa equação.

**Figura 4.3** – Curva de dispersão para uma cadeia monoatômica linear na aproximação dos vizinhos próximos

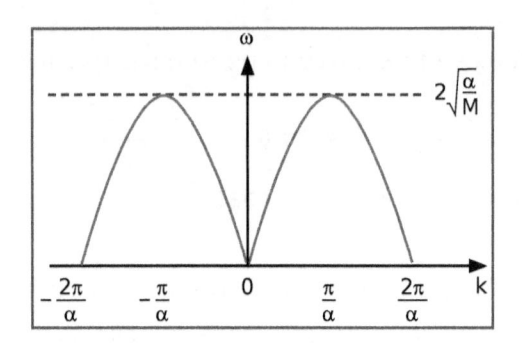

Para grandes valores de N, N → ∞, os números de onda permitidos estão organizados em um quase contínuo, a → 0:

*Equação 4.23*

$$\Delta k = \frac{2\pi}{aN} \to \infty$$

Quando k = 0, temos ω(0) = 0, e a solução da Equação 4.22 descreve um **deslocamento estático de todos os átomos da cadeira pela magnitude**:

*Equação 4.24*

$$x_n(t) = A$$

Quando $k = \frac{\pi}{a}$, temos a situação com os menores comprimentos de onda, $\lambda = 2a$, $\left(k = \frac{2\pi}{\lambda}\right)$, e com frequência máxima, $\omega\left(\frac{\pi}{a}\right) = 2\sqrt{\frac{\gamma}{M}}$. A frequência é simétrica em relação ao sinal de k, de modo que ω(k) = ω(–k).

Assumindo que o átomo se move para a esquerda, em dois pontos de rede para o lado veremos o mesmo movimento. Contudo, o átomo vizinho está a meio comprimento de distância e, portanto, deve vibrar no sentido oposto. Ou seja, átomos oscilam em fases opostas dependendo se n é par ou ímpar. A velocidade de grupo, $v_g = \frac{\partial \omega}{\partial |k|}$, será nula, já que a curva de dispersão é constante, caracterizando ondas estacionárias:

### Equação 4.25

$$x_n(na, t) = A[-1]^n e^{-i\omega t}$$

Quando $|ka| \ll 1$, o comprimento de onda do modo deve ser muito maior do que a constante de rede, $\lambda \gg a$ (limite de comprimento de ondas longas). Átomos perto uns dos outros devem estar se movendo em fase, ou seja, todos no mesmo sentido em determinado tempo t. Podemos aproximar $\operatorname{sen}\left(\frac{ka}{2}\right) \approx \frac{ka}{2}$, de modo que a frequência de oscilação dos átomos é dada por:

### Equação 4.26

$$\omega(k)^2 \approx 4\left[\frac{ka}{2}\right]^2 \frac{\gamma}{M} \therefore \omega(k) \approx a|k|\sqrt{\frac{\gamma}{M}}$$

Essa dependência de $\omega(k)$ em k é típica para ondas sonoras quando suas velocidades de fase, $v_{ph} = \frac{\omega}{|k|}$, e de grupo, $v_g = \frac{\partial \omega}{\partial |k|}$, são coincidentes:

*Equação 4.27*

$$v_{ph} = v_g = a\sqrt{\frac{\gamma}{M}}$$

A velocidade de propagação das ondas não depende da frequência. Nas regiões longe da borda da primeira zona de Brillouin, a dependência de $\omega$ em relação a k é praticamente linear. Aproximando-se da borda, encontramos a relação entre velocidade de fase e velocidade de grupo por meio da diferenciação da definição da velocidade de fase, $\omega(k) = kv_{ph}(k)$. A velocidade de grupo, portanto, é dada por:

*Equação 4.28*

$$v_g = v_{ph} + |\vec{k}|\frac{\partial v_{ph}}{\partial |\vec{k}|}$$

A frequência máxima da vibração é:

*Equação 4.29*

$$\omega_m = 2\sqrt{\frac{\gamma}{M}}$$

Devemos destacar que a velocidade de fase é a propagação da onda plana, enquanto a velocidade de grupo é a velocidade de propagação do pacote de onda. A velocidade de propagação da energia do meio é caracterizada pela velocidade de grupo.

**Figura 4.4** – Movimento dos átomos da cadeia para (a) $k \ll \frac{\pi}{a}$ e (b) $k = \frac{\pi}{a}$

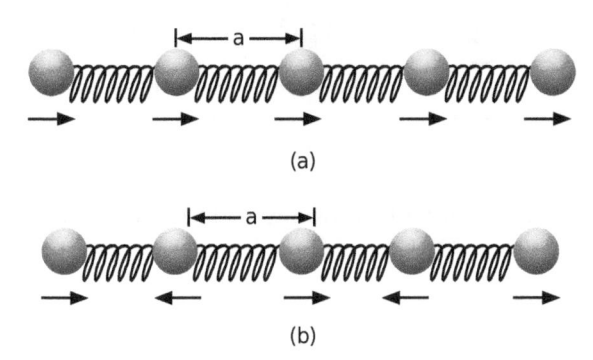

(a)

(b)

## 4.3.1 Cristal clássico de base diatômica

Vamos modificar o modelo para que a cadeia de átomos comporte dois tipos de átomos diferentes. Suponha o período da célula unitária como 2a, um dos íons com massa $M_1$ e o outro com massa $M_2$. No eixo Ox, a posição dos pontos da rede de Bravais é dada por $R_n = 2na$, em que n é um número inteiro. A interação dos íons é caracterizada pela constante de força $\gamma_1$, para a ligação 1-2 na base, e $\gamma_2$, para a ligação 2-1 entre diferentes bases.

**Figura 4.5** – Cadeia diatômica linear

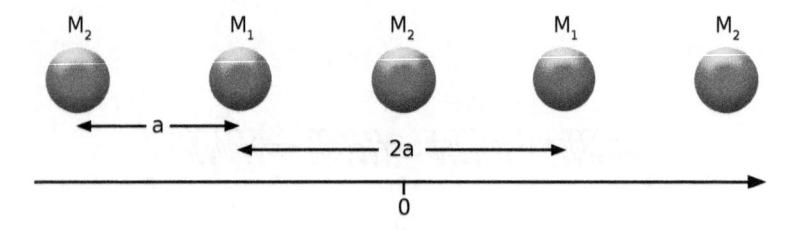

A energia potencial, $\mathcal{U}$, do sistema é escrita como:

*Equação 4.30*

$$\mathcal{U} = \frac{1}{2}\gamma_1 \sum_n \left[X_n^1 - X_n^2\right]^2 + \frac{1}{2}\gamma_2 \sum_n \left[X_n^2 - X_{n+1}^1\right]^2$$

As equações de movimento são:

*Equação 4.31*

$$M_1 \frac{d^2 X_n^1}{dt^2} = -\gamma_1 \left[X_n^1 - X_n^2\right] - \gamma_2 \left[X_n^1 - X_{n-1}^2\right]$$

*Equação 4.32*

$$M_2 \frac{d^2 X_n^2}{dt^2} = -\gamma_1 \left[X_n^2 - X_n^1\right] - \gamma_2 \left[X_n^2 - X_{n+1}^1\right]$$

Vamos supor que as soluções sejam:

*Equação 4.33*

$$X_n^1(t) = A_1 e^{i\omega t - ikna}$$

*Equação 4.34*

$$X_n^2(t) = A_2 e^{i\omega t - ikna}$$

Juntamente às condições periódicas, encontramos:

*Equação 4.35*

$$-M_1\omega^2 A_1 + \gamma_1\left[A_1 - A_2\right] + \gamma_2\left[A_1 - A_2 e^{-ika}\right] = 0$$

*Equação 4.36*

$$-M_2\omega^2 A_2 - \gamma_1\left[A_1 - A_2\right] + \gamma_2\left[A_2 - A_1 e^{ika}\right] = 0$$

Teremos solução não trivial se o determinante da matriz de coeficientes for zero:

*Equação 4.37*

$$\begin{vmatrix} M_1\omega^2 - \left[\gamma_1 + \gamma_2\right] & \gamma_1 + \gamma_2 e^{-ika} \\ \gamma_1 + \gamma_2 e^{ika} & M_2\omega^2 - \left[\gamma_1 + \gamma_2\right] \end{vmatrix} = 0$$

*Equação 4.38*

$$M_1 M_2 \omega^4 - \left[M_1 + M_2\right]\left[\gamma_1 + \gamma_2\right]\omega^2 + 2\gamma_1\gamma_2\left[1 - \cos(ka)\right] = 0$$

Portanto, a solução é:

*Equação 4.39*

$$\omega^2(k) = \frac{[M_1 + M_2][\gamma_1 + \gamma_2]}{2M_1 M_2}\left[1 \pm \sqrt{1 - \frac{\gamma_1\gamma_2 M_1 M_2 \operatorname{sen}^2\left(\frac{ak}{2}\right)}{[M_1+M_2]^2[\gamma_1+\gamma_2]^2}}\right]$$

Se definirmos $M_S = [M_1 + M_2]$, $M_M = \sqrt{M_1 M_2}$, $\gamma_S = \gamma_1 + \gamma_2$ e $\gamma_M = \sqrt{\gamma_1\gamma_2}$, podemos reescrever a equação anterior:

*Equação 4.40*

$$\omega^2(k) = \frac{2\gamma_M}{\delta M_M}\left[1 \pm \sqrt{1 - \delta^2 \operatorname{sen}^2\left(\frac{ak}{2}\right)}\right]$$

Em que:

*Equação 4.41*

$$\delta = \frac{\gamma_M M_M}{\gamma_S M_S} \le 1$$

A relação de dispersão (Equação 4.40) oferece dois valores de $\omega_\delta(k)$ para um único valor de k. As diferentes soluções são conhecidas como *ramos*. Os dois ramos de relação de dispersão são o acústico e o óptico. O primeiro ramo, o acústico, está relacionado com o sinal negativo ($\delta = -$), com relação de dispersão na forma de $\omega_-(k) \approx vk$, característica de ondas sonoras. O segundo ramo, o óptico, está relacionado com o sinal positivo

($b=+$), porque os modos ópticos de longo comprimento de ondas podem interagir em cristais iônicos, como as ondas eletromagnéticas. Nesse caso, são responsáveis por vários dos comportamentos ópticos dos materiais cristalinos.

## Considerações gerais

A descrição do movimento de todos os átomos na cadeia infinita de íons, somente utilizando a periodicidade da rede, é um resultado notável. A relação de dispersão $\omega_b(k)$, e mesmo o movimento dos átomos, é inalterada pela mudança do vetor de onda, $\vec{k}$, por múltiplos de $2\pi/a$ (vetor da rede recíproca), no caso de uma cadeia monoatômica. Mais uma vez, podemos obter o resultado em todo o cristal apenas analisando a primeira zona de Brillouin (1ª ZB).

Os resultados podem ser generalizados para três dimensões. Para o caso de uma rede monoatômica, temos três ramos acústicos: se o vetor polarização é paralelo ao vetor de onda $\vec{k}$, é chamado de **ramo acústico longitudinal** (LA); se é perpendicular ao vetor de onda $\vec{k}$, é denominado **ramo acústico transversal** (TA); se o cristal tem uma base de $\alpha$ átomos, haverá $b = 3\alpha$ ramos, dos quais três são os ramos acústicos e o restante são os **ramos ópticos**, classificados da mesma forma que os ramos acústicos: **ramo óptico longitudinal** (LO) e **ramo óptico transversal** (TO).

No caso de base diatômica, não é necessário que os átomos tenham massas diferentes; mas, se dois átomos da base estão em posições diferentes (sítios não equivalentes), as constantes de força devem ser diferentes.

No caso de cadeias diatômicas, para $\gamma_1 = \gamma_2$, e $M_2 > M_1$, podemos simplificar a equação para o caso em que $\gamma_1 = \gamma_2 = \gamma$:

*Equação 4.42*

$$\omega_\delta^2(k) = \gamma \left\{ \left[ \frac{1}{M_1} + \frac{1}{M_2} \right] \pm \sqrt{\frac{1}{M_1^2} + \frac{1}{M_2^2} - \frac{2\cos(ka)}{M_1 M_2}} \right\}$$

### Partícula essencial

Quando os valores de k são pequenos (ka ≪ 1), usamos a aproximação $\cos(ka) \approx 1 - \frac{[ka]^2}{2}$, que corresponde ao caso de comprimentos de onda longos.

Para o caso k = 0, obtemos as seguintes soluções para os ramos ópticos (Equação 4.43):

*Equação 4.43*

$$\omega_+(0) = \sqrt{\frac{2\gamma[M_1 + M_2]}{M_1 M_2}} \neq 0$$

Perceba que o ramo óptico tem um valor diferente de zero quando k = 0 e não varia muito conforme k aumenta. Adicionalmente, podemos resolver Equação 4.40 e obter a relação entre as amplitudes dos movimentos:

*Equação 4.44*

$$-\frac{M_1}{M_2} A_1 \approx A_2$$

Os átomos, na mesma célula, oscilam em fase oposta, e suas amplitudes de oscilação são inversamente proporcionais à sua massa. Esse movimento pode ser observado se átomos de cargas opostas forem excitados pelo campo elétrico de uma onda luminosa.

Agora, para o ramo acústico, no caso $ka \ll 1$, temos:

*Equação 4.45*

$$\omega_-(k) \approx ak \sqrt{\frac{\gamma}{2[M_1 + M_2]}} \propto k$$

Na vizinhança de k = 0, $\omega_-^2(0) \approx 0$ e $A_1 \approx A_2$ (Equação 4.40), de modo que os deslocamentos dos átomos na mesma célula estão na mesma direção e têm a mesma amplitude. Em outras palavras, para os ramos acústicos, os átomos oscilam como um corpo rígido.

**Figura 4.6** – Movimento das redes de átomos (a) para o ramo óptico e (b) para o ramo acústico, quando $k \approx 0$; (c) para o ramo óptico e (d) para o ramo acústico, quando $k \approx \dfrac{\pi}{[2a]}$

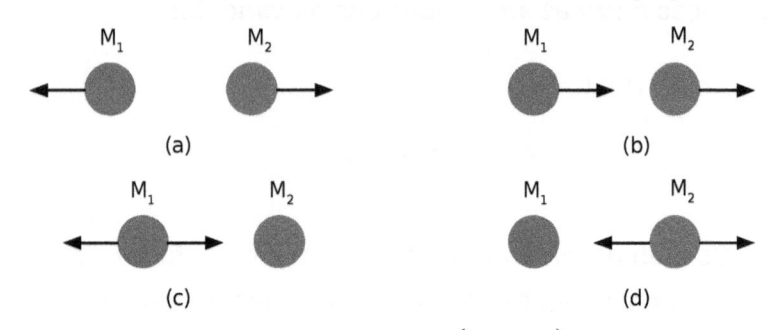

Na borda da zona de Brillouin $\left(k = \dfrac{\pi}{[2a]}\right)$, obtemos, para o ramo óptico:

*Equação 4.46*

$$\omega_+^2(k) = \frac{2\gamma}{M_1}$$

Com $A_1 \neq 0$ e $A_2 = 0$. Nesse caso, somente os átomos mais leves oscilam em cada célula unitária.

Para o ramo acústico, temos:

*Equação 4.47*

$$\omega_-^2(k) = \frac{2\gamma}{M_2}$$

Com $A_1 = 0$ e $A_2 \neq 0$. Em cada célula unitária, os átomos leves estão imóveis e somente os átomos mais pesados oscilam, contudo, oscilam mais devagar do que o ramo óptico, $\omega_-^2(k) < \omega_+^2(k)$. Como as frequências dos ramos acústicos, $\omega_-$, e ópticos, $\omega_+$, não são iguais nas bordas da zona de Brillouin, aparece um vão entre os ramos. No extremo da zona, quando $k = \frac{\pm\pi}{[2a]}$, obtemos $\frac{\partial \omega_{\delta}}{\partial k} = 0$.

**Figura 4.7** – (a) Relação de dispersão para uma cadeia diatômica de átomos: o ramo inferior é acústico e o superior é óptico; (b) dependência das dispersões acústica e óptica no limite $M_2 \to M_1$

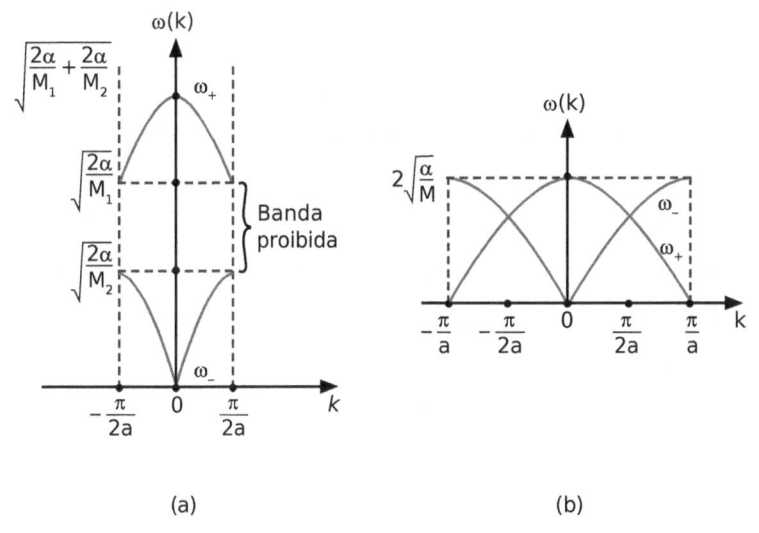

(a)  (b)

Quando $M_2 \to M_1$, o vão entre os ramos desaparece, obtendo-se a dependência do item (b) da Figura 4.7. O ramo óptico $\omega_+(k)$ não é mais um novo ramo, mas um produto do deslocamento do ramo acústico próximo à zona de Brillouin. A alternância de massas atômicas, no ponto $k = \frac{\pm\pi}{[2a]}$, cria intervalos de frequências proibidas no espectro de vibração atômica.

## 4.4 Teoria quântica do cristal harmônico

Para estudar um cristal harmônico quântico, devemos obter os estados de energia de vibrações por meio da hamiltoniana do sistema*.

Considere um oscilador harmônico em apenas uma dimensão, com $\alpha$ átomos na base de massa $M_i$, com $i = 1, 2, ..., \alpha$. A massa do núcleo está praticamente toda concentrada nos íons, razão por que o movimento dos íons pode ser desacoplado do movimento eletrônico. Os íons têm massa muito maior do que os elétrons e se movem lentamente, e os elétrons se acomodam quase que instantaneamente à nova posição iônica. A função eletrônica permanece sempre como um autoestado do núcleo. Essa aproximação é conhecida como aproximação adiabática.

A hamiltoniana do sistema é composta da energia cinética e da energia potencial elástica dos íons da rede:

*Equação 4.48*

$$\hat{\mathcal{H}} = \sum_i \frac{P_i^2}{2M_i} + \frac{1}{2}\sum_{i,j} V_{ij} X_i X_j$$

---

\* O desenvolvimento teórico matemático em três dimensões é complexo e difícil e pode ser encontrado no Apêndice L de Ashcroft e Mermin (2011).

Em que P é o momento e X é a posição, ambos hermitianos, que obedecem a:

*Equação 4.49*

$$[X_i, X_j] = [P_i, P_j] = 0, \quad [X_i, P_j] = i\hbar\delta_{ij}$$

Para as variáveis do modo normal, faremos uma transformação ortogonal, $C_{mj}$, em que $[C^{-1}]_{jm} = C_{mj}$, e normalizaremos pela massa. Portanto, podemos reescrever a posição e o momento como:

*Equação 4.50*

$$\hat{X}_m = \sum_j C_{mj}\sqrt{M_j}\, X_j$$

*Equação 4.51*

$$\hat{P}_m = \sum_j C_{mj}\frac{P_j}{\sqrt{M_j}}$$

Como a matriz $V_{ij}$ é real e simétrica, por definição, seus autovalores, que chamaremos de $\omega_m^2$, para m = 1, ... N, são todos não negativos, de modo que $\omega_m^2 \geq 0$. A equação dos autovalores é:

*Equação 4.52*

$$\sum_{i,j}\frac{C_{mi}C_{lj}V_{ij}}{\sqrt{M_i M_j}} = \left[\omega_m(k)\right]^2 \delta_{ml}$$

Em que $\delta_{kl}$ é o delta de Kronecker. As relações de comutação permanecem inalteradas. A hamiltoniana, por sua vez, será diagonal e pode ser reescrita como:

*Equação 4.53*

$$\hat{\mathcal{H}} = \sum_{k,i} \left\{ P_i^2 + \left[\omega_i(k)\right]^2 X_i^2 \right\}$$

Definimos, agora, dois operadores, criação e aniquilação, dos modos normais:

*Equação 4.54*

$$\hat{a}_i = \frac{1}{\sqrt{2\hbar}} \left[ \sqrt{\omega_i}\hat{X}_i + \frac{i}{\sqrt{\omega_i(k)}}\hat{P}_i \right]$$

*Equação 4.55*

$$\hat{a}_i^\dagger = \frac{1}{\sqrt{2\hbar}} \left[ \sqrt{\omega_i}\hat{X}_i - \frac{i}{\sqrt{\omega_i(k)}}\hat{P}_i \right]$$

Nesse caso, as seguintes relações são válidas:

*Equação 4.56*

$$\left[\hat{a}_i, \hat{a}_j^\dagger\right] = \delta_{ij}$$

*Equação 4.57*

$$\left[\hat{a}_i, \hat{a}_j\right] = \left[\hat{a}_i^\dagger, \hat{a}_j^\dagger\right] = 0$$

O operador momento e o operador posição tomam a seguinte forma:

*Equação 4.58*

$$\hat{X}_i = \left[\hat{a}_i + \hat{a}_i^\dagger\right]\sqrt{\frac{\hbar}{2\omega_i(k)}}$$

*Equação 4.59*

$$\hat{P}_i = \frac{\left[\hat{a}_i - \hat{a}_i^\dagger\right]}{i}\sqrt{\frac{\hbar}{2\omega_i(k)}}$$

Substituindo os operadores $\hat{X}_i$ e $\hat{P}_i$ na equação, encontramos:

*Equação 4.60*

$$\hat{\mathcal{H}} = \sum_{k,\delta} \hbar\omega_\delta(k)\left[\hat{a}_\delta^\dagger \hat{a}_\delta + \frac{1}{2}\right]$$

O índice b denota os modos de propagação das ondas. Os autoestados da hamiltoniana são descritos pelos autovalores de $\hat{a}_b^\dagger \hat{a}_b$ para cada modo normal:

*Equação 4.61*

$$\left|\{n_\delta(k)\}\right\rangle = \prod_{\delta=1}^{3\alpha} \left|n_\delta(k)\right\rangle$$

Em que $\alpha$ é o número de átomos diferentes na base da célula unitária. Assim, temos:

*Equação 4.62*

$$\hat{\mathcal{H}}\left|\{n_\delta(k)\}\right\rangle = \left\{\sum_{k,\delta} \hbar\omega_\delta(k)\left[n_\delta + \frac{1}{2}\right]\right\}\left|\{n_\delta(k)\}\right\rangle$$

O estado fundamental do sistema é chamado de $|0\rangle$ e é aniquilado pelo operador aniquilação de todos os modos normais, $\hat{a}_i|0\rangle$, para todo o i, e a energia do estado fundamental, $E_0$ é:

*Equação 4.63*

$$E_0(k) = \sum_{k,\delta} \frac{1}{2} \hbar \omega_\delta(k)$$

A energia dos estados excitados é:

*Equação 4.64*

$$E(k, n_\delta) = \sum_{k,\delta} \frac{1}{2} \hbar \omega_\delta(k) n_\delta + E_0(k)$$

Podemos considerar o estado fundamental $|0\rangle$ como o nível do vácuo. O número $n_\delta(k)$ caracteriza o nível de excitação do modo normal com vetor de onda k do i-ésimo ramo vibracional. Essas excitações, que distribuem energia entre elas próprias ou transferem energia para outros sistemas no cristal, são chamadas de *fônons*. Ou seja, o sistema tem $n_\delta(k)$ fônons com energia $E_n = \hbar \omega_\delta(k)$. Um estado com um único fônon de tipo i será chamado de $|\delta\rangle$:

*Equação 4.65*

$$|\delta\rangle = \hat{a}_\delta^\dagger |0\rangle = |0, ..., 1_i, 0, ..., 0\rangle$$

E os autoestados de $\hat{\mathcal{H}}$:

*Equação 4.66*

$$\hat{\mathcal{H}}|\mathscr{E}\rangle = \hat{\mathcal{H}}\hat{a}_i^\dagger|0\rangle = \left[\hbar\omega_{\mathscr{E}}(k) + E_0(k)\right]|\mathscr{E}\rangle$$

Em que $\hbar\omega_{\mathscr{E}}(k)$ representa a energia de excitação. Um estado arbitrário $|n_1, ..., n_{3\alpha}\rangle$ pode também ser visto como de partículas não interagentes (ou éxcitons), cada uma transportando uma energia de excitação relativa ao estado fundamental.

## 4.5 Fônons

Devemos analisar a energia associada às vibrações da rede cristalina. Para um oscilador harmônico (Equação 4.1), a quantização é simples, já que a frequência permanece $\omega = \sqrt{\dfrac{\gamma}{M}}$ e os níveis de energia quantizados são dados por:

*Equação 4.67*

$$E = \left[n + \frac{1}{2}\right]\hbar\omega$$

Em que n é um número inteiro ou zero. Encontramos, ainda, os autovalores da hamiltoniana quântica:

*Equação 4.68*

$$E_{\mathscr{E}}(\vec{k}) = \left[n_{\mathscr{E}}(\vec{k}) + \frac{1}{2}\right]\hbar\omega_{\mathscr{E}}(\vec{k})$$

Nesse caso, interpretamos que existem $n_{\vec{s}}$ fônons, os quais são os modos normais descritos por $\hat{\mathcal{H}}$, cada um com energia $E_{n,\vec{s}} = \hbar\omega_{\vec{s}}(\vec{k})$. Perceba que as Equações 4.67 e 4.68 têm a mesma forma.

Ou seja, a energia das vibrações da rede cristalina é quantizada. Em analogia com os fótons, o *quantum* da vibração da rede é chamado de *fônon*. Os fônons apresentam características de onda e partícula mais acentuadas conforme a situação experimental. Para que possamos descrever a condutividade térmica, devemos utilizar o aspecto corpuscular dos fônons. As Equações 4.10 e 4.16 são chamadas de *relação de dispersão*. Nesse modelo, o sólido cristalino é visto como um gás de fônons não interagentes.

Logo, os fônons são responsáveis pelo movimento coletivo de íons e, por isso, existem apenas no cristal (na matéria). Deslocam-se com a velocidade do som e são quase partículas bosônicas, podendo existir em qualquer número em um mesmo estado quântico. Como podem ser criados e destruídos em colisões, continuamente, os fônons não são conservados.

### 4.5.1 Distribuição dos fônons

Suponhamos o estado do cristal em equilíbrio térmico com o ambiente, caracterizado por uma temperatura T diferente de zero. A probabilidade de ocupação de uma única partícula em determinado estado é descrita pela distribuição de Boltzmann:

## Equação 4.69

$$P_n(T,\vec{k}) = Ce^{-\beta(T)E_n}$$

Em que $\beta(T) = \left[k_B T\right]^{-1}$, com $k_B$ como a constante de Boltzmann, T como a temperatura, $E_n$ como a energia de um fônon e C como uma constante. Por simplificação, vamos desprezar os subíndices e as dependências, tal que $n_\delta(\vec{k}) = n$, $\beta(T) = \beta$ e $\omega_\delta(\vec{k}) = \omega$. Essa constante C pode ser encontrada sabendo que o oscilador deve estar em um dos estados:

## Equação 4.70

$$\sum_{n=0}^{\infty} P_n(T,\vec{k}) = \sum_{n=0}^{\infty} Ce^{-\beta E_n} = \sum_{n=0}^{\infty} Ce^{-\left[n+\frac{1}{2}\right]\hbar\omega\beta} = 1$$

$$C = \frac{e^{\hbar\omega\beta}}{\sum_{n=0}^{\infty} e^{-n\hbar\omega\beta}}$$

Utilizando o resultado da série geométrica convergente válida para $|x| < 1$, obtemos:

## Equação 4.71

$$\sum_{n=1}^{\infty} x^{n-1} = \frac{1}{1-x}$$

## Equação 4.72

$$C = e^{\frac{\hbar\omega\beta}{2}} \left\{1 - e^{-\hbar\omega\beta}\right\}$$

Retornando à Equação 4.69, temos:

**Equação 4.73**

$$P_n(T, \vec{k}) = e^{-n\hbar\omega\beta}\{1 - e^{-\hbar\omega\beta}\}$$

O número de ocupação média, $\langle n \rangle$, de cada modo de fônon é dado por:

**Equação 4.74**

$$\langle n \rangle = \sum_{n=0}^{\infty} n P_n$$

$$= \sum_{n=0}^{\infty} n e^{-n\hbar\omega\beta}\{1 - e^{-\hbar\omega\beta}\}$$

$$\langle n_\sigma(\vec{k}) \rangle_T = \{e^{\hbar\omega_b(\vec{k})\beta(T)} - 1\}^{-1}$$

Esse número representa o valor médio de ocupação do modo $\omega_b(\vec{k})$ para o sistema em equilíbrio térmico à temperatura T, no caso de partículas não interagentes. Essa distribuição é conhecida como *distribuição de Planck*.

## 4.5.2 Densidade de estados

O número total de ocupação média dos fônons, N, e a energia total média, $E_T$, são dados por:

**Equação 4.75**

$$\langle N \rangle = \sum_{\vec{k},\sigma} \langle n_\sigma(\vec{k}) \rangle_T$$

## Equação 4.76

$$\langle E_T \rangle = \sum_{\vec{k},\delta} E_{n,\delta}(\vec{k}) \langle n_\delta(\vec{k}) \rangle_T$$

As duas expressões são dependentes da energia de cada fônon, $E_{n,\delta}$.

Em razão do caráter discreto dos estados vibracionais, podemos calcular o número de estados, $\mathcal{N}(E)$, de $E = 0$ até $E = \hbar\omega = E'(k')$, para uma cadeia linear monoatômica de átomos:

## Equação 4.77

$$\mathcal{N}(E') = k' \frac{N}{\frac{\pi}{a}} = k' \frac{L}{\pi}$$

Usando a equação $M\omega^2 = \gamma\left[1 - \cos(ka)\right]$ (Equação 4.20) na equação anterior, obtemos:

## Equação 4.78

$$\mathcal{N}(E) = \frac{2N}{\pi} \operatorname{sen}^{-1}\left(\frac{E}{E_M}\right)$$

Em que $E_M = \hbar\omega_M$. A densidade de estados $g(E)$, como visto no Capítulo 3 (Equação 3.115), é dada por:

$$g(\omega)d\omega = \frac{dN}{d\omega}d\omega = \frac{Vk^2}{2\pi^2} \frac{d\omega}{\frac{d\omega}{dk}}$$

*Equação 4.79*

$$g(E) = \frac{d\mathcal{N}(E)}{dE} = \frac{2N}{\pi E_M}\left\{\sqrt{1 - \left[\frac{E}{E_M}\right]^2}\right\}^{-1}$$

É importante analisarmos esse resultado no extremo da zona de Brillouin, $k = \frac{\pi}{a}$. A energia se aproxima do seu valor máximo, $E_M$, e o denominador se anula na densidade de estados (veja Figura 4.3). Consequentemente, a densidade de estados apresenta uma singularidade nesse ponto, conhecida como *singularidade de Van Hove*[*]. A característica fundamental dessa singularidade é apresentar uma grande quantidade de estados vibracionais em um intervalo de frequência estreito.

### 4.5.3 Calor específico dos sólidos cristalinos

Na maioria dos sólidos, a energia dada pela vibração da rede é a contribuição dominante para a capacidade térmica. Se considerarmos isolantes não magnéticos, essa é a única contribuição. Nos metais, os elétrons de condução contribuem para a capacidade térmica e, em materiais magnéticos, para o ordenamento magnético.

---

[*] Para mais informações, consulte Van Hove (1953).

## Lei de Dulong e Petit

O teorema de equipartição de energia diz que cada grau de liberdade do sistema fornece uma energia de $k_B \frac{T}{2}$, em média. Se considerarmos um sólido formado por N átomos interligados aos seus vizinhos próximos por molas, cada átomo terá três graus de liberdade na energia cinética e mais três graus na energia potencial elástica. A energia média total do sistema, $E_T$, será, consequentemente:

*Equação 4.80*

$$E_T = 3Nk_B T$$

O calor específico, por sua vez, será:

*Equação 4.81*

$$c_V = \frac{\partial}{\partial T} E_T = 3Nk_B$$

## Modelo de Einstein

Einstein, seguindo a hipótese de Planck, elaborou um modelo para explicar a diminuição rápida da capacidade térmica a volume constante à medida que a temperatura diminuía. Assumiu uma frequência constante, $\omega_E$, para os 3N osciladores que compõem o sólido, de modo que a energia média total do sólido é dada por:

*Equação 4.82*

$$\langle E_t \rangle = 3N \langle n \rangle \hbar\omega_E = \frac{3N\hbar\omega_E}{e^{\hbar\omega_E \beta(T)} - 1}$$

Nesse caso, desprezamos o termo constante por não contribuir com a capacidade térmica e substituímos o valor de $\langle n \rangle$ dado na Equação 4.74. Assim, o calor específico, $c_V$, pode ser escrito utilizando a Equação 4.82:

*Equação 4.83*

$$c_V = \frac{\partial \langle E_t \rangle}{\partial T} = 3Nk_B \left[\hbar\omega_E \beta(T)\right]^2 \frac{e^{\hbar\omega_E \beta(T)}}{\left[e^{\hbar\omega_E \beta(T)} - 1\right]^2}$$

Para **altas temperaturas**, $T \to \infty$, o termo exponencial na Equação 4.83 pode ser aproximado em séries de Taylor, de modo que $e^x \approx 1 + x$:

*Equação 4.84*

$$c_V(T \to \infty) = \lim_{T \to \infty} 3Nk_B \left[\hbar\omega_E \beta(T)\right]^2 \frac{1 + \hbar\omega_E \beta(T)}{\left[1 + \hbar\omega_E \beta(T) - 1\right]^2}$$

$$= \lim_{T \to \infty} 3Nk_B \left[1 + \hbar\beta(T)\omega_E\right] = 3Nk_B$$

Isso recupera o resultado clássico. Ou seja, quando a temperatura é alta, maior do que a temperatura de Einstein, $T_E = \frac{\hbar\omega_E}{k_B}$, a energia térmica é muito maior do que o espaçamento entre os estados quantizados, $\hbar\omega_E$. Por isso, a natureza quântica do problema pode ser ignorada, e o resultado clássico se aproxima dos dados experimentais.

Para **baixas temperaturas**, $T \to 0$, $e^{\hbar\omega_0\beta(T)} - 1 \approx e^{\hbar\omega_0\beta(T)}$, temos:

*Equação 4.85*

$$c_v(T \to 0) = 3Nk_B \left[\hbar\omega_0\beta(T)\right]^2 e^{-\hbar\omega_0\beta(T)}$$

Nesse caso, o termo exponencial predomina, e $c_v \to 0$, quando $T \to 0$, mas tende a zero muito rapidamente, $c_v(T \to 0) \approx e^{-\hbar\omega_0\beta(T)}$, e não satisfaz os dados experimentais, $c_v(T \to 0) \approx T^3$. Embora o modelo de Einstein suponha que as oscilações são quantizadas, falha por utilizar a mesma frequência para todos os modos, ou seja, $\omega_b(\vec{k}) = \omega_0$, para os ramos acústicos e ópticos. Essa aproximação é razoável para os ramos ópticos, que quase não apresentam dispersão, mas o calor específico, a baixas temperaturas, tem como principal influência os fônons acústicos.

## Modelo de Debye

Debye percebeu que o problema do modelo de Einstein ocorria apenas para energias pequenas, isto é, para níveis de energia perto de $k = 0$. Supondo que o cristal é contínuo e uniforme, a dispersão dos fônons, $\omega_b(\vec{k})$, no cristal é proporcional ao vetor de onda k (relacionado com o modo de vibração) e sua velocidade é constante, igual à velocidade do som, v:

*Equação 4.86*

$$\omega_b(\vec{k}) = v\vec{k}$$

## Partícula essencial

Dizemos que um cristal é contínuo e uniforme quando o sólido pode ser considerado independentemente de sua estrutura atômica, já que os comprimentos de onda são muito maiores do que o espaçamento entre os átomos.

Essa hipótese é válida para baixas energias, $\frac{k_B T}{\hbar}$, nas quais a dispersão dos ramos acústicos pode ser aproximada a uma função linear (veja a Seção 4.3.1) e os ramos ópticos não são significativos. A energia total do sistema deve ser encontrada levando em consideração todos os estados possíveis para cada nível de energia, uma vez que podem ter valores diferentes. Por isso, devemos calcular a energia por meio da densidade de estados, com base na Equação 3.111:

### Equação 4.87

$$\langle E_t \rangle = \int_0^{\omega_D} d\omega \, g(\omega) \, n \hbar \omega(\vec{k})$$

Em que $g(\omega)$ é a densidade de estados vibracionais e $\omega_D$ é a frequência de corte.

Considerando a Equação 4.86 para a dispersão, a densidade de estados (Equação 3.115) se torna:

### Equação 4.88

$$g(\omega) = \frac{V \omega^2}{2 \pi^2 v^3}$$

O limite superior da integral deve ser escolhido para que sejam recuperados os valores corretos dos modos normais. Ou seja: se temos N átomos no sólido, devemos ter N modos de vibração (considere uma cadeia monoatômica cristalina em três dimensões, nas quais temos apenas 3N ramos acústicos). O número total de modos com vetor de onda menor do que $\vec{k}$ depende dos estados dentro da esfera de raio $\vec{k}$:

**Equação 4.89**

$$N = \frac{V}{(2\pi)^3} \frac{4\pi k^3}{3}$$

Sabendo que:

**Equação 4.90**

$$\omega_D = v k_D$$

Usando as duas equações anteriores, encontramos:

**Equação 4.91**

$$\omega_D^3 = 6\pi^2 \frac{N}{V} v^3$$

Em que $\omega_D$ é a frequência de Debye. A temperatura correspondente, $T_D$, pode ser calculada da seguinte forma:

**Equação 4.92**

$$T_D = \frac{\hbar \omega_D}{k_B}$$

Esta é chamada de *temperatura de Debye*. Utilizando as Equações 4.87, 4.91 e 4.92, podemos encontrar a energia média total do sistema:

*Equação 4.93*

$$\langle E_T \rangle = 3\int_0^{\omega_D} \frac{\omega^2 V}{2\pi^2 v^3} \frac{\hbar\omega}{e^{\hbar\omega\beta}-1} d\omega = \frac{3V\hbar}{2\pi^2 v^3} \int_0^{\omega_D} \frac{\omega^3}{e^{\hbar\omega\beta}-1} d\omega$$

Fazendo a troca de variável, $u = \hbar\omega\beta$, temos $du = \hbar\beta d\omega$. Chamando $u_D = \hbar\omega_D\beta$, obtemos:

*Equação 4.94*

$$\langle E_T \rangle = \frac{3V}{2\pi^2 \hbar^3 \beta^4 v^3} \int_0^{u_D} \frac{u^3}{e^u - 1} du$$

Podemos determinar a capacidade de qualquer sólido por meio da diferenciação da Equação 4.94 quanto à temperatura. A integral deve ser resolvida dentro da 1ª ZB, que pode ter uma forma geométrica complexa. Entretanto, os casos limites são independentes da forma.

Para **altas temperaturas**, $T \to \infty$, o termo exponencial pode ser aproximado por $e^u \approx 1+u$:

*Equação 4.95*

$$\lim_{T\to\infty} \langle E_t \rangle = \frac{3V}{2\pi^2 \hbar^3 \beta^4 v^3} \int_0^{u_D} u^2 du = 3Nk_B T \therefore$$

$$c_V(T \to \infty) = \frac{\partial \langle E_t(T \to \infty) \rangle}{\partial T} \approx 3Nk_B$$

E mais uma vez retornamos ao resultado clássico.

Para **baixas temperaturas**, $T \to \infty$, u se torna grande e é possível aproximar o limite de integração do infinito:

*Equação 4.96*

$$\langle E_t \rangle = \frac{3V}{2\pi^2 \hbar^3 \beta^4 v^3} \int_0^\infty \frac{u^3}{e^u - 1} du = \frac{3V}{2\pi^2 \hbar^3 \beta^4 v^3} \frac{\pi^4}{15} \therefore$$

$$c_v(T \to 0) = \frac{\partial E_t(T \to 0)}{\partial T} \approx \frac{12\pi^4}{5} N k_B \left[\frac{T}{T_D}\right]^3$$

Em que obtemos a dependência do calor específico com a temperatura ao cubo.

No modelo de Debye, não são permitidos modos com vetor de onda maior que $k_D = \frac{\omega_D}{v}$, uma vez que isso esgota os números de graus de liberdade existentes em uma cadeia de átomos monoatômica. Esse modelo é uma excelente aproximação para baixas temperaturas, pois os modos acústicos são predominantes e os ramos ópticos podem ser negligenciados.

### 4.5.4 Momento do fônon

Um fônon com vetor de onda $\vec{k}$ é capaz de interagir com fótons, nêutrons e elétrons como se fosse uma partícula com momento $\hbar \vec{k}$. Entretanto, é importante ressaltarmos que o fônon não tem momento. Existem dois tipos de explicações para esse fato; podemos argumentar que a coordenada de um fônon envolve posições relativas dos átomos entre suas posições de equilíbrio e de vibração: $X_n = x_n - x_n^0$. Em razão disso, o fônon não pode ter momento linear, e a coordenada do centro de massa corresponde ao modo uniforme; portanto, também não tem momento linear (Kittel, 2013).

Outra explicação está na própria rede recíproca. Perceba que, fisicamente, temos o mesmo fônon quando descrevemos $\hbar \vec{k}$ ou $\hbar \left[ \vec{k} + \vec{G}_n \right]$, em que $\vec{G}_n = \dfrac{2\pi n}{a}$ é o vetor da rede recíproca. Por isso, definimos, no Capítulo 3, o conceito de momento cristalino, que é o momento da rede recíproca em que $\vec{k}$ estaria limitado na primeira zona de Brillouin.

### 4.5.5 Efeitos anarmônicos

Para os modelos harmônicos que consideramos, os fônons não podem colidir uns com os outros, porque representam os autoestados do sistema. Ou seja, a ocupação dos estados não é alterada no tempo. Para que seja possível considerar espalhamento do fônon, devem ser adicionados termos anarmônicos na energia potencial, e a perturbação produzida na hamiltoniana do fônon representa as colisões. No caso de colisões entre dois fônons, a energia é conservada, bem como o momento cristalino. Contudo, o termo $\hbar \vec{k}$, que tem dimensões de momento, não é conservado.

> **Saber equivalente**
>
> As grandezas físicas conservadas são resultado de simetrias – esse resultado é conhecido como *teorema de Noether*. A conservação do momento está relacionada com a invariância translacional do espaço. Para uma energia potencial dependente da posição $\mathcal{U}(x)$, o momento não é conservado. A conservação do momento cristalino se deve ao fato de ser invariante em translações na separação interatômica, *a*.

Na aproximação harmônica, as vibrações térmicas dos átomos próximos de suas posições de equilíbrio são esfericamente simétricas. Quando existe o aumento de temperatura, a vibração de amplitude também aumenta. Contudo, a distância média entre os átomos não muda e, por isso, a aproximação harmônica não pode explicar a dilatação dos corpos. Outro problema está na condutividade térmica dos dielétricos. Fônos harmônicos não podem sofrer colisões, pois assim o cristal teria uma condutividade térmica infinita. O espalhamento dos fônons, pelas imperfeições da rede, criaria uma dependência errada entre a condutividade e a temperatura. A única forma de explicar os dados experimentais é considerar que os fônons podem ser espalhados por outros fônons, e isso não pode acontecer na aproximação harmônica.

Entre outras, podemos citar mais algumas limitações da aproximação harmônica:

- O calor específico satura a um valor maior do que o experimental para altas temperaturas.
- As vibrações da rede não se alteram na evolução temporal, uma vez que representam soluções estacionárias, ou seja, não existe mudança de estado.
- A relaxação dos elétrons é acelerada quando existe interação com os fônons ópticos. A interação com os fônons só pode ser explicada por meio de efeitos anarmônicos.

## *Síntese de elementos*

Neste quarto capítulo, desenvolvemos a teoria para o cristal harmônico, que consiste em átomos acoplados uns aos outros, de maneira que suas oscilações influenciam seus vizinhos próximos. Os modos normais no cristal são oscilações coletivas, e todas as partículas se movem na mesma frequência.

Além disso, identificamos diferentes modos de vibração, os ramos acústicos e os ramos ópticos. O primeiro está relacionado à velocidade do som, e o segundo se refere à interação eletromagnética.

O modo normal clássico de frequência $\omega$ foi relacionado com os autoestados de energia, $E_n = \hbar\omega\left(n + \dfrac{1}{2}\right)$.

Mostramos que fônons são partículas bosônicas (bósons), logo, são representados pela estatística de Planck. Analogamente aos fótons, são o quanta da rede e podem ser pensados tanto como partícula quanto como onda.

Com base na energia dos modos, desenvolvemos os modelos de Einstein e Debye para a capacidade térmica e, por fim, concluímos que é necessário que existam termos anarmônicos para explicar outras características dos sólidos, por exemplo, a expansão térmica.

## Partículas em teste

1) Assinale a alternativa **incorreta**:
   a) A capacidade térmica não apresenta um termo $T^3$ no modelo da rede estática.
   b) Os isolantes têm uma quantidade de elétrons desprezível para serem excitados com temperaturas $\frac{E_g}{k_B T}$.
   c) O modelo de Drude não explica a capacidade térmica nos isolantes.
   d) Os elétrons de valência podem ser excitados para estados vazios a temperaturas $\frac{E_g}{k_B T}$.
   e) O espalhamento inelástico da luz pode ser explicado por meio do modelo da rede estática.

2) Analise as afirmações a seguir.

I) O modo normal de um oscilador harmônico se refere à oscilação coletiva de todos os átomos se movendo com a mesma frequência.

II) A relação de dispersão é a relação da frequência com o comprimento de uma onda propagante em um material (ou vácuo).

III) Fônon é o *quantum* de vibração da rede e é responsável pelo movimento dos átomos na cadeia cristalina.

Agora, marque a alternativa correta:

a) Todas as afirmações são verdadeiras.
b) Apenas a afirmação I é verdadeira.
c) As afirmações II e III são verdadeiras.
d) As afirmações I e III são verdadeiras.
e) Todas as afirmações são falsas.

3) Para o cristal clássico de base monoatômica, é possível estimar a velocidade de grupo para a região linear da frequência (Equação 4.27). A constante $\gamma$ pode ser encontrada por meio da força eletroestática:

$$\gamma = \left.\frac{d^2U(x)}{dx^2}\right|_a \sim \frac{q^2}{4\pi\varepsilon_o a^3}$$

Em que *a* é o parâmetro de rede. Sabendo que o parâmetro de rede pode ser considerado o diâmetro do átomo, podemos encontrar a velocidade de fase das ondas

propagantes no cristal de ouro. Considere que o raio atômico do ouro é r = 166 pm e que a massa atômica é M = 3,27 · $10^{-25}$ kg. A velocidade de fase tem ordem de:
a) $10^1$ m/s.
b) $10^2$ m/s.
c) $10^3$ m/s.
d) $10^4$ m/s.
e) $10^5$ m/s.

4) Uma parte importante de qualquer nova teoria é o retorno aos resultados já conhecidos por meio da análise dos casos limites. Para um cristal de base diatômica, obtemos a relação de dispersão demonstrada na Equação 4.40. A esse respeito, é correto afirmar:
a) Existem duas soluções para a relação de dispersão, uma para a raiz positiva, chamada de *ramo óptico*, e outra para raiz negativa, chamada de *ramo acústico*.
b) Ramos perpendiculares ao vetor de onda são chamados de *longitudinais*.
c) A banda proibida de frequências apenas é encontrada para o cristal de base monoatômica.
d) O ramo óptico desaparece quando consideramos a mesma constante de mola e massas iguais para o cristal harmônico com base diatômica.
e) A quantidade de ramos depende da quantidade de átomos na base do cristal.

5) Analise as assertivas a seguir.

I) O teorema da equipartição de energia diz que cada grau de liberdade do sistema fornece uma energia de $\frac{k_B T}{2}$.

II) No modelo de Dulong e Petit, o calor específico é dependente linearmente da temperatura.

III) No modelo de Einstein, a capacidade térmica é dependente de um termo exponencial, não reproduzindo os resultados experimentais à baixa temperatura.

IV) O modelo de Debye não despreza a contribuição dos fônons ópticos.

Agora, marque a alternativa correta:

a) As assertivas I e II são verdadeiras.
b) As assertivas I e III são verdadeiras.
c) As assertivas II e IV são verdadeiras.
d) As assertivas I, III e IV são verdadeiras.
e) Todas as assertivas são verdadeiras.

## Solidificando o conhecimento

### Reflexões estruturais

1) Demonstre a relação de dispersão, $\omega(k)$, para as oscilações de um cristal harmônico unidimensional com N átomos idênticos. Suponha que a massa seja m, o parâmetro de rede seja a e a constante da mola seja k.

2) No modelo de Einstein, os átomos são tratados como osciladores independentes. O modelo de Debye considera os átomos osciladores acoplados que vibram coletivamente. Contudo, os modos coletivos podem ser vistos como independentes. Compare os modelos de Debye e de Einstein e explique a afirmação deste enunciado.

3) A capacidade térmica para o diamante é dada pela tabela a seguir:

Tabela A – Valores da capacidade térmica para o diamante em diferentes temperaturas

| T(K) | (Jk$^{-1}$ mol$^{-1}$ K$^{-1}$) |
|---|---|
| 100 | 290 |
| 150 | 1.060 |
| 200 | 2.340 |

Com base na tabela:
a) comprove a Lei de Debye ($T^3$);
b) calcule a temperatura de Debye.

4) Considere o modelo unidimensional monoatômico do cristal harmônico. Generalize-o para incluir os segundos vizinhos mais próximos. Suponha que a constante da mola entre os vizinhos mais próximos seja $k_1$; para os segundos vizinhos, $k_2$; e a massa dos átomos, m.
   a) Calcule a curva de dispersão, $\omega(k)$, para esse modelo.
   b) Determine a velocidade do som. Mostre que a velocidade de grupo some no limite da zona de Brillouin.

**Relatório de experimento**

1) Há várias técnicas de caracterização de materiais, entre as quais temos a espectroscopia Raman e a espectroscopia infravermelha (IR), que são métodos para determinar a vibração interna das moléculas. Na análise, seu uso é baseado na especificidade das vibrações. Compare as duas técnicas fazendo uma breve descrição de cada uma delas e indicando as semelhanças e diferenças. Liste ao menos uma aplicação para cada uma das técnicas.

# Estrutura de bandas

5

Embora tenhamos estudado vários aspectos dinâmicos dos sólidos cristalinos, falta-nos entender como essas características nos ajudam a classificá-los. Neste capítulo, estudaremos um modelo mais geral, o modelo de Kronig e Penney, que nos permite encontrar as bandas de energia fora dos casos limites analisados no Capítulo 3. Trataremos da origem das bandas proibidas e como essa característica permite que classifiquemos os materiais em metais, semicondutores e isolantes. Destacaremos as características elétricas dos metais e dos semicondutores por meio do entendimento das bandas de energia e compararemos com o resultado clássico.

Finalmente, explicaremos os defeitos que podem acontecer em cristais reais e as possíveis alterações qualitativas em suas propriedades.

Para relembramos, no Capítulo 3, estudamos um método, a aproximação do elétron quase livre, para obter soluções da equação central no caso do potencial cristalino ser considerado uma perturbação e/ou quando é muito forte. Agora, neste capítulo, vamos investigar um modelo mais geral. Um dos problemas mais simples na mecânica quântica é o estudo dos níveis de energia em poços de potenciais. Kronig e Penney, em 1931, introduziram um método para a análise das bandas de energia cristalina com o estudo de uma partícula que se move em uma série de poços quânticos. O potencial cristalino é aproximado por potenciais constantes no poço e nas barreiras, de modo que as soluções da equação de Schrödinger são funções trigonométricas.

> **Saber equivalente**
>
> Vários livros de mecânica quântica solucionam o problema do poço de potencial. Devemos notar que existe uma diferença importante entre a composição de vários poços repetidos e apenas um único poço de potencial: se a distância entre os poços for pequena, maior a possibilidade de tunelamento da partícula.

## 5.1 Modelo Kronig-Penney

Considere uma partícula que se move em um potencial quântico finito, de altura $\mathcal{U}_0$ e largura a, em uma dimensão, de modo que o potencial seja:

*Equação 5.1*

$$\mathcal{U}(x) = \begin{cases} \mathcal{U}_0, & 0 \leq x \leq a \\ 0, & a \leq x \leq a+b \end{cases}$$

O centro de cada poço corresponde à posição de um átomo de rede e está a uma distância a + b dos átomos vizinhos mais próximos.

A equação de onda é dada por:

*Equação 5.2*

$$\left[ -\frac{\hbar^2}{2m}\frac{d^2}{dx^2} + \mathcal{U}(x) \right]\psi(x) = E\psi(x)$$

**Figura 5.1** – Distribuição do potencial periódico unidimensional para o modelo Kronig-Penney

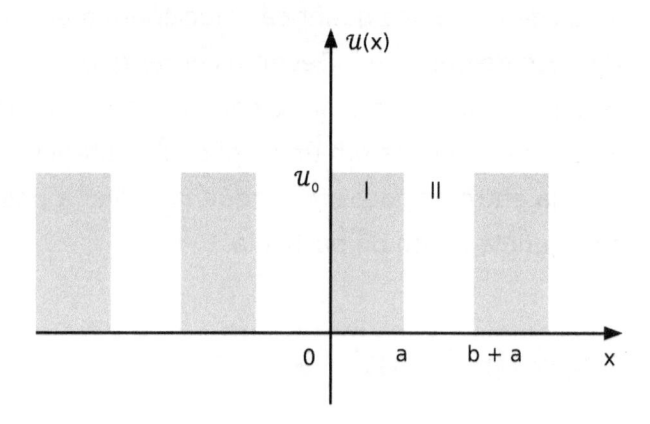

Na região I da figura anterior, $0 \leq x \leq a$, a autofunção é:

### Equação 5.3

$\psi_I = A\cosh(Qx) + B\mathrm{senh}(Qx)$ (região 1: barreiras)

Em que a energia da região é:

### Equação 5.4

$$\mathcal{U}_0 - E = \frac{\hbar^2 Q^2}{2m}$$

Já na região II, $a \leq x \leq a+b$, a autofunção é dada por uma combinação de funções trigonométricas (análogo ao caso do gás de elétrons livres, Seção 3.1)*:

---

\* Devemos tomar cuidado com o desenvolvimento matemático dessas soluções. Um desenvolvimento próximo ao de Kittel (2013) encontra-se em Grosso e Parravicini (2014).

## Equação 5.5

$$\psi_{II} = C\cos(\mathcal{K}x) + D\sin(\mathcal{K}x) \quad \text{(região II: poços)}$$

Em que a energia da região II é:

## Equação 5.6

$$E = \frac{\hbar^2 \mathcal{K}^2}{2m}$$

A função de onda e suas derivadas primeiras devem ser contínuas nas fronteiras entre as duas regiões, ou seja, em x = a, temos:

## Equação 5.7

$$\psi_I(a) = \psi_{II}(a)$$

## Equação 5.8

$$\left.\frac{d\psi_I(x)}{dx}\right|_{x=a} = \left.\frac{d\psi_{II}(x)}{dx}\right|_{x=a}$$

Queremos que as soluções satisfaçam a condição de Bloch (Equação 3.52), portanto:

$$\psi(\vec{r} + \vec{R}) = \psi(\vec{r})e^{i\vec{k}\cdot\vec{R}}$$

Em que $\vec{k}$ é o vetor de onda. No caso unidimensional, a função de onda em x = a + b deve ser igual à função de onda em x = 0 multiplicada por uma fase, $e^{ik(a+b)}$. Concomitantemente, devemos impor a continuidade da primeira derivada em satisfazer a periodicidade de Bloch:

*Equação 5.9*

$$\psi_{II}(a+b) = \psi_I(0)e^{ik(a+b)}$$

*Equação 5.10*

$$\left.\frac{d\psi_{II}(x)}{dx}\right|_{x=a+b} = \left.\frac{d\psi_I(x)}{dx}\right|_{x=0} e^{ik(a+b)}$$

Substituindo as funções de onda (Equações 5.3 e 5.5) nas condições descritas (Equações de 5.7 a 5.10), encontramos:

*Equação 5.11*

$$A\cosh(\mathcal{Q}a) + B\operatorname{senh}(\mathcal{Q}a) = C\cos(\mathcal{K}a) + D\operatorname{sen}(\mathcal{K}a)$$

*Equação 5.12*

$$\mathcal{Q}\{B\cosh(\mathcal{Q}a) + A\operatorname{senh}(\mathcal{Q}a)\} = \mathcal{K}\{D\cos(\mathcal{K}a) - C\operatorname{sen}(\mathcal{K}a)\}$$

*Equação 5.13*

$$Ae^{ik(a+b)} = C\cos(\mathcal{K}[a+b]) + D\operatorname{sen}(\mathcal{K}[a+b])$$

*Equação 5.14*

$$\mathcal{Q}Be^{ik(a+b)} = \mathcal{K}\{D\cos(\mathcal{K}a) - C\operatorname{sen}(\mathcal{K}a)\}$$

Usando as Equações 5.11 e 5.12, encontramos, para C e D:

*Equação 5.15*

$$C = \cos(\mathcal{K}a)\{A\cosh(Qa) + B\operatorname{senh}(Qa)\} - \frac{Q}{\mathcal{K}}\operatorname{sen}(\mathcal{K}a)\{B\cosh(Qa) + A\operatorname{senh}(Qa)\}$$

*Equação 5.16*

$$D = \operatorname{sen}(\mathcal{K}a)\{A\cosh(Qa) + B\operatorname{senh}(Qa)\} + \frac{Q}{\mathcal{K}}\cos(\mathcal{K}a)\{B\cosh(Qa) + A\operatorname{senh}(Qa)\}$$

A função de onda $\psi_{II}$ pode ser reescrita como:

*Equação 5.17*

$$\psi_{II} = \cos(\mathcal{K}\{a-x\})\{A\cosh(Qa) + B\operatorname{senh}(Qa)\} - \frac{Q}{\mathcal{K}}\operatorname{sen}(\mathcal{K}(a-x))\{B\cosh(Qa) + A\operatorname{senh}(Qa)\}$$

Utilizando as Equações 5.13 e 5.14 com as Equações 5.15 e 5.16, obtemos:

*Equação 5.18*

$$A\{-e^{ik[a+b]} + \cos(\mathcal{K}b)\cosh(Qa) + \frac{Q}{\mathcal{K}}\operatorname{sen}(\mathcal{K}b)\operatorname{senh}(Qa)\} +$$
$$+ B\{\frac{Q}{\mathcal{K}}\cosh(Qa)\operatorname{sen}(\mathcal{K}b) + \cos(Qb)\operatorname{senh}(Qa)\} = 0$$

## Equação 5.19

$$A\{\mathcal{Q}\cos(\mathcal{K}b)\operatorname{senh}(\mathcal{Q}a) - K\cosh(\mathcal{Q}a)\operatorname{sen}(\mathcal{K}b)\} +$$
$$+ B\{\mathcal{Q}\cos(\mathcal{K}b)\cosh(\mathcal{Q}a) - \mathcal{Q}e^{ik(a+b)} - \mathcal{K}\operatorname{sen}(\mathcal{K}b)\operatorname{senh}(\mathcal{Q}a)\} = 0$$

A solução não trivial ocorre para o caso em que o determinante da matriz dos coeficientes das Equações 5.18 e 5.19 é zero:

## Equação 5.20

$$\frac{e^{ik[a+b]}}{\mathcal{K}}\left\{\begin{array}{l}2\mathcal{K}\mathcal{Q}[\cos(k[a+b]) - \cos(\mathcal{K}b)\cosh(\mathcal{Q}a)] + \\ +[\mathcal{K}^2 - \mathcal{Q}^2]\operatorname{sen}(\mathcal{K}b)\operatorname{senh}(\mathcal{Q}a)\end{array}\right\} = 0$$

Como a exponencial é diferente de zero, bem como o valor de $\mathcal{K}$ (Equação 5.6), podemos simplificar a Equação 5.20 para obter a relação de dispersão:

## Equação 5.21

$$\cos(k[a+b]) = \cos(\mathcal{K}b)\cosh(\mathcal{Q}a) - \frac{\{\mathcal{K}^2 - \mathcal{Q}^2\}}{2\mathcal{K}\mathcal{Q}}\operatorname{sen}(\mathcal{K}b)\operatorname{senh}(\mathcal{Q}a)$$

### Considerações gerais

O modelo de Kronig-Penney é uma simplificação da distribuição do potencial cristalino. Não leva em conta que a função potencial de um ponto de carga varia com $\frac{1}{r}$, uma vez que os elétrons próximos ao núcleo estão fortemente ligados aos seus íons e que os potenciais de cada ponto de rede se sobrepõem. Esse tipo de potencial é chamado de *muffin tin potential*. Observe a figura a seguir.

**Figura 5.2** – Distribuição do potencial periódico unidimensional para um cristal (*muffin tin potential*)

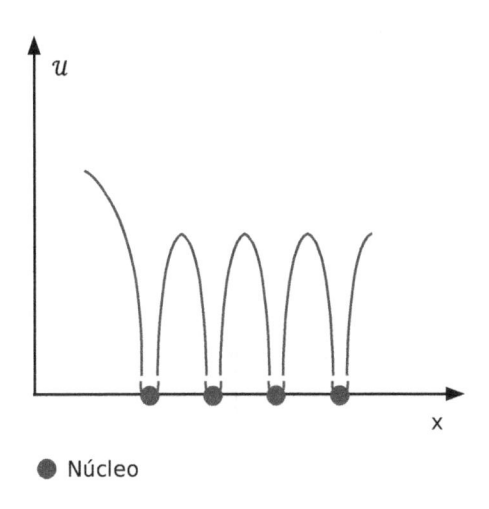

● Núcleo

O termo importante da Equação 5.21 é o vetor de onda k, introduzido pela fase da condição de periodicidade de Bloch. Perceba que o termo do lado esquerdo é função do vetor de onda k e o parâmetro de rede, a + b. A energia, por sua vez, está relacionada com o membro do lado direito da equação e os parâmetros $\mathcal{K}$ e $\mathcal{Q}$. Dessa forma, cada valor do vetor de onda k corresponde a mais de um valor da energia, conforme já discutimos no Capítulo 3. Se $\cos(k[a+b]) = \pm 1$, então k[a + b] = nπ, para n = 0, ±1, ±2, .... Esses valores do vetor de onda, $k = \dfrac{n\pi}{[a+b]}$, são os limites de uma rede com periodicidade a + b.

Nem todas as energias serão permitidas, pois o lado direito da Equação 5.21 pode admitir valores fora da faixa permitida pela função cosseno. Ou seja, quando $|\cos(k[a+b])| > 1$, k terá valores imaginários e haverá ondas atenuadas com os valores de energia não permitidos. Ou seja, existe uma região na qual a partícula penetra na barreira de potencial. Conforme a largura do potencial diminui, a probabilidade de tunelamento aumenta.

**Figura 5.3** – Função de onda (linha sólida) e onda eletrônica (linha pontilhada) encontrando uma barreira de potencial finita

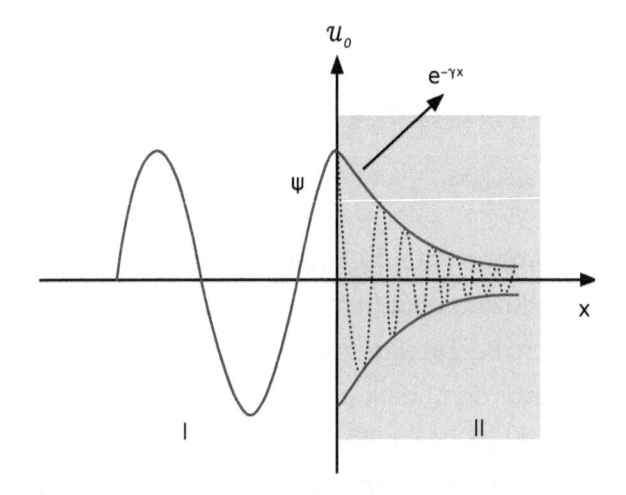

Podemos retornar ao caso do elétron livre considerando o potencial cristalino nulo. Logo, se $\mathcal{U}_0 = 0$, a Equação 5.4 se torna:

*Equação 5.22*

$$-E = \frac{\hbar^2 Q^2}{2m}$$

Como os valores da energia são sempre positivos, $Q$ será imaginário, $Q - i\mathcal{K}$. Assim, temos:

*Equação 5.23*

$$|E| = \frac{\hbar^2 \mathcal{K}^2}{2m}$$

O módulo só foi utilizado para reforçar o fato de que a energia, E, é sempre positiva. Retornando à Equação 5.21, encontramos:

*Equação 5.24*

$$\cos(k[a+b]) = \cos(\mathcal{K}[a+b])$$

E, obviamente:

*Equação 5.25*

$$k = \mathcal{K} = \sqrt{\frac{2m|E|}{\hbar^2}}$$

Precisamente, é a equação que encontramos no estado fundamental do elétron livre (Equação 3.16).

Para $b \to 0$, recuperamos o caso do elétron que se move em um potencial constante de valor $\mathcal{U}_0$. Portanto, a Equação 5.21 se torna:

*Equação 5.26*

$$\cos(ka) = \cosh(Qa)$$

Para energias maiores do que o potencial, $E > \mathcal{U}_0$, que é nosso caso de interesse, o valor de $Q$ se torna negativo:

*Equação 5.27*

$$k = Q + \frac{2\pi n}{a}$$

Com $n = 0$, temos:

*Equação 5.28*

$$k = \sqrt{\frac{2m}{\hbar^2}\left[E - \mathcal{U}_0\right]}$$

Obtemos novamente o resultado para o elétron livre. Como o problema foi resolvido para um potencial periódico, o termo $\frac{2\pi n}{a}$ na Equação 5.27 é um resíduo e pode ser substituído por qualquer vetor da rede recíproca.

Podemos fazer uma análise argumentativa no caso de limite de barreiras de potencial largas. Para valores de energia permitidos, necessariamente a Equação 5.21 determina como solução:

*Equação 5.29*

$$\left|\cos(\mathcal{K}b)\cosh(Qa) - \frac{\{\mathcal{K}^2 - Q^2\}}{2\mathcal{K}Q}\text{sen}(\mathcal{K}b)\text{senh}(Qa)\right| \leq 1$$

$$Qa \gg 1$$

Para esse caso, $Qa \gg 1$ e podemos aproximar $\dfrac{\text{senh}(Qa) \sim e^{Qa}}{2}$ e $\dfrac{\cosh(Qa) \sim e^{Qa}}{2}$ A Equação 5.29 se torna, então:

**Equação 5.30**

$$\cos(\mathcal{K}b) - \frac{\{\mathcal{K}^2 - Q^2\}}{2\mathcal{K}Q}\text{sen}(\mathcal{K}b) = \frac{e^{-Qa}}{2}$$

O termo $e^{-Qa}$ se aproxima de zero, já que $Qa \gg 1$. Encontramos, portanto:

**Equação 5.31**

$$\tan(\mathcal{K}b) \approx \frac{2\mathcal{K}Q}{\{\mathcal{K}^2 - Q^2\}}$$

A relação 5.31 é a equação transcendental para a condição de solução de um poço de potencial finito. Quando a barreira de potencial é muito espessa, aproximamo-nos do caso de elétrons firmemente ligados ao núcleo (Biasi, 1987). Outra forma de fazer essa análise é pelo coeficiente de transmissão da função de onda, ou seja, estudando o tunelamento eletrônico através da barreira*.

---

\* O desenvolvimento matemático completo pode ser encontrado em Grosso e Parravicini (2014, p. 17-25).

## Aproximação pente de Dirac

Se considerarmos que o potencial é muito grande, $\mathcal{U}_0 \to \infty$, para que a área do potencial, $a\mathcal{U}_0$, continue sendo uma grandeza finita, devemos também fazer a $\to 0$. As barreiras de potencial serão funções delta de Dirac com uma área finita e ajustável; a periodicidade da rede será apenas b. Embora o potencial, quando toma a forma da função delta de Dirac, crie uma descontinuidade na função de onda no ponto x = 0, a condição de periodicidade de Bloch e, obviamente, o momento cristalino k resolvem essa singularidade; assim, podemos resolver a função de onda e sua derivada na origem.

A figura a seguir mostra a forma do potencial nessa aproximação, conhecida como *pente de Dirac*.

**Figura 5.4** – Potencial pente de Dirac

Nessa aproximação, $\mathcal{Q} \gg \mathcal{K}$, porque a energia potencial é muito maior do que a energia do elétron e $\mathcal{Q}a \ll 1$. Seguindo o modelo clássico de Kronig-Penney, definimos:

### Equação 5.32

$$P \equiv \frac{\mathcal{Q}^2 ab}{2}$$

Lembre-se de que, na aproximação de pequenos ângulos, $x \ll 1$, o $\operatorname{senh} x \approx x$ e $\cosh x \approx 1$. Assim, obtemos:

*Equação 5.33*

$$\cos(kb) = \cos(\mathcal{K}b) + \frac{P}{\mathcal{K}b}\operatorname{sen}(\mathcal{K}b)$$

O parâmetro P é adimensional e proporcional à área da barreira. Fisicamente, o valor de P dependerá do quanto os átomos estão separados, b, e quão presos os elétrons estão aos núcleos, $\mathcal{U}_0$. A equação anterior é função de $\mathcal{K}$ com parâmetro P e nos mostra um resultado muito importante: como $\mathcal{K}b$ é função da energia, o elétron que viaja em um potencial periódico pode apenas ocupar níveis de energia bem definidos. Energias fora dessas bandas serão proibidas.

O gráfico de $\cos(kb)$ em função de $\mathcal{K}b$ está desenhado na Figura 5.5. As curvas pontilhadas são as soluções permitidas para $\cos(kb)$, região entre –1 e 1. A linha sólida é o lado direito da Equação 5.33. Para fácil visualização, as regiões de energia não permitida foram marcadas em cinza. Perceba que o termo $\cos(\mathcal{K}b)$ sempre oscilará nos valores de ±1, e o resultado é que o tamanho das bandas proibidas diminui conforme o valor de kb aumenta. Por outro lado, o valor de P, $\operatorname{sen}\frac{(\mathcal{K}b)}{[\mathcal{K}b]}$, diminui à medida que $\mathcal{K}b$ aumenta, e a magnitude de P é determinante para o tamanho das bandas proibidas para pequenos valores de $\mathcal{K}b$. Ou seja, se a força da barreira ($a\mathcal{U}_0$) é alta, P também é grande e as bandas permitidas são estreitas. Se P é pequeno, as bandas se tornam mais largas.

**Figura 5.5** – Gráficos da Equação 5.33 usando o valor clássico, $P = \dfrac{3\pi}{2}$

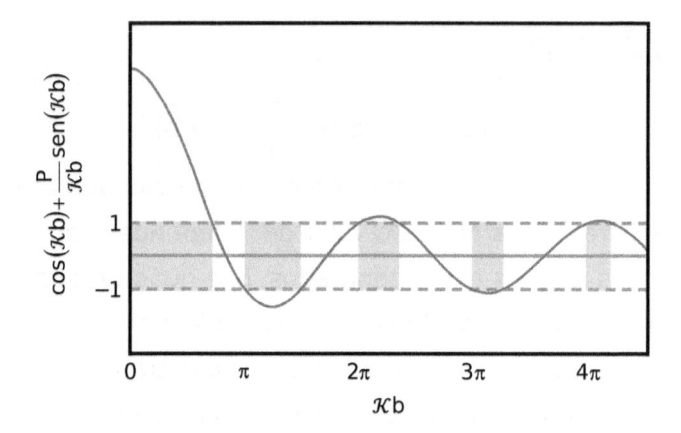

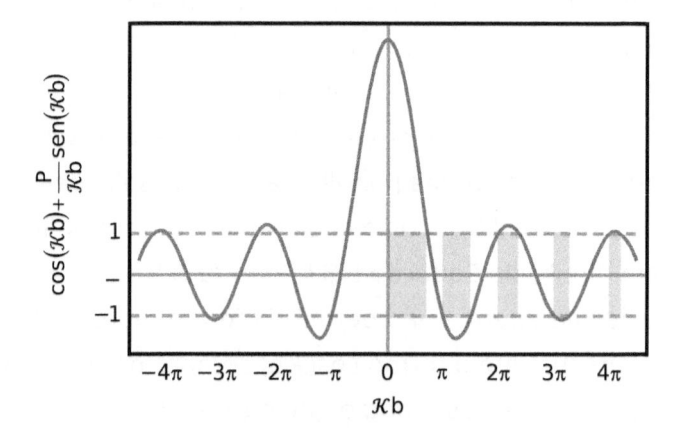

As bandas de energia permitidas podem ser encontradas para qualquer valor de P. Na Figura 5.6, a seguir, graficamos a energia, na verdade, o fator:

*Equação 5.34*

$$\left[\mathcal{K}b\right]^2 = \frac{2m}{b^2\hbar^2}E$$

em função de kb para $P = \dfrac{3\pi}{2}$. Podemos perceber que as energias permitidas das bandas aumentam conforme a energia aumenta (e o oposto ocorre para as bandas proibidas). Também percebemos que a descontinuidade na energia aparece na borda das zonas de Brillouin, ou seja, para $k = \dfrac{n\pi}{b}$, para n inteiro. Embora tratemos as bandas contínuas, são bandas discretas que se aproximam entre si.

**Figura 5.6** – Gráficos da energia em função de *kb* para o potencial de Kronig-Penney, para a aproximação do pente de Dirac, com $P = \dfrac{3\pi}{2}$

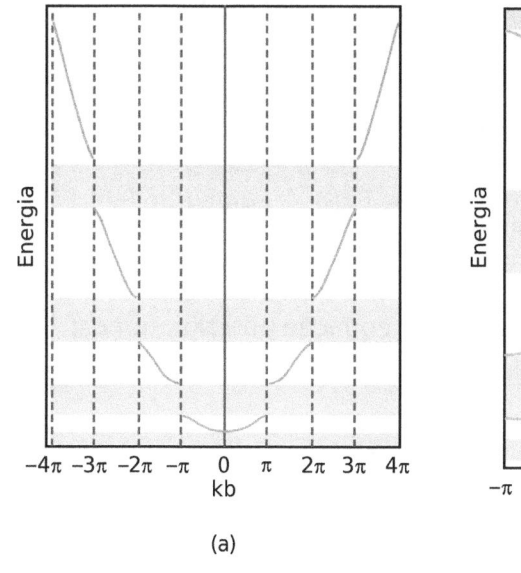

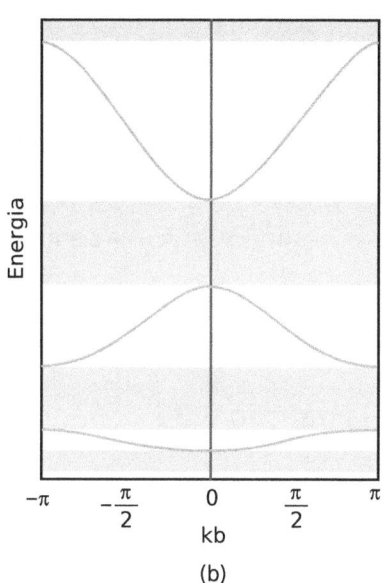

(a)

(b)

Na figura anterior, item (a), podemos observar as bandas de energia para kb, e a descontinuidade da energia é encontrada nos múltiplos inteiros de $\pi$. No item (b), a energia está na representação da zona reduzida, e a curva de dispersão é mostrada com a adição ou subtração de um vetor da rede recíproca $G_{hk\ell}$ para a primeira zona de Brillouin (1ª ZB).

Já mencionamos que o momento de um elétron não é único, em um estado em particular, mas é um momento $\vec{k}+\vec{G}$, em que $\vec{G}$ é qualquer vetor na rede recíproca. Elétrons nos limites da zona de Brillouin não têm um modo de propagação, como vimos no Capítulo 4, e são deixados com uma zona de energia proibida.

É de esperar, portanto, que tenhamos apenas ondas estacionárias no limite de banda, com $\dfrac{\partial E}{\partial k} = 0$. Usando a Equação 5.33 e derivando para P e b constantes, encontramos:

*Equação 5.35*

$$-\text{sen}(kb)bdk = \left\{-\text{sen}(\mathcal{K}b) + P\dfrac{\cos(\mathcal{K}b)}{\mathcal{K}b} - P\dfrac{\text{sen}(\mathcal{K}b)}{[\mathcal{K}b]^2}\right\}bd\mathcal{K}$$

Reorganizando os termos da equação anterior, temos:

*Equação 5.36*

$$\dfrac{d\mathcal{K}}{dk} = \dfrac{\text{sen}(kb)}{\text{sen}(\mathcal{K}b)\left\{1 + P[\mathcal{K}b]^{-2}\right\} - P\cos(\mathcal{K}b)[\mathcal{K}b]^{-1}}$$

Quando sen(kb) = 0, obtemos ondas estacionárias. Essa condição é justamente para os limites da zona de

Brillouin; consequentemente, a curva vai se tornando completamente horizontal, conforme se aproxima do limite da zona de Brillouin.

**Figura 5.7** – (a) Gráfico da energia em função do vetor de onda, evidenciando a banda proibida, e (b) Gráfico da energia em função da densidade de estados; não há estados possíveis na banda proibida

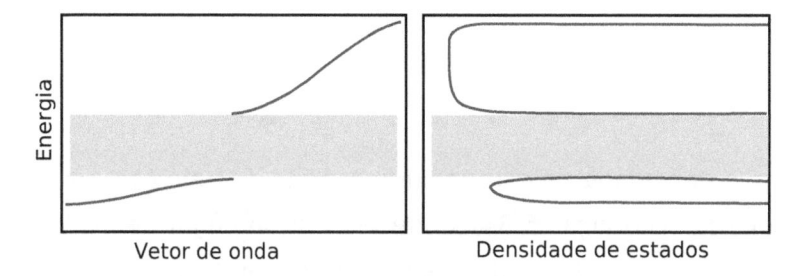

Para um sistema periódico finito, suponhamos N átomos, então existem $dk \frac{Nb}{(2\pi)}$ estados no intervalo dk. O número de estados no intervalo de energia dE é dado por:

*Equação 5.37*

$$2\frac{Nb}{2\pi}dk = 2\frac{Nb}{2\pi}\left|\frac{dk}{dE}\right|dE$$

O fator adicional 2 vem do fato de que as bandas são simétricas no que se refere a k = 0. Assim, a densidade de estados, g(E), é dada por:

*Equação 5.38*

$$g(E) = \frac{Nb}{\pi}\left|\frac{dk}{dE}\right| = \frac{N}{\pi}\left|\frac{dk}{d\mathcal{K}}\frac{d\mathcal{K}}{dE}\right| = \frac{Nmb^2}{\hbar^2\pi\mathcal{K}}\left|\frac{dk}{d\mathcal{K}}\right|$$

Usando a Equação 5.36 em 5.38, encontramos:

*Equação 5.39*

$$g(E) \propto \frac{\left|\operatorname{sen}(\mathcal{K}b)\left\{1+\left[P[\mathcal{K}b]^{-2}\right]\right\} - P\cos(\mathcal{K}b)[\mathcal{K}b]^{-1}\right|}{\mathcal{K}b\sqrt{1-\left(\cos(\mathcal{K}b)+\frac{P\operatorname{sen}(\mathcal{K}b)}{\mathcal{K}b}\right)^2}}$$

A densidade de estados (Equação 5.39, bem como a energia – Equação 5.34), pode ser vista na figura anterior, com $P = \frac{3\pi}{2}$. Ela foi graficada no eixo das abscissas, assim podemos comparar a banda proibida tanto na energia em função do comprimento de onda quanto na energia em função da densidade de estados. As mesmas equações foram graficadas com P = 0,8 na Figura 5.8, a seguir. Repare que a banda proibida é relativamente pequena, conforme comentamos anteriormente, por causa do pequeno valor de P.

**Figura 5.8** – (a) Gráfico da energia em função do vetor de onda e (b) gráfico da densidade de estados em função da energia, no lado direito, para P = 0,8

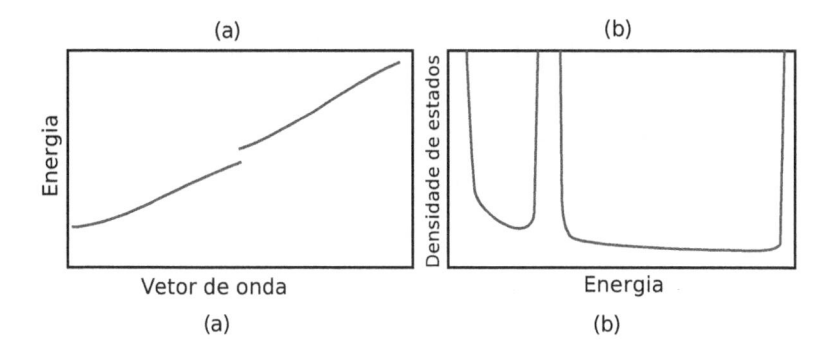

## 5.2 Banda proibida

Cristais reais são mais complicados do que o modelo de Kronig-Penney. O potencial cristalino, embora periódico, é influenciado fortemente pela estrutura cristalina específica do material. Devemos também lembrar que cristais reais são tridimensionais. Embora tenhamos desenvolvido todas as teorias para o caso unidimensional, essas podem ser ampliadas para y e z.

A questão mais importante para o estudo da condutividade elétrica é como os elétrons de um sólido respondem a um campo elétrico aplicado. Vimos que os elétrons estão acomodados em bandas de energia. Cristais têm bandas separadas por bandas proibidas, e essas bandas representam energias que os elétrons não podem ter e são formadas pela interação dos elétrons de condução com os íons da rede cristalina.

## 5.2.1 Teoria semiclássica

O modelo de Drude permite uma introdução qualitativa à dinâmica eletrônica, mas tem limitações intrínsecas por se basear em efeitos clássicos. Depois de uma análise detalhada do modelo de Bloch, ainda precisamos responder a duas perguntas: Qual é a natureza das colisões? Como os elétrons de Bloch se movem entre colisões?

Já vimos que os elétrons de Bloch são soluções estacionárias da equação de Schrödinger na presença de um potencial de íons (Seção 3.2.1). Também ressaltamos que, se um elétron no nível $\psi_{nk}$ tem velocidade não nula, a velocidade persiste para sempre. O conveniente fenômeno de colisões com íons para a degradação da velocidade já não pode ser invocado, uma vez que as interações dos elétrons com os íons foram levadas em conta de forma integral no modelo. A única conclusão possível é que a condução em uma cadeira cristalina é infinita.

Experimentalmente, sabemos que isso não acontece. Metais têm resistência elétrica porque não existe uma cadeia cristalina perfeita. A existência de impurezas e imperfeições é a razão para que os elétrons sejam espalhados. Adicionalmente, como vimos no Capítulo 4, a vibração térmica da rede de íons produz distorções, que são dependentes da temperatura, na cadeia periódica, de modo que os elétrons experimentem variações no potencial da rede. Essas distorções ainda são responsáveis pela resistência de materiais.

## Descrição do modelo semiclássico

O modelo semiclássico considera que existem mecanismos de espalhamento eletrônico mesmo que a interação elétron-íon não seja reconhecida. O desenvolvimento do modelo é baseado inteiramente na estrutura de banda do metal, evidenciada nas funções $E_n(\vec{k})$, que associa cada elétron a uma posição $\vec{r}$, vetor de onda $\vec{k}$ e índice de banda n. Nesse modelo, supomos que as funções $E_n(\vec{k})$ são conhecidas. Consideramos também que a interação dos elétrons com os campos elétricos e magnéticos é descrita classicamente, porém, será considerada apenas a resposta do sólido para campos relativamente fracos*.

Para determinar como os elétrons se comportam nas bandas, devemos entender como os valores de energia $E_n(\vec{k})$ respondem a mudanças pequenas no índice de Bloch $\vec{k}$. Os estados de Bloch são descritos pela função $\psi_{nk}$, com vetor de onda $\vec{k}$ bem definido, e, portanto, são deslocalizados espacialmente; assim, a probabilidade de encontrar um elétron é a mesma em qualquer célula unitária do cristal. A velocidade média de um elétron no nível $\psi_{nk}$ é bem definida e dada por:

### Equação 5.40

$$v_n(\vec{k}) = \frac{1}{\hbar}\frac{\partial E_n(\vec{k})}{\partial k}$$

---

* Um desenvolvimento completo dessa teoria pode ser encontrado no Capítulo 16 de Marder (2010).

Considere um pacote de onda de Bloch para uma banda *n*, construída da mesma forma que um pacote de onda quântico para o elétron livre:

## Equação 5.41

$$\psi_n(\vec{k}, \vec{r}, t) = \sum_{\vec{k}'} g(\vec{k}') \psi_{n\vec{k}'}(\vec{r}) e^{-\frac{i}{\hbar} E_n(\vec{k}')t}$$

Em que:

$$g(\vec{k}') \approx 0, \; |\vec{k}' - \vec{k}| > \Delta k$$

Se $\Delta k$ é pequeno em relação às dimensões da zona de Brillouin, $\Delta k \ll a^{-1}$, a variação de $E_n(\vec{k})$ será pequena nos níveis do pacote de onda. A relação anterior indica que o vetor de onda $\vec{k}$ será bem definido se os coeficientes $g(\vec{k}')$ forem diferentes de zero apenas em uma pequena vizinhança $\Delta k$ em torno de $\vec{k}$. Como a posição e o momento devem obedecer ao princípio de incerteza, $\Delta x \Delta k > 1$, temos $\Delta x \gg a$. A largura do pacote de onda no espaço real deve ser muito maior do que as distâncias interatômicas. Essa conclusão independe do valor de $\vec{r}$, portanto, o pacote de onda de níveis de Bloch se espalha por várias células primitivas.

**Figura 5.9** – Modelo semiclássico

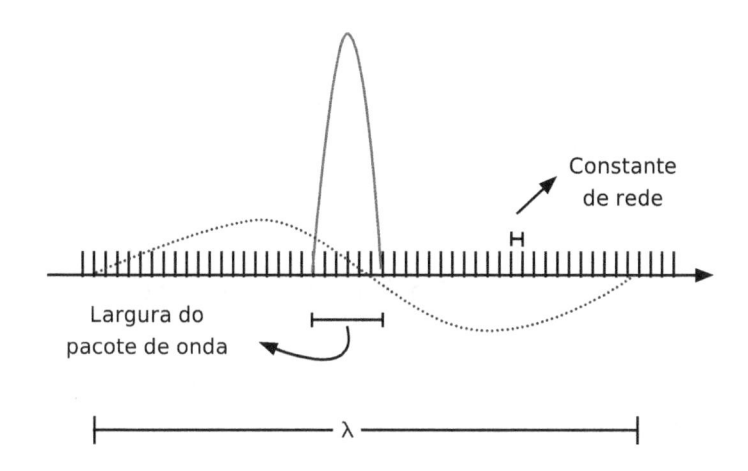

```
                          Constante
                          de rede
Largura do
pacote de onda
              λ
```

Na figura anterior, o comprimento de onda do campo externo aplicado é muito maior que as dimensões do pacote de onda dos elétrons de Bloch que se estende por alguns comprimentos de rede. A resposta eletrônica aos campos externos considerada varia lentamente nas dimensões do pacote de onda e muito lentamente nas células primitivas. A condição é equivalente a supor que o comprimento de onda, $\lambda$, dos campos externos é muito maior do que $\Delta k$, assim, $a \ll \Delta x \ll \lambda$. A dinâmica eletrônica, o vetor de onda $\vec{k}$ e o índice de banda n na presença de campos externos são regidos pelo seguinte conjunto de regras:

- O índice de banda n é uma constante de movimento, razão por que o modelo semiclássico não é capaz de descrever transições entre bandas (absorção ou emissão fotônica). O elétron que está em uma banda permanecerá nela sempre.

- O vetor de onda $\vec{k}$ de um elétron é definido apenas dentro da 1ª ZB. Elétrons que apenas se diferenciam por um vetor da rede recíproca $\vec{G}$ são o mesmo elétron, ou seja, $\vec{k}$ e $\vec{k}+\vec{G}$ são formas equivalentes de descrever o mesmo elétron.
- Na condição de equilíbrio térmico, a contribuição dos elétrons na n-ésima banda com vetores de onda $d\vec{k}$ para a densidade eletrônica é dada pela distribuição de Fermi (Equação 3.5).
- As equações de movimento são dadas pela evolução da posição $\vec{r}$ (Equação 3.72):

$$\vec{v}_{nk} = \frac{d\vec{r}}{dt} = \frac{1}{\hbar}\nabla_k E_{nk}$$

que depende da curva E – k, e pela evolução do vetor de onda $\vec{k}$. A força externa aplicada é:

*Equação 5.42*

$$\frac{d\vec{p}}{dt} = \vec{F}_{ext} = -q\left\{\vec{\varepsilon} + \vec{v}(\vec{k}) \times \vec{B}\right\}$$

Em que, novamente, q é o valor absoluto da carga eletrônica. O campo elétrico, $\vec{\varepsilon}$, e magnético, $\vec{B}$, podem variar espacialmente.

### 5.2.2 Elétrons de Bloch

Em determinada estrutura de bandas, a função $E_n(\vec{k})$ é periódica no espaço $\vec{k}$ e, por isso, pode ser reescrita em termos de séries de Fourier:

## Equação 5.43

$$E_n(\vec{k}) = \sum_m E_{nm} e^{i\vec{R}_m \cdot \vec{k}}$$

Construindo um operador $E_n(-i\nabla)$, de modo que substituímos todos os vetores de onda $\vec{k}$ em $E_m(\vec{k})$ por $-i\nabla$, encontramos:

## Equação 5.44

$$E_n(-i\nabla)\psi_n(\vec{k},\vec{r}) = \sum_m E_{nm} e^{\vec{R}_m \nabla} \psi_n(\vec{k},\vec{r})$$

Expandindo o termo exponencial em séries de Taylor e aplicando na função de onda, a função será transladada por uma distância $\vec{R}_m$:

## Equação 5.45

$$E_n(-i\nabla)\psi_n(\vec{k},\vec{r}) = \sum_m E_{nm}\left[1 + \vec{R}_m \cdot \nabla + \ldots\right]\psi_n(\vec{r},\vec{k})$$

$$= \sum_m E_{nm} \psi_n(\vec{k},\vec{r}+\vec{R}_m)$$

Usando a definição da função de onda de Bloch (Equação 3.52), temos:

## Equação 5.46

$$E_n(-i\nabla)\psi_n(\vec{k},\vec{r}) = \sum_m E_{nm} e^{\vec{R}_m \cdot \vec{k}} \psi_n(\vec{k},\vec{r}) = E_n(\vec{k})\psi_n(\vec{k},\vec{r})$$

Podemos concluir, portanto, as funções de Bloch são autofunções do operador $E_n(-i\nabla)$ com autovalores $E_n(\vec{k})$, conforme já tínhamos argumentado anteriormente

(Seção 3.2.1). A hamiltoniana para um elétron de Bloch, na presença de um campo elétrico, $\varepsilon = -\nabla\phi$, é:

*Equação 5.47*

$$\left[-\frac{\hbar^2}{2m}\nabla^2 + \mathcal{U}(\vec{r}) - q\phi\right]\psi = -\frac{\hbar}{i}\psi$$

Em que $\phi$ é o potencial eletroestático. A equação de onda de Bloch é um pacote de onda de todos os estados de todas as bandas:

*Equação 5.48*

$$\psi = \sum_{n,k} C_n(\vec{k}, t)\,\psi_n(\vec{k}, t)$$

Para o caso de interesse, em que o campo elétrico fraco induz transições eletrônicas, o elétron irá sempre permanecer na mesma banda. O somatório na Equação 5.48 é somente em k da banda n. Substituindo a Equação 5.48 em 5.47, obtemos:

*Equação 5.49*

$$\sum_k C_n(\vec{k}, t)\left[-\frac{\hbar^2}{2m}\nabla^2 + \mathcal{U}(\vec{r}) - q\phi\right]\psi_n(\vec{k}, t) = -\frac{\hbar}{i}\psi$$

$$\left[E_n(\vec{k}) - q\phi\right]\sum_k C_n(\vec{k}, t)\,\psi_n(\vec{k}, t) = -\frac{\hbar}{i}\psi$$

$$\left[E_n(-i\nabla) - q\phi\right]\psi = -\frac{\hbar}{i}$$

Vejamos que agora o potencial cristalino, $u(\vec{r})$, não aparece explicitamente na hamiltoniana. Em vez do operador da energia cinética aplicado nos pacotes de onda eletrônicos, temos uma hamiltoniana equivalente, $E_n(-i\nabla)$. O potencial periódico foi incorporado às propriedades eletrônicas, mostrando as propriedades de quase partículas dos elétrons do cristal.

### 5.2.3 Massa efetiva

Para o caso do campo magnético nulo em uma dimensão, obtemos a segunda equação de movimento:

*Equação 5.50*

$$\frac{d\vec{p}}{dt} = \hbar \frac{d\vec{k}}{dt} = -q\vec{\varepsilon}$$

A relação anterior mostra que a força devida ao campo externo exercida no elétron é proporcional à taxa de variação do momento cristalino, $\vec{k}$. Nesse caso, a mudança do momento deve ser atribuída ao elétron do cristal, ou seja, deve estar associada à rede cristalina como um todo. Derivando a velocidade de grupo (Equação 3.72) em relação ao tempo e usando a Equação 5.45, encontramos:

*Equação 5.51*

$$\frac{d\vec{v}}{dt} = \frac{1}{\hbar}\frac{d}{dt}\left[\frac{dE}{d\vec{k}}\right] = \frac{1}{\hbar}\frac{d\vec{k}}{dt}\frac{d}{d\vec{k}}\left[\frac{dE}{d\vec{k}}\right] = \frac{1}{\hbar}\frac{d\vec{k}}{dt}\frac{d^2E}{dk^2}$$

$$\frac{d\vec{v}}{dt} = -\frac{q\vec{\varepsilon}}{\hbar^2}\frac{d^2E}{dk^2}$$

A segunda Lei de Newton para uma partícula carregada –q e massa $m_{ef}$ é:

*Equação 5.52*

$$m_{ef}\frac{d\vec{v}}{dt} = -q\vec{\varepsilon}$$

Comparando as Equações 5.51 e 5.52, identificamos $m_{ef}$ como:

*Equação 5.53*

$$\frac{1}{m_{ef}} = \frac{1}{\hbar^2}\frac{d^2E}{d\vec{k}^2}$$

A equação anterior mostra o comportamento dinâmico de um elétron do cristal. A primeira derivada da energia com respeito ao vetor de onda $\vec{k}$ é a velocidade do elétron em determinado estado; já a segunda derivada mostra a variação nesse estado. No caso do elétron livre, a segunda derivada é o recíproco de sua massa. O elétron, em um potencial periódico, reage à ação de um campo elétrico externo, com a "massa" dada pela Equação 5.53, uma vez que já tem incorporados os efeitos da rede. Definimos $m_{ef}$ como a massa efetiva eletrônica, que depende inversamente da curvatura da banda de energia. Quando a curvatura da banda é grande, para determinado ponto do espaço $\vec{k}$, a massa efetiva será pequena e vice-versa.

## Massa efetiva negativa

Se considerarmos um elétron no topo de uma banda de energia permitida e usarmos a equação de Newton para um campo elétrico aplicado, obteremos:

### Equação 5.54

$$\vec{F} = m_{ef}\vec{a} = -q\vec{\varepsilon}$$

No topo da banda, a massa efetiva será negativa:

### Equação 5.55

$$\vec{a} = \frac{-q\vec{\varepsilon}}{-|m_{ef}|} = \frac{+q\vec{\varepsilon}}{|m_{ef}|}$$

A equação anterior nos mostra que um elétron perto do topo de uma banda permitida se movimenta na mesma direção do campo elétrico. O movimento resultante eletrônico em uma banda quase completamente cheia pode ser descrito por estados vazios, considerando que cada um desses estados está associado a uma carga positiva. A densidade dessas partículas, chamadas *lacunas* (ou *buracos*), na banda de valência é igual à dos estados vazios eletrônicos.

## 5.2.4 Lacunas ou buracos

Para um cristal na temperatura T > 0 K, os elétrons de valência podem ganhar energia térmica suficiente para serem excitados em estados vazios. O movimento do elétron de valência no estado excitado é equivalente ao movimento do estado deixado vazio pelo elétron com carga positiva. O cristal agora tem um portador de carga igualmente importante ao elétron, que também pode gerar corrente elétrica: as lacunas ou os buracos*.

Os elétrons em um elemento de volume dk contribuem com $-qv(\vec{k})\dfrac{d\vec{k}}{4\pi^3}$ para a densidade de corrente. A densidade de corrente de arraste total na banda de valência será a soma da contribuição individual de todos os elétrons contidos na banda:

*Equação 5.56*

$$\vec{J} = -q \int_{ocupado} \frac{d\vec{k}}{4\pi^3} v(\vec{k})$$

Podemos reescrever a Equação 5.53 na seguinte forma:

*Equação 5.57*

$$\vec{J} = \int_{vazio} \frac{d\vec{k}}{4\pi^3} v(\vec{k}) - q \int_{total} \frac{d\vec{k}}{4\pi^3} v(\vec{k})$$

---

* Chandrasekhar (1995) escreveu um artigo que é uma excelente nota explicativa sobre lacunas (buracos).

Se considerarmos a banda completamente cheia, todos os estados são ocupados por elétrons. Como a banda é simétrica em k, para cada elétron com velocidade $+|v|$, existe um elétron correspondente com a velocidade $-|v|$. A distribuição eletrônica referente a $\vec{k}$ não pode mudar quando a banda está cheia, mesmo na presença de campo externo, logo, a densidade de corrente total em uma banda cheia é zero. Reescrevendo a Equações 5.56 e 5.57, obtemos:

**Equação 5.58**

$$\vec{J} = q \int_{vazio} \frac{d\vec{k}}{4\pi^3} v(\vec{k})$$

A corrente produzida por um estado ocupado por elétrons é exatamente a mesma produzida se os níveis não estivessem ocupados e se todos os níveis na banda fossem ocupados com partículas de carga +q. As características dos buracos são:

- Uma banda totalmente preenchida tem momento nulo, de modo que:

**Equação 5.59**

$$\vec{k}_{total} = \sum_i \vec{k}_i = 0$$

Quando tiramos um elétron com vetor de onda $\vec{k}_n$ da banda, o momento total será $-\vec{k}_n$. Igualmente, podemos dizer que foi criada uma lacuna com momento $\vec{k}_p = -\vec{k}_n$.

- A energia da lacuna é o negativo da energia do elétron ausente, $E_p(\vec{k}_p) = -E_n(\vec{k}_n)$.
- A velocidade da lacuna é igual à velocidade do elétron, $v_p = v_n$.
- Considerando as duas características anteriores, a equação de movimento para as lacunas é:

*Equação 5.60*

$$\hbar \frac{d\vec{k}_p}{dt} = q\left\{\vec{\varepsilon} + \vec{v}_n(\vec{k}) \times \vec{B}\right\}$$

### Considerações gerais

Uma vez que os campos aplicados não causam transições interbandas, podemos considerar que cada banda contém um número fixo de elétrons. Entretanto, as características e as propriedades desses elétrons podem ser diferentes de banda para banda, já que o movimento de cada elétron na banda n depende da forma de $E_n(\vec{k})$.

Sem potencial periódico, o elétron livre, na presença de campo elétrico, pode aumentar sua velocidade em decorrência da energia potencial eletroestática. Por não haver transições interbandas, deve existir um valor mínimo do potencial cristalino para o modelo ser válido. Para a n-ésima banda, com campos externos que variem lentamente, o campo elétrico deve satisfazer*:

---

\* Uma prova completa pode ser encontrada no Apêndice J de Ashcroft e Mermin (2011).

*Equação 5.61*

$$q\varepsilon a \ll \frac{\left[E_g(\vec{k})\right]^2}{E_F}$$

Em que $E_g(\vec{k})$ é a energia da banda proibida. Quando essa condição é violada, o tunelamento Zener é induzido entre as bandas. Marder (2010) estima que, para semicondutores com energia proibida da ordem de 1 eV, $\frac{1}{K_F}$ e 1 Å, o campo elétrico deve ser da ordem de $1\,\frac{V}{Å}$. Para metais, o valor deve ser de magnitude menor.

Colisões também não são capazes de alterar a configuração de uma banda cheia na presença ou na ausência de campos externos. Supomos que:

- o elétron que sofre uma colisão tem uma mudança de velocidade abrupta, com probabilidade por unidade de tempo de $\frac{1}{\tau}$, em que $\tau$ é o tempo de relaxamento (veja o modelo de Drude, condução clássica eletrônica);
- a distribuição eletrônica das colisões no tempo *t* não depende da estrutura da função distribuição de não equilíbrio antes das colisões – estas são efetivas para apagar a informação de qualquer configuração que os elétrons possam ter;
- a colisão tem como função manter o **equilíbrio termodinâmico**.

A densidade de estados no modelo de banda pode ser obtida pela definição de $g(\vec{k})$. Sabemos que:

*Equação 5.62*

$$g(\vec{k})d^3\vec{k} = \frac{2}{[2\pi]^3}d^3\vec{k}$$

O número total de estados é obtido por meio da integral em todo o espaço $\vec{k}$ englobado pela superfície da energia $E_n(\vec{k})$ constante, como mostrado na figura a seguir.

**Figura 5.10** – Elemento de área da superfície, dS, e elemento perpendicular à superfície, $dk_\perp$

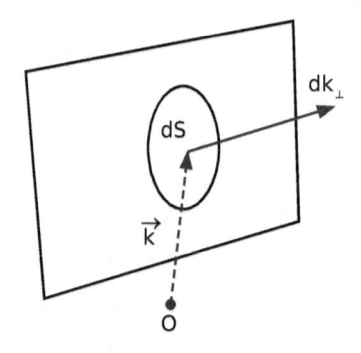

A integral sobre $d^3\vec{k}$ pode ser dividida em uma integral de superfície dS (a casca que engloba todos os estados) e uma integral normal à superfície, $dk_\perp$, ou seja, $d^3k = dk_\perp dS$. A densidade de estados no domínio da energia é dada por:

*Equação 5.63*

$$g_n(E)dE = \left[\frac{1}{4\pi^3}\int_{E_n=cte}\frac{dS}{|\nabla_{\vec{k}}E_n(\vec{k})|}\right]dE_n$$

Em que:

*Equação 5.64*

$$dE = \left(\nabla_{\vec{k}}E_n(\vec{k}) \cdot dk_\perp\right) \equiv \left|\nabla_{\vec{k}}E_n(\vec{k})\right| dk_\perp \therefore$$

$$dk_\perp = \frac{dE_n}{\left|\nabla_{\vec{k}}E_n(\vec{k})\right|}$$

Bandas que estão completamente cheias no equilíbrio podem ser desconsideradas na condução eletrônica. Retornando à Equação 5.58 e substituindo a velocidade de grupo, obtemos:

*Equação 5.65*

$$\vec{J} = q \int_{vazio} \frac{d^3\vec{k}}{4\pi^3 \hbar} \nabla_{\vec{k}} E(\vec{k})$$

A função $E(\vec{k})$ é periódica no espaço k, com período igual à 1ª ZB, $E(\vec{k}) = E(\vec{k} + \vec{G})$. A integral do gradiente dessa função é zero, de modo que a densidade de corrente total será também zero em bandas completamente cheias*. As únicas bandas de interesse para a condução do metal são aquelas que estão a uns poucos $k_B T$ abaixo (e acima) da energia de Fermi, $E_F$.

---

* Uma prova completa desse teorema pode ser encontrada no Apêndice I de Ashcroft e Mermin (2011) e em Kiselev (2018, p. 77).

Considerando o movimento eletrônico na presença de campo elétrico constante e campo magnético nulo, as equações da teoria semiclássica para o movimento eletrônico são as Equações 3.72 e 5.50. Integrando a equação 5.50, encontramos:

*Equação 5.66*

$$\int \hbar \frac{d\vec{k}}{dt} dt = -\int q\vec{\varepsilon}\, dt$$

$$\vec{k}(t) = \vec{k}(0) - \frac{q\vec{\varepsilon}}{\hbar} t$$

O vetor de onda dos elétrons adquire o mesmo deslocamento no tempo t, independentemente se o estado inicial $\vec{k}(0)$ pertence a uma banda cheia ou vazia. A banda preenchida permanece igual ao estado inicial, apenas com uma permuta entre os vetores de onda eletrônicos. Embora a teoria clássica não aceite o movimento eletrônico sem a criação de corrente, do ponto de vista da mecânica quântica a contribuição vem da velocidade de grupo eletrônica. Para que fique claro, vamos considerar uma rede unidimensional cuja energia é dada pelo método fortemente ligado (Equação 3.108):

$$E_n(k) = \alpha + 2\gamma(a) \cos(ka)$$

*Equação 5.67*

$$\hbar \frac{d\vec{k}}{dt} = -q\vec{\varepsilon} \cdot \vec{k}(t) = -\frac{q\vec{\varepsilon}}{\hbar} t$$

*Equação 5.68*

$$v_n(\vec{k}) = \frac{dr}{dt} = \frac{1}{\hbar}\frac{\partial E_n(\vec{k})}{\partial k} \cdot r = -\frac{2\gamma(a)}{q\varepsilon}\cos\left(\frac{aq\varepsilon}{\hbar}t\right)$$

O campo elétrico constante faz com que a velocidade de um elétron no metal seja uma função periódica. A posição do elétron (Equação 5.68) oscila no tempo. Esse comportamento é conhecido como *oscilação de Bloch*. Na realidade, como as colisões têm altas frequências, simplesmente não acontece a corrente alternada, que se deve à aplicação de um campo elétrico nos metais. Contudo, em situações especiais, como átomos de césio armadilhados em potenciais, as oscilações de Bloch podem ser observadas.

## 5.2.5 Bandas em isolantes, semicondutores e metais

Apenas com o entendimento das bandas de energia, podemos distinguir a diferença entre metais, isolantes e semicondutores. O cristal terá o comportamento de um **isolante** se todas as bandas de energia permitidas para o elétron estiverem ou completamente cheias, ou completamente vazias. Isso faz com que os elétrons não possam se mover em resposta ao campo elétrico.

As bandas de condução de um **semicondutor** podem acomodar 4N elétrons. No caso do silício, que tem quatro elétrons de valência, a banda de valência está completamente cheia de elétrons, porém tem uma pequena banda proibida, fazendo com que os elétrons sejam excitados facilmente para a banda de condução. O comportamento de semicondutor existe quando uma ou mais bandas estiverem quase completamente cheias (ou vazias).

O cristal se comporta como um **metal** se as bandas estiverem parcialmente cheias. Em sólidos com um elétron de valência por átomo (como os metais alcalinos), a banda está essencialmente preenchida pela metade. Metais bivalentes têm as bandas superiores parcialmente se sobrepondo, em razão da fraca ligação dos elétrons de valência com seus núcleos atômicos. Os elétrons de valência vão fluir de uma porção da banda para a outra mais alta, uma vez que tendem a ter a menor energia potencial possível. Como resultado, metais bivalentes são maus condutores.

A curva da energia E em função do vetor de onda $\vec{k}$ relaciona a energia do elétron com o momento cristalino. Essa informação é similar àquela obtida no diagrama de distância por tempo no movimento de uma partícula qualquer. A Figura 5.11 mostra as regiões de energias permitidas para diferentes espaçamentos interatômicos. No espaçamento de equilíbrio, podemos notar a formação de bandas para subcamadas próximas ao núcleo, bandas proibidas (bandgap) e bandas permitidas. Quanto maior a separação entre os átomos, mais isolados eles se encontram e, por isso, os estados são discretos. Conforme a separação diminui, os átomos se organizam em sólidos e, assim, surgem bandas de energia. Vejamos a figura a seguir.

**Figura 5.11** – (a) Representação convencional da estrutura de bandas de energia para um sólido na separação atômica de equilíbrio; (b) Gráfico da energia da separação interatômica para um aglomerado de átomos

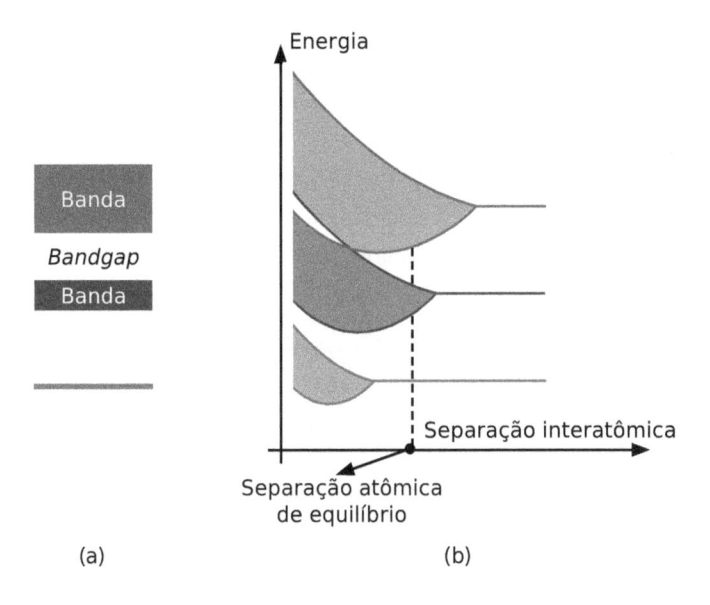

Para cada tipo de material, há um diagrama correspondente, que representa as bandas de energia em 0 K. O nível de Fermi, $E_F$, divide os estados preenchidos dos vazios nessa temperatura. Na figura a seguir, o primeiro caso (a) mostra metais com as bandas parcialmente cheia de elétrons, o que é típico de metais com apenas um elétron de valência no orbital *s*, como o cobre (Callister; Rethwisch, 2018). Para os metais em que as bandas cheias e vazias se sobrepõem, como o magnésio, temos a segunda representação (b); as duas estruturas de banda remanescentes são similares e a banda de condução é separada da banda de valência pela banda proibida. A diferença entre os isolantes (c) e os semicondutores (d) é o valor relativo da banda proibida. Isolantes têm bandas proibidas largas e, geralmente, a energia dada a um elétron não é suficiente para que haja condução. Por outro lado, semicondutores têm uma banda de energia proibida pequena (~1 eV). Para esses dois casos, o nível de Fermi está no meio da banda proibida. Observe a figura a seguir.

**Figura 5.12** – (a) Bandas parcialmente cheia de elétrons (metais); (b) Sobreposição de bandas cheias e vazias (metais); (c) Banda de condução separada da banda de valência pela banda proibida larga (isolantes); (d) Banda de condução separada da banda de valência pela banda proibida (semicondutores)

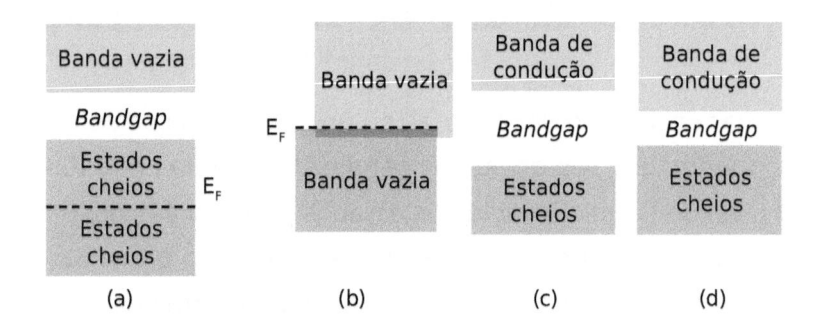

## 5.2.6 Falhas do modelo de bandas

No modelo de bandas, não foi considerada a interação coulombiana entre elétrons. Essa contribuição pode ser muito grande, na ordem de eV – faça a conta: a interação coulombiana é aproximadamente $\dfrac{q^2}{\left[4\pi\varepsilon_0 r\right]}$, em que r é o valor da constante de rede. Ou seja, existem casos em que essa contribuição não pode ser desprezada e o modelo de bandas de energia pode se tornar incorreto.

Para sistemas ferromagnéticos, os *spins* eletrônicos se alinham espontaneamente em decorrência de efeitos de interação. Esse alinhamento causa uma diminuição da energia coulombiana entre os elétrons e, por isso, a teoria de banda novamente falha.

No limite de interações eletrônicas extremamente fortes em materiais monovalentes, existe um grande dispêndio de energia para que dois elétrons permaneçam no mesmo íon. Como resultado, o estado fundamental será apenas um elétron por átomo. Esses elétrons estão firmemente ligados aos seus núcleos e, uma vez que cada átomo tem um elétron, é desfavorável que exista uma segunda ocupação eletrônica. Assim, esse tipo de material seria considerado um isolante. Novamente, a teoria de bandas falha para esse caso, conhecido como *isolantes de Mott*.

## 5.3 Metais

Para um elétron se tornar livre para se mover, deve ser excitado para um estado de energia acima da energia de Fermi. No caso de metais com a energia mostrada na Figura 5.12, que vimos anteriormente, os estados vazios estão muito próximos (adjacentes) aos estados preenchidos. Assim, bem pouca energia é necessária para que esse elétron seja promovido. Agora, veremos a condução elétrica clássica para metais e aspectos relacionados da mecânica quântica.

## 5.3.1 Condução elétrica clássica

No Capítulo 3, introduzimos o modelo de Drude de maneira bem rudimentar. Esse modelo é a primeira aproximação para o entendimento da condução elétrica dos metais; assume que, em um metal monovalente, cada átomo irá contribuir com um elétron*. O número total de átomos, N, é dado por:

*Equação 5.69*

$$N = \frac{\rho N_A}{M_A}$$

Em que $N_A$ é o número de Avogadro, $\rho$ é a densidade e $M_A$ é a massa atômica do elemento. Os elétrons se movem de maneira randômica (sem uma direção predefinida), de modo que suas velocidades se cancelam na ausência de campo elétrico, $\varepsilon$, ou seja, a velocidade média total é zero.

---

* Você pode encontrar excelentes discussões do modelo de Drude e suas implicações no Capítulo 2 de Ashcroft e Mermin (2011). Aqui fazemos apenas um rápido desenvolvimento do modelo clássico.

**Figura 5.13** – (a) Caminho percorrido por um elétron dentro de um condutor sob efeito de um campo elétrico; (b) gráfico da velocidade em função do tempo na presença de uma força eletrostática, chegando à velocidade final $v_f$

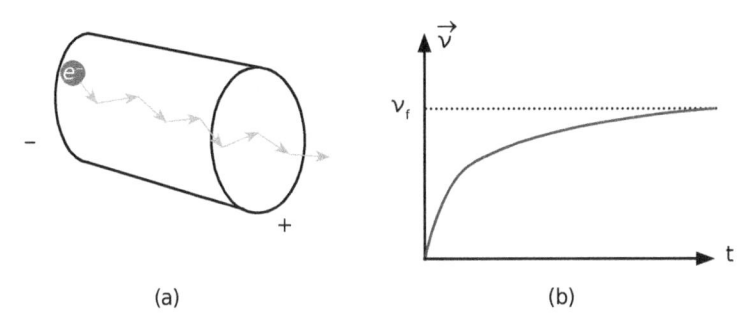

Se os elétrons são acelerados com uma força $q\varepsilon$ em direção a um ânodo, existe uma velocidade de arraste resultante, que pode ser expressa por meio da Lei de Newton:

*Equação 5.70*

$$m\frac{d\vec{v}}{dt} + \gamma\vec{v} = q\vec{\varepsilon}$$

Em que q é o módulo da carga elétrica dos elétrons, m é sua massa e $\gamma$ é uma constante. Essa equação pode ser interpretada da seguinte forma: enquanto houver campo elétrico, ocorrerá aceleração nos elétrons, que persiste até que o elétron encontre um íon. A colisão faz com que o elétron perca, toda ou em parte, a velocidade de arraste adquirida. Na equação anterior, descrevemos a resistência ao movimento eletrônico por meio da componente de fricção γv, que se opõe à força eletroestática qε, similarmente a uma partícula se deslocando em um meio viscoso.

Os elétrons se aceleram até que uma velocidade de arraste final seja alcançada, conforme representado no item (b) da figura anterior. Para o caso do estado estacionário, $v = v_f$, temos $\frac{dv}{dt} = 0$, e a Equação 5.70 se reduz:

*Equação 5.71*

$$\gamma \vec{v}_f = q\vec{\varepsilon} \therefore \gamma = \frac{q\varepsilon}{v_f}$$

Retornando à equação diferencial, obtemos a equação completa do arraste eletrônico sob a influência do campo elétrico:

*Equação 5.72*

$$m\frac{d\vec{v}}{dt} + \frac{q\varepsilon}{v_f}\vec{v} = q\vec{\varepsilon}$$

Essa equação tem como solução:

*Equação 5.73*

$$v = v_f \left(1 - e^{-\frac{t}{\tau}}\right)$$

*Equação 5.74*

$$\tau \equiv \frac{mv_f}{q\varepsilon}$$

O fator $\dfrac{mv_f}{(q\varepsilon)}$ tem unidade de tempo, normalmente definido como o tempo de relaxamento, $\tau$, que é entendido como o tempo médio entre duas colisões consecutivas. A densidade de corrente, J, pode ser expressa como:

**Equação 5.75**

$$\vec{J} = n\vec{v}_f q = \sigma\vec{\varepsilon}$$

Em que n é o número de elétrons por unidade de volume. Combinando as Equações 5.74 e 5.75, encontramos o valor da condutividade elétrica, $\sigma$:

**Equação 5.76**

$$\sigma = \dfrac{nq^2\tau}{m}$$

A equação anterior nos mostra que a condutividade aumenta com a quantidade de elétrons livres, bem como em um alto tempo de relaxação. O livre caminho médio pode ser definido como:

**Equação 5.77**

$$\ell = v\tau$$

## 5.3.2 Aspectos da mecânica quântica

A velocidade dos elétrons de valência, quando em equilíbrio, é randômica, sem direção preferencial. A velocidade pode ser graficada no espaço de velocidade, como mostra o item (a) da Figura 5.14, a seguir. Os pontos que estão dentro do círculo (em 3D, seria uma esfera) correspondem ao vetor velocidade, que pode ser igual ou menor do que a velocidade de Fermi, $v_f$. A esfera com raio $v_F$ representa a superfície de Fermi. Percebemos claramente que os vetores velocidade irão se cancelar e, consequentemente, a velocidade total será zero.

**Figura 5.14** – (a) Gráfico da velocidade no espaço de velocidade; (b) Descolamento da esfera quando um campo elétrico $\vec{\varepsilon}$ é aplicado

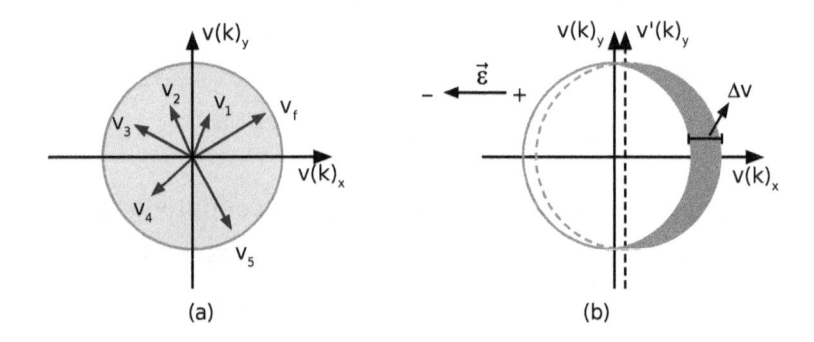

Quando é aplicado um campo elétrico externo, como a força é aplicada no volume (*bulk*) do material, ela afeta igualmente todos os elétrons no cristal. Por isso, a esfera é deslocada rigidamente a uma taxa constante na direção oposta ao campo elétrico, produzindo corrente no material. Perceba que, ainda assim, a maioria das velocidades cancela umas às outras. Uma pequena área permanece sem ser compensada – a parte hachurada do item (b), na figura anterior.

Diferentemente da teoria clássica, a qual afirma que todos os elétrons se movem quando um campo externo é aplicado, a mecânica quântica nos mostra que apenas um grupo de elétrons participa da condução. Esses elétrons se movem com velocidade próxima da velocidade de Fermi, $v_F$. A condutividade pode ser encontrada por meio da análise da densidade de corrente. Considerando que existem N' elétrons que fazem parte da condução, a densidade de corrente é escrita como:

*Equação 5.78*

$$\vec{J} = qN'\vec{v}_F$$

O número de elétrons deslocados pelo campo elétrico é:

*Equação 5.79*

$$N' = \frac{N(E_F)}{V}dE = g(E_F)dE$$

Em que N(E) é o número de elétrons (Equação 3.40). Retornando à Equação 5.78 e combinando com a Equação 5.79, temos:

*Equação 5.80*

$$J = qv_F g(E_F)\Delta E = qv_F g(E_F)\frac{dE}{dk}\Delta k$$

Para o caso simples, o fator $\frac{dE}{dk}$ é calculado usando a relação para os elétrons livres (Equação 3.16):

$$E = \frac{\hbar^2 \vec{k}^2}{2m}$$

Assim, $\frac{dE}{dk} = \hbar v_F$. Lembrando que o momento pode ser escrito como $p = \hbar k$, a variação no vetor de onda é:

*Equação 5.81*

$$F = \frac{dp}{dt} = \hbar \frac{dk}{dt} = q\varepsilon$$

$$\Delta k = \frac{q\varepsilon}{\hbar} \tau$$

Usando a equação anterior na Equação 5.80, encontramos:

*Equação 5.82*

$$J = q^2 v_F^2 g(E_F) \varepsilon \tau$$

Em que $\tau$ é o intervalo dt entre colisões. Uma vez que existirá contribuição para a corrente elétrica apenas na direção do campo elétrico, devemos considerar a projeção de $v_F$ na direção do campo. Dessa forma, temos:

*Equação 5.83*

$$J = \frac{1}{3} q^2 v_F^2 g(E_F) \varepsilon \tau$$

A condutividade, $\sigma = \dfrac{J}{\varepsilon}$, é:

*Equação 5.84*

$$\sigma = \frac{1}{3} q^2 v_F^2 g(E_F) \tau$$

**Considerações gerais**

A equação para a condutividade encontrada por Drude e pelo modelo semiclássico são idênticas. Usando as Equações 3.23, 3.29 e 3.44, obtemos:

*Equação 5.85*

$$\sigma = \frac{1}{3} q^2 v_F^2 \frac{3n}{2E_F} \tau = \frac{nq^2\tau}{m}$$

A condutividade depende da velocidade de Fermi, $v_F$, do tempo de relaxamento, $\tau$, e da densidade de estados $g(E_F)$. Fica claro que a condutividade em metais depende da densidade de estados eletrônicos perto da superfície de Fermi e que nem todos os portadores participam da condução.

A condutividade em metais, como o cobre, decresce com o aumento da temperatura. Na Equação 5.4, $g(E_F)$ diminui pouco com a temperatura; por outro lado, o tempo de relaxação diminui conforme a temperatura aumenta, uma vez que os mecanismos de espalhamento eletrônico se tornam maiores – por exemplo, a vibração da rede cristalina. Nesse contexto, o modelo de tempo de relaxamento retrata melhor metais com impurezas para baixa temperaturas (T < 10 K). Os mecanismos de espalhamento são interações elásticas entre os elétrons e centros de impurezas.

Já discutimos como as colisões dos elétrons com os íons são inadequadas para descrever os mecanismos de espalhamento. Dois tipos de categorias são entendidos pelo desenvolvimento de Bloch: defeitos na estrutura cristalina e impurezas e vibrações térmicas. Outra forma de espalhamento geralmente negligenciada é aquela referente à interação elétron-elétron. Contudo, esse tipo de espalhamento só é importante para metais puros em baixas temperaturas.

Na maioria dos metais, a condutividade térmica e a resistência elétrica são controladas, principalmente, por elétrons.

## 5.4 Semicondutores

Materiais que têm banda proibida menor do que $E_g \leq 2$ eV são chamados de *semicondutores*. Apresentam condutividade considerável quando estão excitados termicamente abaixo da temperatura de fusão. Para temperaturas diferentes de 0 K, bandas proibidas pequenas permitem a transmissão de elétrons, excitados da banda de valência para a banda de condução com alta probabilidade. Quando elétrons com carga elétrica –q são transitados para a banda de condição, lacunas com carga +q emergem na banda de valência, de modo que a condução elétrica nos semicondutores se deve aos elétrons e às lacunas.

Diferentemente dos metais, nos semicondutores a condutividade está relacionada tanto com o tempo de relaxamento $\tau$ quanto com a concentração de portadores sob ação de uma temperatura variável. No entanto, a contribuição dos portadores de carga é superior ao decréscimo do tempo de relaxamento, fazendo com que a condutividade aumente com a temperatura.

## 5.4.1 Número de portadores de carga em equilíbrio termodinâmico

A característica mais importante de um semicondutor em determinada temperatura T é o número de elétrons na banda de condução por unidade de volume, $n(T)$, e o número de lacunas na banda de valência por unidade de volume, $p(T)$. A Figura 5.15, a seguir, apresenta o diagrama de bandas de um semicondutor. Na proximidade dos extremos das bandas de condução e valência, a relação entre a energia e o vetor de onda pode ser aproximadamente escrita na forma quadrática:

Para elétrons:

*Equação 5.86*

$$E(\vec{k}) \approx E_c + \frac{\hbar^2}{2m_n}[k - k_c]^2$$

Para lacunas/buracos:

## Equação 5.87

$$E(\vec{k}) \approx E_v - \frac{\hbar^2}{2m_p}\left[k - k_v\right]^2$$

Em que $m_n$ é a massa do elétron, $m_p$ é a massa da lacuna e $k = |\vec{k}|$.

**Figura 5.15** – Diagrama de bandas de um semicondutor

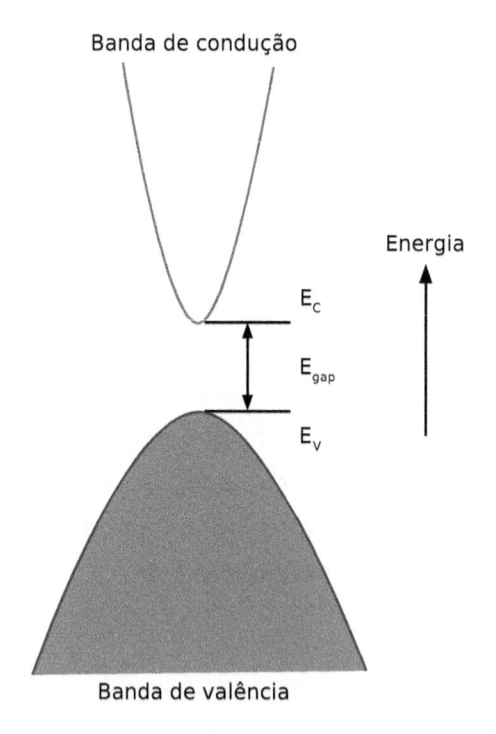

Na figura anterior, a banda de valência está com o seu topo praticamente cheio, enquanto a banda de condução tem sua base praticamente vazia. O diagrama mostra uma estrutura de bandas simples, com banda proibida de energia $E_{gap}$, em que o máximo da banda de valência e o mínimo da banda de condução se encontram em k = 0. Esse tipo de banda é conhecida como *gap direto*.

A densidade de níveis de energia na banda de condução, $g_c(E \geq E_c)$ para elétrons e $g_v(E \leq E_v)$ para buracos, pode ser obtida pela teoria do gás ideal de férmions (Equação 3.43):

*Equação 5.88*

$$g_c(E \geq E_c) = \frac{m_n}{(\pi\hbar)^2}\sqrt{\frac{2m_n}{\hbar^2}\left[E - E_c\right]}$$

Para os elétrons na banda de condução, $E \geq E_c$.
Analogamente para as lacunas, temos:

*Equação 5.89*

$$g_v(E \leq E_v) = \frac{m_p}{(\pi\hbar)^2}\sqrt{\frac{2m_p}{\hbar^2}\left[E_v - E\right]}$$

Para as lacunas na banda de valência, $E \leq E_v$.
O número de portadores de carga que estão acessíveis para a condução em determinada temperatura T no intervalo (E, E + dE) é descrito pelas seguintes relações:
Para elétrons:

*Equação 5.90*

$$\frac{\Delta N}{V} = g_c(E) f(E, T) dE$$

Para buracos:

*Equação 5.91*

$$\frac{\Delta N}{V} = g_v(E)\left[1 - f(E, T)\right] dE$$

A distribuição de Fermi-Dirac é dada por:

*Equação 5.92*

$$f(E, T) = \left[e^{\beta[E-\mu]} + 1\right]^{-1}$$

Para $\beta = \left[k_B T\right]^{-1}$, vamos apenas considerar os efeitos de impurezas por meio do potencial químico, $\mu$, de modo que as seguintes condições são asseguradas:

*Equação 5.93*

$$E_c - \mu \gg k_B T$$

*Equação 5.94*

$$\mu - E_v \gg k_B T$$

Para essas condições, a temperaturas pequenas o suficiente para que a densidade de elétrons seja baixa, a distribuição de Fermi-Dirac se reduz à distribuição de Maxwell-Boltzmann:

*Equação 5.95*

$$f(E, T) = \left[e^{\beta[E-\mu]} + 1\right]^{-1} \approx e^{\beta[\mu-E]}$$

Podemos, então, calcular a concentração de elétrons na banda de condução:

*Equação 5.96*

$$n(T) = \int_{E_C}^{\infty} g_v(E) f(E, T) dE$$

$$n(T) = \int_{E_C}^{\infty} e^{\beta[\mu-E]} \frac{m_n}{(\pi\hbar)^2} \sqrt{\frac{2m_n}{\hbar^2}[E - E_C]} \, dE$$

### Partícula essencial

A integração deveria ser feita, sobre todos os estados, na banda de condução somente. A integral pode ser entendida como o limite superior tendendo ao infinito, em virtude do comportamento de f(E), que tende a zero rapidamente para energia maiores do que a do potencial químico.

Vamos usar a variável de integração, u:

*Equação 5.97*

$$u = \frac{E - E_C}{k_B T}$$

E, assim, obtemos:

*Equação 5.98*

$$n(T) = \frac{m_n}{\beta^{\frac{3}{2}}\left[\pi\hbar\right]^2}\sqrt{\frac{2m_n}{\hbar^2}}\, e^{\beta[\mu-E_C]}\int_0^\infty \sqrt{u}\, e^{-u}\, du$$

$$n(T) \approx N_C(T)\, e^{-\beta[E_C-\mu]}$$

A densidade de estados efetiva na banda de condução, $N_C(T)$, é definida como:

*Equação 5.99*

$$N_C(T) = \frac{1}{4}\left[\frac{2m_n}{\beta\pi\hbar^2}\right]^{\frac{3}{2}}$$

Da mesma forma, podemos calcular a concentração de lacunas, $p(T)$, na banda de valência. A função probabilidade para as lacunas, $f_p(E, T)$, nas Equações 5.93 e 5.94, é dada por:

*Equação 5.100*

$$f_p(E, T) = 1 - f(E) = 1 - \left[e^{\beta[E-\mu]} + 1\right]^{-1}$$

$$f_p(E, T) = \left[e^{-\beta[E-\mu]} + 1\right]^{-1} \approx e^{\beta[E-\mu]}$$

Assim, temos:

*Equação 5.101*

$$p(T) = \int_{-\infty}^{E_V} g_V(E) f_p(E) dE$$

$$p(T) \approx N_V(T) e^{-\beta[\mu - E_V]}$$

Em que $N_V$ é a densidade efetiva de estados na banda de valência:

*Equação 5.102*

$$N_V(T) = \frac{1}{4}\left[\frac{2m_p}{\beta \pi \hbar^2}\right]^{\frac{3}{2}}$$

As densidades dos elétrons e das lacunas só podem ser conhecidas por meio do potencial químico, porém o produtor dessas duas concentrações não depende do potencial químico, $\mu$:

*Equação 5.103*

$$n(T) \, p(T) = N_C N_V e^{-\beta E_{gap}}$$

Em que $E_{gap}$ é a largura da banda proibida. A relação é chamada de *lei de ação de massas* e é independente das impurezas no semicondutor.

## 5.4.2 Caso intrínseco

No caso intrínseco, os semicondutores são livres de impurezas. Os únicos elétrons excitados vêm da banda de valência. Cada vez que um elétron é excitado para a banda de condução, é formado um par elétron-buraco. Dessa forma, a concentração de elétrons e buracos sempre será a mesma:

*Equação 5.104*

$$n(T) = p(T)$$

Dividindo a Equação 5.98 pela 5.101, devemos obter a unidade:

*Equação 5.105*

$$\frac{n(T)}{p(T)} = 1 = \frac{N_C e^{-\beta[E_C - \mu]}}{N_V e^{-\beta[\mu - E_V]}}$$

$$1 = e^{-\beta[E_C + E_V - 2\mu]} \left[\frac{m_n}{m_p}\right]^{\frac{3}{2}}$$

Rearranjando os termos, obtemos o valor do potencial químico, $\mu$:

*Equação 5.106*

$$\mu = \frac{1}{2}\left[E_C + E_V\right] + \frac{3}{4}\left[k_B T\right] \log\left(\frac{m_n}{m_p}\right)$$

Fazendo $T \to 0$, o potencial químico se encontra no meio da banda proibida:

*Equação 5.107*

$$\mu = E_F = \frac{1}{2}\left[E_C + E_V\right] = E_V + \frac{1}{2}\left[E_C - E_V\right] = E_V + \frac{1}{2}E_{gap}$$

**Figura 5.16** – Formação de um par elétron-buraco em um semicondutor no diagrama de bandas

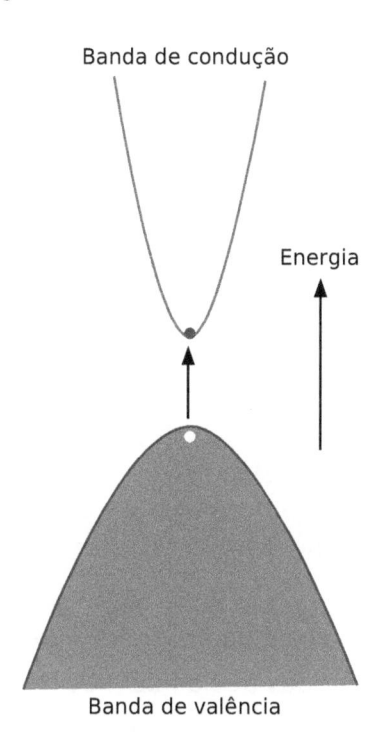

A figura anterior mostra apenas um elétron sendo excitado para a banda de condução, formando um par elétron-buraco. Para mover a lacuna formada, é necessário que seja usada energia positiva – por isso, a massa efetiva das lacunas é definida como positiva.

## 5.5 Defeitos em cristais

O arranjo de átomos ou íons sempre conterá algum tipo de defeito ou imperfeição. Esses defeitos produzem efeito nas propriedades dos materiais e sua classificação está relacionada com a geometria ou dimensionalidade do defeito. Vamos apresentar dois tipos diferentes de defeitos: defeitos pontuais e deslocações. A inserção de impurezas pode ser controlada nos materiais para alterar suas propriedades, direcionando-as para determinado efeito que seja condizente com uma aplicação específica.

### 5.5.1 Defeitos pontuais

São defeitos que modificam a estrutura perfeita da estrutura cristalina e ocorre em apenas um ponto na rede ou em torno desse ponto. Essas imperfeições podem ser introduzidas devido ao movimento dos átomos ou íons e ser caracterizadas em lacunas ou vacâncias, átomos intersticiais ou pequenos e grandes átomos substitucionais.

- **Lacunas ou vacância**: é produzida quando um átomo ou íon está faltando em uma posição da estrutura cristalina. São formados geralmente quando o material começa a se solidificar, resfriando de altas temperaturas, e pode ocorrer em virtude do empacotamento imperfeito durante o processo de cristalização ou o aumento das vibrações térmicas dos átomos em decorrência das altas temperaturas. No item (a) da Figura 5.17, a seguir, vemos um exemplo desse defeito.

- **Defeito intersticial**: é formado quando um átomo extra é inserido na estrutura cristalina em um sítio intersticial ou quando um dos átomos da rede está em uma posição intersticial, em vez de ocupar sua posição na rede. Os átomos que ocupam as posições intersticiais podem gerar distorções e tensões na rede, pois são maiores que o espaço intersticial. Dessa forma, esse tipo defeito é pouco provável. Podemos observar um exemplo desse defeito no item (b) da Figura 5.17.

- **Átomo substitucional**: é introduzido quando um átomo da cadeia cristalina é substituído por um átomo de diferente tipo. Essa adição pode ser intencional ou não. A adição de impurezas no material durante o crescimento pode resultar em sua incorporação na cadeia cristalina, aperfeiçoando ou gerando, com isso, várias propriedades interessantes, a depender das aplicações desse material. Para isso, é necessário observar alguns pontos importantes, como: o valor dos raios atômicos, que devem ser próximos; a valência; a solubilidade entre as soluções sólidas etc. No item (c) da Figura 5.17, vemos um exemplo desse tipo de defeito.

Outros tipos de defeitos associados às lacunas incluem o defeito Frenkel e o defeito Schottky. O **defeito Frenkel** ocorre quando um átomo da rede cristalina é transferido para um sítio intersticial. Por sua vez, o **defeito Schottky** ocorre pela transferência de um átomo de um sítio cristalino no volume do material para um sítio cristalino na superfície do cristal.

Figura 5.17 – Defeitos pontuais: (a) lacuna ou vacância, (b) defeito intersticial e (c) átomo substitucional

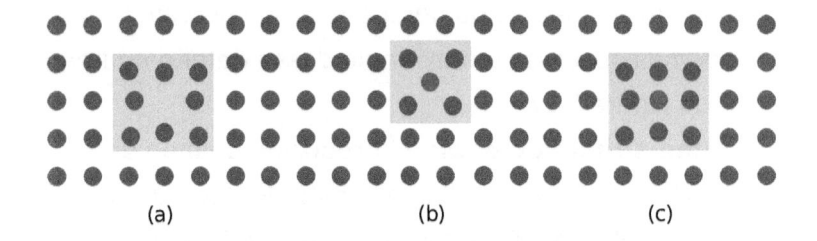

### 5.5.2 Deslocações ou discordâncias

São imperfeições em linha de um cristal perfeito, ao longo do qual os átomos estão desalinhados. São introduzidas durante a fase de solidificação do cristal e utilizadas para explicar deformações e resiliências dos metais. Dessa forma, são defeitos interessantes na ciência dos materiais, pois colaboram na determinação da resistência mecânica.

- **Deslocamento de borda**: esse defeito é semelhante a cortar parte do cristal e adicionar um plano extra de átomos. Pode ocorrer em linha por todo o cristal ou seguir um caminho irregular. Ainda, pode haver uma distância muito pequena no cristal, causando deslizamento com distância interatômica ao longo da direção na qual a imperfeição da borda se move. O deslizamento ocorre quando o cristal é estressado e o deslocamento se move através do cristal até atingir a borda ou ser interrompido por outro deslocamento. No item (a) da Figura 5.18, a seguir, temos um exemplo desse defeito.
- **Deslocamento de torção**: defeito formado quando é aplicada uma tensão (tensão de cisalhamento) em regiões do cristal perfeito. Podemos ver um exemplo no item (b) da próxima figura, em que a seta em vermelho representa uma tensão aplicada.

Figura 5.18 – Deslocamento (a) de borda e (b) de torção

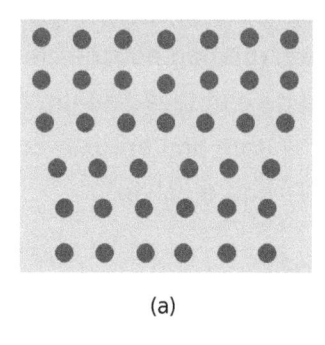

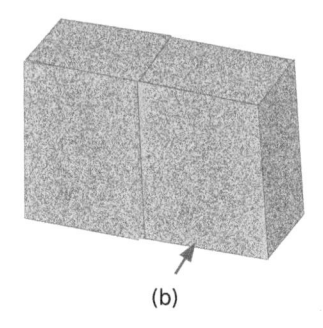

(a)     (b)

## *Síntese de elementos*

Neste quinto capítulo, esclarecemos que, quando os elétrons são expostos a um potencial periódico, há a criação de uma banda de energia proibida perto dos limites da zona de Brillouin. A ausência de um elétron na banda de valência é conhecida como *lacunas* (ou *buracos*), que têm carga positiva e massa efetiva positiva. A massa efetiva eletrônica é determinada pela curvatura da base da banda de condução e, para as lacunas, pela curvatura do topo da banda de valência.

Além disso, um material será considerado metal se tiver excitações eletrônicas com baixas energias. Esse caso acontece quando o material tem ao menos uma das bandas parcialmente cheia. Semicondutores e isolantes, por sua vez, têm uma banda cheia, valência, e outra banda vazia, condução, com uma banda proibida entre elas. A diferença marcante entre semicondutores e isolantes é o tamanho dessa banda: se a banda proibida tem até 2 eV, o material é considerado um semicondutor; se for maior, é isolante.

Por fim, podemos ressaltar que, quando poucos elétrons são excitados para a banda de condução de um isolante, a estatística de Boltzmann é uma boa aproximação e o desenvolvimento clássico de Drude é válido.

## Partículas em teste

1) Marque a opção correta sobre o modelo Kronig-Penney:
   a) Todos os estados de energia são permitidos para os elétrons.
   b) A função de onda não pode penetrar na barreira.
   c) *Muffin tin potential* é o potencial em que um ponto de carga varia com $\frac{1}{r}$.
   d) Na aproximação pente de Dirac, a barreira de potencial tem largura e altura finitas.
   e) A densidade de estados está presente na banda proibida.

2) Marque a opção **incorreta** sobre a teoria semiclássica:
   a) Os elétrons no nível $\psi_n(k)$ têm velocidade bem definida dada por $v_n(k) = \dfrac{\left[\dfrac{\partial E_n(k)}{\partial k}\right]}{\hbar}$.
   b) O índice de banda n é conhecido como uma constante de movimento, razão por que não é possível descrever transição entre bandas.
   c) A distribuição de Fermi descreve a concentração dos elétrons na n-ésima banda.
   d) O vetor de onda k deve ser definido fora da primeira zona de Brillouin, porque a função não é completamente periódica.
   e) O comprimento de onda do campo externo deve ser muito maior do que o pacote de onda de Bloch.

3) Analise as assertivas a seguir.

   I) As propriedades de quase elétron são dadas pela incorporação do potencial periódico nas propriedades eletrônicas.

   II) A massa efetiva é a massa segundo a qual o elétron de Bloch reage à ação de um campo elétrico externo.

   III) Lacunas, ou buracos, são partículas fictícias que têm massa igual à do elétron, porém carga positiva.

   Agora, marque a alternativa correta:
   a) Todas as assertivas são verdadeiras.
   b) As assertivas I e II são verdadeiras.
   c) As assertivas I e III são verdadeiras.
   d) As assertivas II e III são verdadeiras.
   e) Todas as assertivas são falsas.

4) Sobre o modelo de Drude, é **incorreto** afirmar:
   a) O centro espalhador eletrônico é a colisão elétron-elétron.
   b) Colisões não alteram a banda de energia na qual o elétron viaja.
   c) A função das colisões é manter o equilíbrio termodinâmico.
   d) A condutividade aumenta conforme diminui a quantidade de elétrons livres.
   e) O tempo de relaxamento, $\tau$, é o tempo médio entre colisões.

5) Analise as assertivas a seguir.

  I) Materiais com banda proibida maior do que 2 eV são chamados de *semicondutores*.

  II) Semicondutores intrínsecos são aqueles que não têm impurezas.

  III) Conforme a temperatura aumenta, a condutividade diminui.

  Agora, marque a alternativa correta:

  a) As assertivas I e II são verdadeiras.
  b) As assertivas II e III são verdadeiras.
  c) Apenas a assertiva II é verdadeira.
  d) Apenas a assertiva I é verdadeira.
  e) Todas as assertivas são falsas.

## Solidificando o conhecimento

### Reflexões estruturais

1) Existem ondas evanescentes dentro da banda proibida do material. Assumindo que a função de onda tem a forma:

$$\psi(x) = e^{ikx - \kappa x},$$

com $0 < \mathcal{K} < k$, para $\mathcal{K}$ real, encontre $\mathcal{K}$ na função da energia para $k = \dfrac{G}{2}$. Para qual valor de $\mathcal{U}_G$ e E seu resultado é válido?

2) Podemos entender transparência pela não absorção do fóton pelo elétron de valência. Se a energia do fóton é grande o suficiente, igual à banda proibida do material, por exemplo, o choque entre o fóton e o elétron poderá transferir energia para o elétron de valência se mover para a banda de condução. Nesse caso, o material não será transparente à radiação eletromagnética. Assuma que o comprimento de onda $\lambda$ do campo eletromagnético é grande comparado com o livre caminho médio do elétron, $\ell$. Utilizando as equações de Maxwell e o modelo de Drude, responda às questões seguintes:

a) Mostre que $\nabla^2 \varepsilon + \omega^2 \varphi(\omega)\varepsilon = 0$, com $\varphi(\omega) = 1 + i \dfrac{4\pi}{m\omega} \dfrac{nq^2\tau}{\left[1 - i\omega\tau\right]}$. Suponha que os campos são descritos por:

$$\varepsilon(r, t) = \overline{\varepsilon}(r, \omega) e^{-i\omega t}$$

$$H(r, t) = \overline{H}(r, \omega) e^{-i\omega t}$$

b) Encontre os comprimentos de onda máximos nos quais o metal ainda é transparente.

3) Um elétron no topo da banda de valência do semicondutor tem energia da ordem de $E = -10^{-37}[k]^2 \cdot J$, para o vetor de onda k, em $m^{-1}$. Para um elétron excitado do estado $\vec{k} = 10^8 \, m^{-1} \hat{x}$, encontre a massa efetiva e a velocidade desse elétron.

4) Mostre que o potencial químico para um semicondutor intrínseco está no meio da banda proibida. Discuta o conceito do potencial químico para semicondutores e o relacione com a energia de Fermi.

5) Seja o sistema eletrônico unidimensional sujeito a um potencial fraco e periódico:

$$\mathcal{U}(x) = \mathcal{U}_0 \left\{ \left[ \cos\left(\frac{\pi x}{a}\right) \right]^4 - \frac{3}{8} \right\}$$

Encontre a energia de dispersão das bandas de energia na primeira zona de Brillouin. Considere que *a* é o parâmetro de rede.

## Relatório de experimento

1) O que é dopagem? Explique como os semicondutores do tipo N e P são formados. Redija um texto explicativo com ao menos três referências. Dica: enriqueça o texto com representações esquemáticas e mostre exemplos e aplicações.

# Magnetismo

6

As primeiras aplicações do magnetismo se baseavam na propriedade essencial dos materiais magnéticos, que é a capacidade de um material de influenciar ou exercer uma força de atração ou repulsão sobre outro material. Os relatos históricos indicam que, em 800 a.c., os gregos descobriram a pedra magnetita ($Fe_3O_4$), que atraía fragmentos de ferro. A primeira utilização prática do magnetismo foi a bússola, inventada pelos chineses no século XIII a.C. (Hummel, 2001).

Os fenômenos magnéticos ganharam maior notoriedade a partir do século XIX, com a descoberta de sua relação com a eletricidade. Em 1820, o físico dinamarquês Hans Christian Oersted descobriu que a passagem de uma corrente elétrica por um condutor criava um campo magnético, por meio da mudança da direção da agulha de uma bússola. Mais tarde, André-Marie Ampère formulou a lei que relaciona o campo magnético gerado com a intensidade da corrente no fio. Já em 1831, o físico e químico inglês Michael Faraday e o cientista americano Joseph Henry, um na Inglaterra e outro nos Estados Unidos, descobriram que uma corrente elétrica poderia ser induzida em um condutor (Schure, 1959). Esses são alguns dos notórios nomes do magnetismo, mas muitos outros cientistas contribuíram para o desenvolvimento do eletromagnetismo, possibilitando a descoberta de fenômenos e a fabricação de novos materiais magnéticos.

Entre as aplicações comumente conhecidas dos materiais magnéticos, temos geradores e transformadores de energia elétrica, motores elétricos, rádios, televisões, telefones, computadores e componentes de sistemas de reprodução de som e vídeo. Atualmente, os materiais magnéticos desempenham um papel muito importante nas aplicações tecnológicas; podemos citar aplicações em dispositivos eletrônicos de *spin* e sensores magnéticos. Na área da saúde, destacamos o importante papel das nanopartículas magnéticas, que têm sido utilizadas como carreadores de fármacos (*drug delivery*) e no tratamento por hipertermia magnética decorrente de sua resposta a um campo magnético externo, auxiliando no combate às células cancerígenas. Ainda ressaltamos os diagnósticos por imagem, como a ressonância magnética, que permite detectar a localização exata de uma doença. Na gravação magnética, a capacidade de armazenamento tem aumentado a cada ano e, apesar do limite físico (limite superparamagnético), que impede a redução do tamanho de um *bit*, há novos métodos sendo estudados que permitirão superar esse limite, como os meios antiferromagneticamente acoplados (AFC). Também vale citar a computação quântica, em que o *spin* pode ter papel relevante.

Com a mecânica quântica, podemos levar em conta a natureza ondulatória dos elétrons e o princípio de exclusão. Dessa forma, tornou-se possível a explicação de vários fenômenos: o uso da distribuição de Fermi para os elétrons livres levou à compreensão da contribuição eletrônica no caso do calor específico dos sólidos; a natureza ondulatória dos elétrons levou à quantização da energia em níveis; e o desenvolvimento da teoria de bandas permitiu explicar a condutividade observada nos sólidos comuns. Esses são apenas alguns exemplos.

Apesar de alguns fenômenos magnéticos serem descritos no eletromagnetismo clássico, foi a teoria quântica que forneceu uma explicação coerente para a origem do magnetismo na matéria, suas implicações e suas aplicações.

Neste último capítulo, trataremos da origem dos campos magnéticos, quais propriedades caracterizam os materiais magnéticos, os fenômenos diamagnético, paramagnético e ferromagnético e, por fim, as ondas de *spin*.

## 6.1 Definição de magnetismo

O comportamento dos materiais em um campo magnético externo é determinado pela origem de seus dipolos magnéticos e pela natureza da interação entre eles. Os materiais podem ter momentos de dipolo magnéticos intrínsecos ou podem ter momentos de dipolo magnéticos induzidos pela aplicação de um campo de indução magnética externo. Por sua vez, os momentos de dipolo magnéticos estão associados aos elétrons individuais; cada elétron em um átomo apresenta momentos de dipolo magnéticos.

Na Figura 6.1, a seguir, observamos as duas situações que originam os momentos de dipolo magnéticos. Uma está relacionada com o movimento orbital ao redor do núcleo, item (a), e a outra se refere ao fato de o elétron girar ao redor de um eixo, item (b). Portanto, cada elétron em um átomo pode ser considerado um pequeno ímã com momentos de dipolo magnéticos permanentes orbital e de rotação.

**Figura 6.1** – Momento de dipolo magnético associado (a) a um elétron em órbita e (b) a um elétron girando em torno do seu eixo

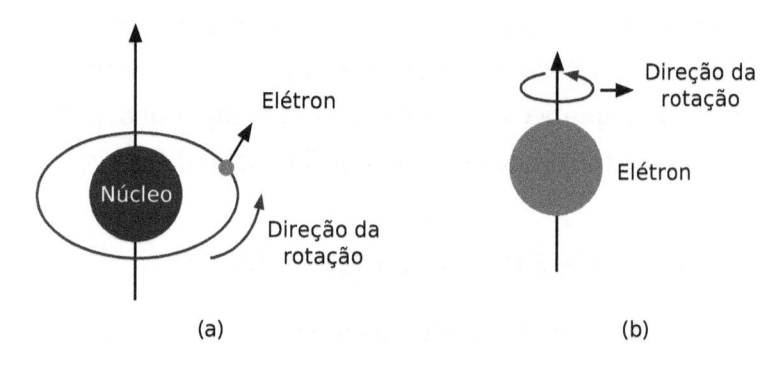

Portanto, o movimento do elétron em torno do núcleo e o movimento do elétron em torno de seu próprio eixo originam os momentos de dipolo magnéticos, contribuindo para o comportamento magnético dos materiais. Para uma abordagem mais detalhada, é necessário conhecimentos teóricos mais avançados de eletrodinâmica quântica, que vão além do proposto neste livro. Porém, a seguir, veremos algumas importantes relações.

## 6.1.1 Momento de dipolo magnético orbital

Quando o elétron pertence ao átomo e se movimenta ao redor do núcleo, ele terá um momento adicional, chamado de **momento angular orbital** ($\vec{L}_{orb}$), associado a um **momento de dipolo magnético orbital** ($\vec{\mu}_{orb}$). Os vetores $\vec{L}_{orb}$ e $\vec{\mu}_{orb}$ estão relacionados pela equação:

*Equação 6.1*

$$\vec{\mu}_{orb} = -\frac{e}{2m_e}\vec{L}_{orb}$$

Em que e é a carga do elétron, com valor de $1{,}60 \cdot 10^{-19}$ C, e $m_e$ é a massa do elétron, com valor de $9{,}11 \cdot 10^{-31}$ kg. O sinal negativo significa que os vetores $\vec{L}_{orb}$ e $\vec{\mu}_{orb}$ estão em sentidos opostos.

Apenas uma das componentes de $\vec{L}_{orb}$ obedece à condição de quantização, como resultado da lei de conservação do momento angular da mecânica quântica. Agora, vamos considerar que a componente de $\vec{L}_{orb}$, em relação ao eixo z de um sistema de coordenadas, possa ser medida. Dessa forma, $L_{orb,z}$ é quantizada e pode assumir apenas certos valores, dados por:

*Equação 6.2*

$$L_{orb,z} = m_l \frac{h}{2\pi}$$

Em que $m_l$ é um número inteiro, chamado de número quântico magnético orbital, para $m_l = -l, -l+1, ..., 0, ..., +l-1, +l$.

Da mesma forma, o momento de dipolo magnético orbital ($\vec{\mu}_{orb}$) também terá apenas uma das componentes quantizada. Combinando as Equações 6.1 e 6.2, temos:

*Equação 6.3*

$$\mu_{orb,z} = -m_l \frac{eh}{4\pi m_e}$$

A mecânica quântica prevê que $\frac{1}{4_{orb,z}}$ só poderá ter os valores discretos quantizados.

Segundo a teoria eletromagnética clássica, o momento de dipolo magnético orbital na presença de um campo magnético externo, $\vec{B}$, será submetido a um torque ($\vec{\mathcal{T}}$), definido por:

*Equação 6.4*

$$\vec{\mathcal{T}} = \vec{\mu}_{orb} \times \vec{B}$$

Como consequência, $\vec{\mu}_{orb}$ será compelido a se alinhar com $\vec{B}$. Então, haverá uma energia potencial de orientação ou energia da interação magnética orbital (U) associada à interação entre o momento de dipolo magnético orbital e o campo magnético externo, dada por:

*Equação 6.5*

$$U = -\vec{\mu}_{orb} \cdot \vec{B}$$

Umas das implicações dessa equação é que o campo irá deslocar de um valor igual a U cada energia de um dado estado orbital. A energia de interação U depende do número quântico magnético orbital, $m_l$, uma vez que $m_l$ determina a orientação de $\vec{\mu}_{orb}$ em relação à $\vec{B}$. Na ausência do campo magnético, todos os estados têm a mesma energia, por isso dizemos que são degenerados. Na presença do campo magnético, essa degenerescência é removida.

## 6.1.2 Momento de dipolo magnético de *spin*

Quando o elétron gira em torno de seu próprio eixo, há um **momento angular intrínseco** ($\vec{S}$), conhecido como spin, e um **momento de dipolo magnético de spin** ($\vec{\mu}_s$) associado ao elétron. Os vetores $\vec{S}$ e $\vec{\mu}_s$ são propriedades básicas de um elétron e estão relacionados pela equação:

*Equação 6.6*

$$\vec{\mu}_s = -\frac{e}{m_e}\vec{S}$$

O sinal negativo significa que os vetores $\vec{S}$ e $\vec{\mu}_s$ são antiparalelos. Analogamente ao caso do momento de dipolo magnético orbital, apenas uma das componentes de $\vec{S}$ obedece à condição de quantização. Assim, escolhendo uma direção do eixo z, a componente $S_z$ será quantizada e assumirá apenas certos valores dados por:

## Equação 6.7

$$S_z = m_s \frac{h}{2\pi}$$

Em que $m_s$ é o número quântico magnético de *spin*. No caso do elétron, apenas dois valores são possíveis, $+\frac{1}{2}$ ou $-\frac{1}{2}$, ou seja, $m_s = \pm\frac{1}{2}$. Isso significa que o momento angular de *spin* ($\vec{S}$) terá somente duas orientações no espaço em relação ao eixo z. Em outras palavras:

- Quando $S_z$ for paralelo (mesmo sentido) ao eixo z, $m_s = +\frac{1}{2}$, indica que o *spin* do elétron está para cima (*spin up* ↑).
- Quando $S_z$ for antiparalelo (sentido oposto) ao eixo z, $m_s = -\frac{1}{2}$, indica que o *spin* do elétron está para baixo (*spin down* ↓).

Da mesma forma, apenas uma das componentes de $\vec{\mu}_s$ é quantizada. Combinando as Equações 6.6 e 6.7, temos:

## Equação 6.8

$$\mu_{s,z} = \pm\frac{eh}{4\pi m_e}$$

Substituindo os valores de e, h e $m_e$, encontramos o valor do momento magnético do elétron devido ao *spin*, conhecido como **magnéton de Bohr** ($\mu_B$):

*Equação 6.9*

$$\mu_B = 9{,}27 \cdot 10^{-24}\, A \cdot m^2$$

O magnéton de Bohr constitui-se uma unidade de medida do momento de dipolo magnético atômico. Para cada elétron em um átomo, o momento magnético de *spin* será $\pm\mu_B$, com $+\mu_B$ para *spin up* ↑ e $-\mu_B$ para *spin down* ↓.

Similarmente ao caso do momento de dipolo magnético orbital, na presença de um campo magnético externo, $\vec{B}$, o momento de dipolo magnético de *spin* ($\vec{\mu}_s$) será submetido a um torque ($\vec{\mathcal{T}}$):

*Equação 6.10*

$$\vec{\mathcal{T}} = \vec{\mu}_s \times \vec{B}$$

Logo, é forçado a se alinhar com $\vec{B}$. A energia potencial de interação entre o campo magnético e o momento de dipolo magnético de *spin* será:

*Equação 6.11*

$$U = -\vec{\mu}_s \cdot \vec{B}$$

Portanto, mesmo na ausência de um campo magnético externo, o elétron sentirá os efeitos de um campo magnético interno e produzirá um desdobramento adicional dos níveis de energia.

Os efeitos intrínsecos do *spin* foram observados pelos físicos Otto Stern e Walter Gerlach em 1922. A experiência de Stern-Gerlach investigou a dinâmica do dipolo magnético formado pelos átomos na presença de um campo magnético externo não uniforme. Contudo, o completo entendimento só foi possível com a repetição do experimento de Stern-Gerlach pelos físicos Phipps e Taylor, em 1927 (Eisberg; Resnick, 1979).

### Saber equivalente

O *spin* é uma propriedade exclusivamente quântica, sem qualquer similar clássico, e tem origem no tratamento relativístico da teoria quântica de Schrödinger.

### 6.1.3 Momento angular total

Para as definições anteriores, consideramos apenas átomos com um único elétron, ou seja, cada contribuição está associada a um respectivo momento de dipolo magnético e, portanto, a uma interação com campos magnéticos. Dessa forma, os vetores momento angular orbital, $\vec{L}$, e o *spin* do elétron, $\vec{S}$, devem ser levados em conta na formação de um vetor momento angular total, $\vec{J}$, dado por:

*Equação 6.12*

$$\vec{J} = \vec{L} + \vec{S}$$

Assim, como $\vec{L}$ e $\vec{S}$, $\vec{J}$ também obedece à condição de quantização. Portanto, a intensidade e a componente z do momento angular total são expressas pelos números quânticos j e $m_j$, isto é, a cada valor do número quântico j do momento angular total, os valores possíveis para $m_j$ são:

*Equação 6.13*

$$m_j = -j, -j+1, \ldots, +j-1, +j$$

E a componente z do momento angular total será:

*Equação 6.14*

$$J_z = m_j \frac{h}{2\pi}$$

Agora, vamos determinar os valores possíveis de para j. Da Equação 6.12, temos:

*Equação 6.15*

$$J_z = L_z + S_z$$

Combinado as Equações 6.2, 6.7 e 6.14, encontramos:

*Equação 6.16*

$$m_j = m_l + m_s$$

Como o valor de máximo de $m_l$ é l e de $m_s$ é $s = \frac{1}{2}$, o maior valor possível de $m_j$ será:

*Equação 6.17*

$$m_j = l + \frac{1}{2}$$

Comparando os valores possíveis para $m_j$ em 6.17, temos:

*Equação 6.18*

$$j = l + \frac{1}{2}$$

Vimos que, mesmo na ausência de um campo magnético externo, o elétron sentirá os efeitos de um campo magnético interno. Esse efeito revela que os *spins* e o momento angular orbital podem interagir, ou seja, um campo magnético interno forte, cuja orientação será dada pelo vetor $\vec{L}$, atua sobre o elétron do átomo e produz um torque sobre seu momento de dipolo magnético de *spin* com a mesma orientação do vetor $\vec{S}$. Esse torque força um acoplamento entre $\vec{L}$ e $\vec{S}$, fazendo com que suas orientações sejam dependentes entre si; essa interação é chamada de **acoplamento spin-órbita.** Como consequência, os vetores $\vec{L}$ e $\vec{S}$ se movimentam uniformemente em torno de $\vec{J}$, que, por sua vez, se movimenta em torno do eixo *z*; esse movimento é conhecido como **precessão**, como no movimento circular do eixo de rotação da Terra. A figura a seguir mostra os vetores $\vec{L}$ e $\vec{S}$ precessionando devido ao acoplamento spin-órbita.

**Figura 6.2** – Vetores $\vec{L}$ e $\vec{S}$ precessam uniformemente em torno do vetor $\vec{J}$

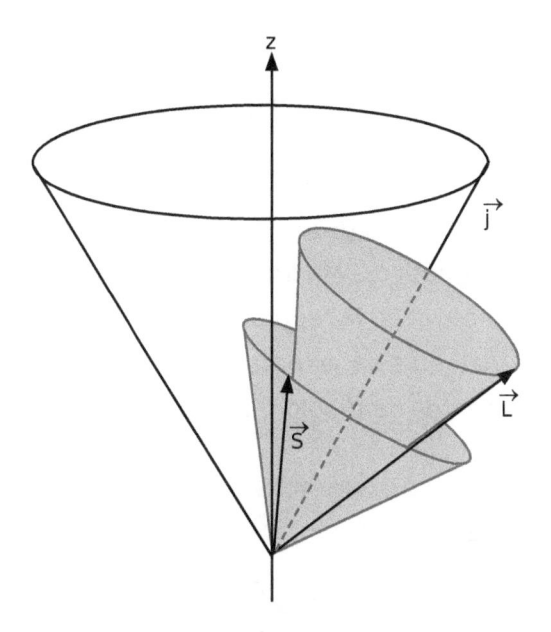

No caso de átomos com mais de um elétron, cada elétron contribuirá com um momento de dipolo magnético orbital e um momento de dipolo de *spin*. A interação dos vários *spins* e momentos angulares envolve várias regras empíricas que ajudam na aplicação dos resultados da quantização a tais átomos, as quais não abordaremos aqui.

Ainda, ressaltamos que tanto o movimento do elétron orbitando ao redor do núcleo quanto o elétron girando ao redor de seu próprio eixo dão origem aos momentos magnéticos, orbital e de *spin*, respectivamente. Esses momentos magnéticos desempenham um papel importante na determinação da susceptibilidade magnética do material, como veremos a seguir.

## 6.2 Vetores de campo magnético

A partir de agora, podemos dizer que um sólido magnético consiste em um grande número de átomos com momentos magnéticos. Macroscopicamente, a grandeza vetorial magnetização $\vec{M}$ representa o estado magnético de um material, ou seja, expressa a densidade volumétrica de momentos de dipolo magnéticos, e pode ser escrita como:

*Equação 6.19*

$$\vec{M} = \frac{\vec{\mu}}{V}$$

Em que $\vec{\mu}$ é o vetor momento de dipolo magnético resultante (ou seja, estamos levando em consideração a contribuição de todos os momentos de dipolo magnético) e V é o volume. Nesse caso, escolhemos V suficientemente grande para que haja uma boa média macroscópica, porém pequeno em relação ao tamanho da amostra, para que $\vec{M}$ represente uma propriedade magnética local.

O campo magnético pode ser expresso por duas grandezas: o vetor indução magnética $\vec{B}$, que depende tanto da corrente quanto da magnetização do meio, e o vetor intensidade de campo magnético $\vec{H}$, relacionado com a corrente que cria o campo. Na teoria macroscópica, a magnetização entra nas equações de Maxwell levando informações das propriedades magnéticas do material por meio da relação entre $\vec{B}$ e $\vec{H}$. Assim, podemos definir:

*Equação 6.20*

$$\vec{B} = \mu_0 \left(\vec{H} + \vec{M}\right)$$

Em que $\mu_0$ é a permeabilidade magnética do vácuo e tem valor de $4\pi \cdot 10^{-7} \frac{N^2}{A}$.

Há outros parâmetros que podem ser empregados para descrever as propriedades magnéticas dos sólidos. Um deles é a razão entre a permeabilidade magnética de um material e a permeabilidade no vácuo:

*Equação 6.21*

$$\mu_r = \frac{\mu}{\mu_0}$$

Em que $\mu_r$ é a permeabilidade relativa e um parâmetro adimensional. A permeabilidade, ou permeabilidade relativa, indica a facilidade pela qual um campo $\vec{B}$ pode ser induzido na presença de um campo externo $\vec{H}$. A permeabilidade magnética, $\mu$, também é definida pela razão entre $\vec{B}$ e $\vec{H}$:

*Equação 6.22*

$$\vec{B} = \mu\vec{H}$$

Em determinados materiais magnéticos, observamos, empiricamente, que a magnetização $\vec{M}$ é proporcional a $\vec{H}$. Assim, podemos escrever:

*Equação 6.23*

$$\vec{M} = \chi \vec{H}$$

Em que $\chi$ é uma grandeza adimensional, conhecida como *susceptibilidade magnética*.

A susceptibilidade magnética e a permeabilidade relativa estão relacionadas da seguinte forma:

*Equação 6.24*

$$\mu = \mu_0 (1 + \chi)$$

Logo, para estudarmos as propriedades magnéticas, precisamos determinar $\chi$ e sua dependência, se houver, com outras grandezas, como a temperatura e o valor do campo $\vec{H}$. O valor da susceptibilidade varia de $10^{-5}$, em materiais fracamente magnéticos, a $10^6$, em materiais fortemente magnéticos. Há casos em que a relação entre $\vec{B}$ e $\vec{H}$ não será linear, fazendo com que a susceptibilidade varie com a intensidade de campo magnético.

### Partícula essencial

A tabela a seguir lista as unidades de algumas grandezas magnéticas no Sistema Internacional de Unidades (SI) e no Sistema Gaussiano (CGS).

**Tabela 6.1** – Unidades das grandezas magnéticas no Sistema Internacional (SI) e no Sistema Gaussiano (CGS)

| Grandeza | Unidade (CGS) | Unidade (SI) | Conversões |
|---|---|---|---|
| Indutância ou densidade de fluxo magnético (B) | G (Gauss) | $T = \dfrac{Wb}{m^2}$ (Tesla = Weber por metro ao quadrado) | $1\ T = 10^4\ G$ |
| Força de magnetização da intensidade do campo magnético (H) | Oe (Oersted) | $\dfrac{A}{m}$ (Ampère por metro) | $1\ \dfrac{A}{m} = 4\pi \cdot 10^{-3}\ Oe$ |
| (Volume) magnetização (M) | $\dfrac{emu}{cm^3}$ | $\dfrac{A}{m}$ (Ampère por metro) | $1\ \dfrac{A}{m} = 10^{-3}\ \dfrac{emu}{cm^3}$ |
| Permeabilidade magnética (μ) | Adimensional | $\dfrac{N}{A^2}$ ou $\dfrac{Wb}{(A \cdot m)}$ ou $\dfrac{H}{m}$ (Newton por Ampère ao quadrado ou Weber por Ampère vezes metro ou Henry por metro) | $1\ \dfrac{Wb}{(A \cdot m)} = \left(\dfrac{1}{4\pi}\right) \cdot 10^7$ |

Fonte: Askeland; Fulay; Wright, 2011, p. 771, tradução nossa.

Como é possível perceber, na tabela anterior não consta a susceptibilidade magnética ($\chi$), pois se trata de uma grandeza adimensional, ou seja, não há nenhuma unidade física que seja aplicável a ela.

Com essas definições, podemos classificar os materiais quanto ao seu comportamento magnético em: diamagnéticos, paramagnéticos, ferromagnéticos, antiferromagnéticos e ferrimagnéticos. Vejamos cada um deles a seguir.

## 6.3 Classificação dos materiais quanto ao comportamento magnético

Quando um campo magnético é aplicado em um material, podemos observar diferentes comportamentos, ou seja, cada material irá responder de maneiras distintas na presença do campo magnético. A resposta do material a um campo aplicado pode ser representada pela susceptibilidade magnética e também pela permeabilidade, pois são parâmetros importantes que descrevem o comportamento magnético dos materiais e determinam se um material será fortemente ou fracamente magnético.

Veremos a seguir as classificações dos materiais segundo seu comportamento magnético. Todos os materiais exibem alguma resposta magnética na presença de um campo magnético externo e, portanto, podem ser classificados em ao menos uma dessas categorias.

## 6.3.1 Diamagnetismo

O diamagnetismo é induzido por uma mudança no movimento orbital dos elétrons na presença de um campo magnético, o que pode ser compreendido por meio da Lei de Lenz, na qual a variação de campo magnético resulta em uma corrente elétrica induzida que tende a se opor a essa variação. Nesse caso, um campo oposto ao aplicado é gerado. Por essa razão, nos materiais diamagnéticos, a susceptibilidade magnética é negativa e da ordem de grandeza, aproximadamente, de $10^{-5}$, ou seja, a magnetização tem direção oposta à do campo de indução.

Todos os materiais são diamagnéticos, porém, a resposta magnética é fraca e só pode ser observada em materiais que não apresentam outro tipo de magnetismo. Portanto, o diamagnetismo só aparece quando no material não há dipolos magnéticos permanentes que produzem efeitos mais acentuados.

Na figura a seguir, podemos ver que, na ausência do campo externo, os átomos de um material diamagnético têm momento nulo. Também é possível visualizarmos que os momentos de dipolo atômicos induzidos pela presença de um campo externo são paralelos ao campo e em sentido oposto.

**Figura 6.3** – (a) Átomos de um material diamagnético com momento nulo na ausência do campo externo; (b) Átomos de um material diamagnético com momentos de dipolo atômicos induzidos pela presença de um campo externo paralelos ao campo e em sentido oposto

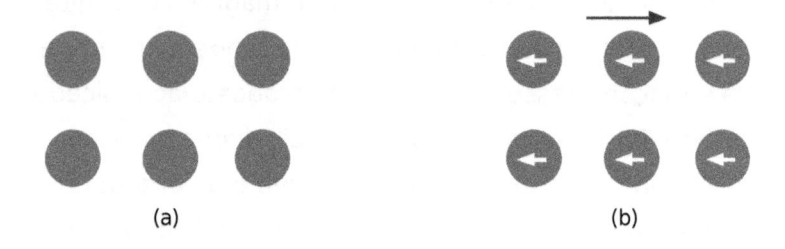

(a)    (b)

Podemos observar o diamagnetismo em vários tipos de materiais, tais como gases inertes (He, Ar, Ne, Kr, Xe, entre outros) e sólidos com ligação iônica (NaCl, KBr, LiF, entre outros).

## 6.3.2 Paramagnetismo

No paramagnetismo, os momentos de dipolo magnético são permanentes e independentes uns dos outros. Eles estão associados ao *spin* e ao movimento orbital dos elétrons. Quando um campo externo magnético é aplicado a um material paramagnético, os momentos de dipolo tendem a se orientar paralelamente e no mesmo sentido desse campo. Logo, na ausência de campo externo, os materiais paramagnéticos têm magnetização nula. A aplicação de campo externo produzirá uma pequena magnetização $\vec{M}$, que terá mesma direção e sentido do campo externo aplicado, conforme ilustrado na

Figura 6.4, a seguir. Nesse caso, teremos o campo induzido que se somará ao campo aplicado, de modo que a susceptibilidade será positiva nos materiais paramagnéticos, com ordem de grandeza, aproximadamente, de $10^{-5}$ a $10^{-3}$.

**Figura 6.4** – Dipolo magnético (a) sem e (b) com campo magnético externo aplicado a material paramagnético

(a)                    (b)

Sabemos que, com a aplicação de um campo externo, a orientação média dos dipolos produz uma magnetização resultante na direção do campo e que os momentos de dipolo magnético vão se orientar na direção desse campo aplicado. Contudo, essa situação será afetada pela agitação térmica, que tende a se tornar aleatória à direção dos dipolos magnéticos, fazendo com que a susceptibilidade dependa da temperatura. Desse modo, seu valor será dado pela relação de intensidade entre a energia térmica kT e a energia potencial de interação magnética (U), em que U é dado por:

*Equação 6.25*

$$U = -\vec{\mu} \cdot \vec{B}$$

Assim, esperamos que, se o campo for mantido constante e a temperatura aumentar, a agitação térmica também aumentará. Como consequência, teremos uma menor susceptibilidade. Esse fato foi observado por Pierre Curie, que verificou que, para campos fracos e temperaturas não muito baixas, essa dependência obedece à seguinte relação:

*Equação 6.26*

$$x = \frac{C}{T}$$

Em que C é uma constante positiva característica do material paramagnético e T é a temperatura. Essa relação ficou conhecida como Lei de Curie.

Agora, vamos determinar a susceptibilidade em um sistema com átomos separados e independentes, como em um material paramagnético, considerando que os elétrons estão submetidos a um campo magnético $\vec{B}$ e desprezando as interações elétron-elétron. Adotaremos n como o número de momentos de dipolo magnéticos desemparelhados por unidade de volume, $n_-$ como a densidade volumétrica de momentos paralelos ao campo e $n_+$ como a densidade volumétrica de momentos que não estão paralelos ao campo (antiparalelos), de modo que:

*Equação 6.27*

$$n = n_- + n_+$$

A energia potencial magnética (Equação 6.25) será $-\vec{\mu} \cdot \vec{B}$ para momentos de dipolo magnético paralelo e $+\vec{\mu} \cdot \vec{B}$ para momentos antiparalelos. A população, para cada um dos estados de energia, a certa temperatura T, é escrita em função do fator da estatística de Boltzmann:

*Equação 6.28*

$$n_- = cne^{\frac{\mu B}{kT}}$$

*Equação 6.29*

$$n_+ = cne^{\frac{-\mu B}{kT}}$$

Em que c é uma constante de proporcionalidade. Dessa forma, a magnetização resultante, isto é, o momento de dipolo magnético por unidade de volume, será:

*Equação 6.30*

$$M = \mu(n_- - n_+)$$

O momento resultante médio é definido por $\bar{\mu} = \frac{M}{n}$. Usando as relações 6.27, 6.28, 6.29 e 6.30, encontramos:

*Equação 6.31*

$$\bar{\mu} = \mu \frac{e^{\frac{\mu B}{kT}} - e^{\frac{-\mu B}{kT}}}{e^{\frac{\mu B}{kT}} + e^{\frac{-\mu B}{kT}}}$$

No caso mais frequente, em que $\mu B \ll kT$, o momento resultante médio pode ser reescrito como:

*Equação 6.32*

$$\bar{\mu} = \frac{\mu^2 B}{kT}$$

Portanto, a susceptibilidade paramagnética será:

*Equação 6.33*

$$\mathcal{X} = \frac{n\mu_0\mu^2}{kT}$$

Essa é a Lei de Curie, em que $C = \frac{n\mu_0\mu^2}{k}$ e na qual a susceptibilidade varia inversamente com a temperatura. Se o campo aplicado $\vec{B}$ for zero, ou seja, se não houver campo magnético externo aplicado, teremos $\bar{\mu} = 0$, isto é, não haverá magnetização resultante. Logo, a orientação dos dipolos depende da presença do campo e, na ausência, a agitação térmica torna a direção dos dipolos aleatória, conforme mostrado no item (a) da figura anterior, fazendo com que a magnetização resultante seja zero. Em outras palavras, o campo magnético tenta orientar os momentos magnéticos na mesma direção, enquanto a temperatura tenta deixá-los com orientação desordenada.

Podemos observar o paramagnetismo em diversos materiais, por exemplo, em alguns metais (como Cr e Mn), alguns gases diatômicos (por exemplo, $O_2$ e $N_2$), íons de metais de transição, terras raras e seus sais e óxidos.

Os materiais diamagnéticos e paramagnéticos são considerados não magnéticos, por exibirem magnetização apenas quando estão na presença de um campo externo.

### 6.3.3 Ferromagnetismo

No ferromagnetismo, a magnetização se mantém mesmo na ausência de um campo de indução externo. Nesse caso, os momentos magnéticos permanentes resultam dos momentos magnéticos atômicos causados pelos *spins* dos elétrons e da contribuição do momento magnético orbital em torno do núcleo e da variação no momento orbital induzida pela aplicação de um campo magnético. Na figura seguinte, podemos ver o alinhamento dos dipolos magnéticos na ausência de campo magnético externo.

**Figura 6.5** – Dipolo magnético na ausência de campo magnético externo aplicado a um material ferromagnético

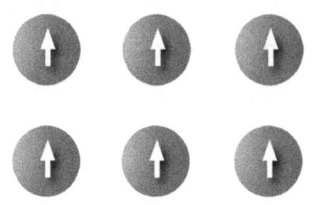

Os materiais ferromagnéticos apresentam algumas características, e uma delas é que a magnetização varia com a temperatura. Ela atinge um valor máximo para $T = 0$ k, quando todos os momentos estão alinhados, e torna-se nula a uma temperatura $T_c$, chamada de

*temperatura de Curie*. Para T > $T_c$, a energia térmica predomina sobre a energia de ordenamento; assim, o material passa a ter comportamento paramagnético, com *spins* desalinhados e magnetização nula a campo zero, tendo susceptibilidade magnética positiva com valores elevados, da ordem de grandeza de $10^6$. A relação da susceptibilidade com a temperatura pode ser definida como:

*Equação 6.34*

$$\chi = \frac{C}{(T - T_c)}$$

Novamente, essa é a **Lei de Curie**.

No modelo teórico proposto por Pierre Weiss no início do século XX, cada dipolo magnético atômico sofre a ação de um campo magnético efetivo ($\vec{B}_{ef}$) criado pela vizinhança, que tende a fazer com que eles fiquem alinhados na mesma direção. Esse modelo é conhecido como *campo molecular de Weiss* e é proporcional à magnetização local $\vec{M}$. É dado por:

*Equação 6.35*

$$\vec{B}_{ef} = \lambda \vec{M}$$

Em que $\lambda$ é um parâmetro adimensional intrínseco de cada material. Assim, cada dipolo tende a se alinhar com $\vec{B}_{ef}$ e, consequentemente, com $\vec{M}$, cuja direção é dada pela média de todos os dipolos da vizinhança.

Outra característica desse tipo de magnetismo é que apenas em pequenas regiões, denominadas *domínio*, há magnetização, mesmo na ausência de campo externo. Essa condição é conhecida como *magnetização espontânea* e é resultante de uma forte interação entre os momentos vizinhos, fazendo com que os momentos magnéticos de *spin* resultantes desses átomos se alinhem uns com os outros em uma mesma direção, mesmo na ausência de um campo externo. Dessa forma, em um material com dimensões macroscópicas, existirá uma grande quantidade de domínios de diferentes formas e tamanhos, e todos poderão ter orientações de magnetização distintas. A magnitude de $\vec{M}$ para todo o volume do sólido será dada pela soma vetorial das magnetizações de todos os domínios.

Na figura a seguir, podemos observar os domínios em um material ferromagnético; em cada região, os dipolos magnéticos atômicos estão alinhados, sendo que a direção de alinhamento difere de um domínio para o outro. A região que separa um domínio do outro é chamada de *contorno* ou *parede de domínio* ou *parede de Bloch*, na qual se tem uma transição suave na direção da magnetização.

**Figura 6.6** – (a) Domínios em um material ferromagnético; (b) transição gradual na direção da magnetização através da parede de um domínio

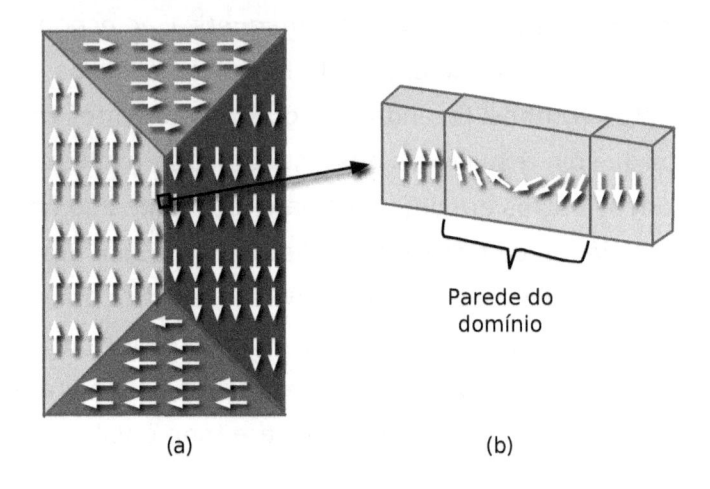

Parede do domínio

(a)  (b)

Nos materiais ferromagnéticos, a densidade do fluxo $\vec{B}$ e a intensidade do campo $\vec{H}$ não variam linearmente. Se o material não estiver magnetizado, os momentos de dipolo magnéticos estarão alinhados dentro de domínios individuais, sem orientação preferencial. Ao aplicar um campo externo, podem ocorrer as seguintes situações:

- Aumento do tamanho dos domínios que se encontram orientados favoravelmente ao campo aplicado, enquanto os de sentido oposto ficam menores.
- Com o aumento do campo, um deslocamento maior das paredes é produzido, acompanhado de uma rotação da direção de magnetização, dentro de um domínio, no sentido da direção do campo externo.

- Com o campo no valor máximo, todas as paredes de domínios desaparecem e todos os dipolos do material estarão orientados na mesma direção do campo. Logo, temos uma condição de saturação, com a densidade do fluxo de saturação $B_s$ e com a magnetização correspondente à magnetização de saturação $M_s$. Nessa situação, todos os dipolos magnéticos estão alinhados na mesma direção e no sentido do campo externo aplicado.

**Figura 6.7** – Comportamento dos domínios magnéticos na presença de um campo magnético externo

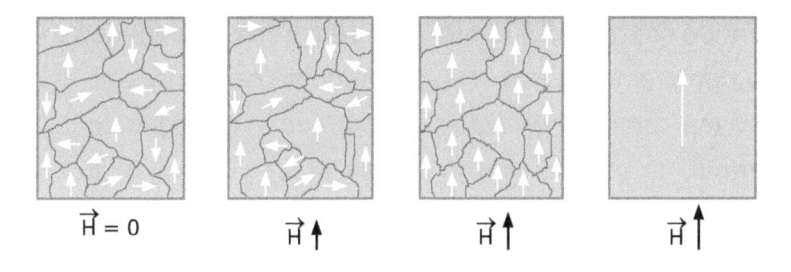

Assim, a curva $\vec{H}$ de magnetização em função do campo externo aplicado ($\vec{H}$) será determinada pelo comportamento dos domínios. Depois que a saturação é atingida, a curva retorna por um caminho diferente do inicial. Esse efeito é conhecido como histerese e deve-se ao fato de o material permanecer magnetizado com uma magnetização residual mesmo quando o campo é removido. Isso acontece porque os deslocamentos das paredes dos domínios não retornam completamente às suas posições originais, tornando-se uma condição irreversível, influenciada pelas imperfeições do material, como impurezas e tensões. Por isso, o material permanecerá magnetizado mesmo na ausência de um campo externo aplicado – essa situação é conhecida como *magnetização permanente*.

A próxima figura mostra o comportamento da magnetização M com a variação do campo $\vec{H}$ depois de atingir o ponto de saturação (S e S'). Quando H diminui, a magnetização (M) não segue pelo mesmo caminho que a curva inicial, devido às rotações e aos deslocamentos irreversíveis dos domínios. Assim, haverá uma magnetização remanente, $M_r$, para H = 0. Se H aumenta no sentido contrário, M diminui gradualmente até chegar ao ponto em que H = $-H_c$, chamado de *campo coercitivo* (ou *campo coercivo*). Continuando a aplicação do campo, no sentido contrário, a saturação é atingida em S' e, em seguida, uma segunda inversão, do campo até o ponto da saturação inicial (ponto S), completa o ciclo da histerese. A forma da curva de histerese é determinante no tipo de aplicação de um material magnético.

**Figura 6.8** – Variação da magnetização de um material com o campo aplicado: curva de histerese representada pelas linhas azul e vermelha, formando uma curva contínua; a curva tracejada em verde indica a magnetização inicial

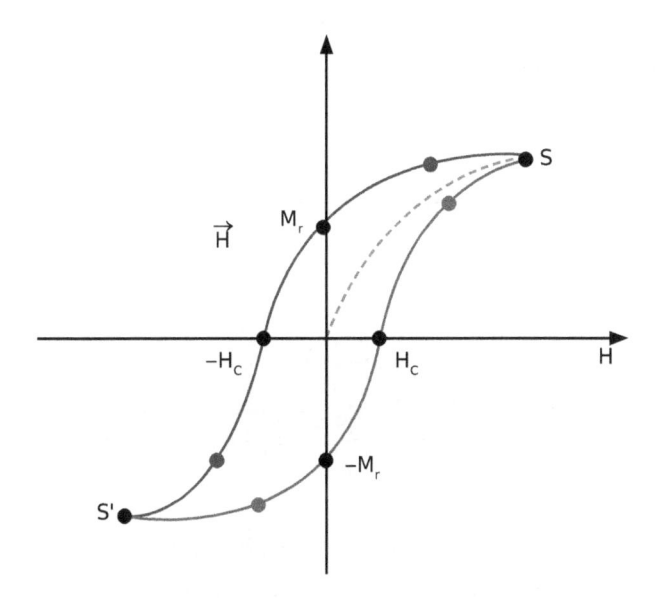

Os principais exemplos de materiais ferromagnéticos são: ferro (como ferrita α CCC), cobalto, níquel e algumas terras raras, tal como o gadolínio (Gd).

### Antiferromagnetismo e ferrimagnetismo

O antiferromagnetismo e ferrimagnetismo são dois tipos de magnetismo que estão relacionados ao ferromagnetismo.

No **antiferromagnetismo**, o alinhamento dos momentos de *spin* de átomos ou íons vizinhos será na mesma direção, mas em sentidos opostos. Nesse caso, os momentos antiparalelos são iguais, fazendo com que a magnetização resultante seja nula. Podemos citar o exemplo do óxido de manganês ($MnO_2$), em que temos os íons $Mn^{2+}$ e $O^{-2}$: o momento magnético associado aos íons $O^{-2}$ é zero, e $Mn^{2+}$ apresenta momento de dipolo permanente de origem do momento de *spin*. Vejamos a figura a seguir.

**Figura 6.9** – Ordenamento de *spin* em antiferromagnéticos

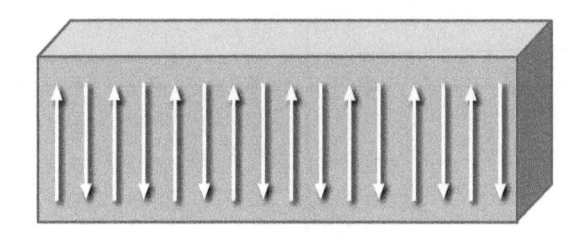

Ainda sobre o óxido de manganês, os íons $Mn^{2+}$ estão arranjados na estrutura cristalina de modo que os momentos de íons adjacentes são antiparalelos. Em decorrência dos momentos magnéticos opostos se cancelarem, o material não apresentará momento magnético, ou seja, o momento magnético resultante será zero. Observe.

**Figura 6.10** – Alinhamento antiparalelo de momentos magnéticos de *spin* para o $MnO_2$ antiferromagnético

$Mn^2$   $O^{-2}$

Já o **ferrimagnetismo** compreende materiais em uma situação intermediária entre o ferromagnetismo e o antiferromagnetismo. Contudo, os momentos vizinhos são diferentes e a magnetização resultante é diferente de zero. A figura seguinte mostra o ordenamento de *spin* nos ferrimagnéticos. Uma das grandes vantagens desse tipo de material é o fato de que geralmente apresenta pouca condutividade elétrica, por isso é de interesse para a fabricação de transformadores e para a detecção de altas frequências eletromagnéticas, pois não apresentam correntes parasitas, ou de Foucault, responsáveis pelo aquecimento e pela perda de energia.

**Figura 6.11** – Ordenamento de *spin* em ferrimagnéticos

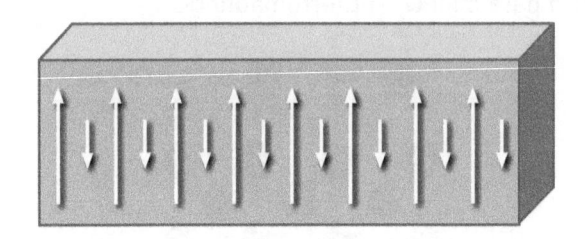

Uma das classes mais importantes dos materiais ferrimagnéticos é dos ferrites, de fórmula química M · $Fe_2O_3$, em que M é um cátion divalente, podendo ser Zn, Cd, Fe, Ni, Cu, Co ou Mg. Se o metal divalente M for $Fe^{2+}$, por exemplo, temos o ferrite de ferro ou magnetita ($Fe_3O_4$), que é o ímã encontrado na natureza. Nesse caso, os íons Fe existem nos estados de valência +2 e +3 e existe um momento magnético de *spin* resultante para cada íon $Fe^{2+}$ e $Fe^{3+}$. Além disso, os íons $O^{2-}$ são magneticamente neutros. Existem interações de acoplamento de *spins* antiparalelos entre os íons Fe, semelhantes em natureza ao antiferromagnetismo. Entretanto, o momento ferrimagnético resultante tem origem no cancelamento incompleto dos momentos de *spin*.

## 6.4 Ondas de spin

As propriedades magnéticas dos materiais são determinadas pelas origens dos dipolos magnéticos e pela natureza das interações entre eles. Já sabemos que o *spin* está relacionado com o momento angular intrínseco do elétron. A partir de agora, vamos considerar o movimento do *spin* sob a influência de um campo magnético externo e a interação *spin-spin*.

Anteriormente, vimos que, na presença de um campo magnético externo, o *spin* se movimentará em torno do próprio eixo e em torno da direção do campo (movimento de precessão) com uma frequência proporcional à sua intensidade

Na Figura 6.12, a seguir, vemos o ordenamento de *spin* para um ferromagnético. No item (a), todos os *spins* estão paralelos e alinhados na mesma direção e sentido no estado fundamental. Já no item (b), um estado excitado de um ferromagneto corresponde ao desvio de um único *spin* da rede. E no item (c), observamos o movimento de precessão se propagando de um *spin* para o outro.

**Figura 6.12** – Ordenamento de *spin* de um ferromagnético com (a) todos os *spins* alinhados, correspondendo ao estado fundamental, (b) estado excitado e (c) desvio de *spin* propagado

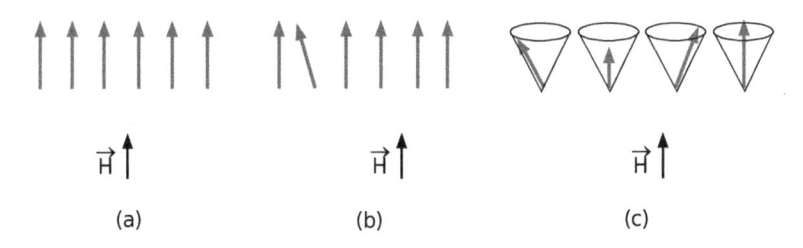

Em um sólido, em razão do acoplamento entre os *spins*, esses movimentos de precessão não permanecem localizados, mas se propagam de *spin* para *spin* na forma

de onda através da rede. Portanto, o movimento coletivo dos *spins* é excitado pela aplicação de um campo magnético externo, e as excitações elementares de sistemas de *spin* acoplados em sólidos são chamadas de **ondas de spin**; sua propagação é conhecida como *propagação de onda de spin*. Segundo Kittel (2013), as ondas de *spins* são produzidas por oscilações nas orientações relativas dos *spins* em uma rede e as vibrações da rede são oscilações nas posições relativas dos átomos sobre uma rede. Essa precessão também pode ser originada por uma perturbação no sistema magnético, por exemplo, uma pequena variação de temperatura altera o número de precessões do sistema. Na figura a seguir, vemos a formação de uma onda de *spin*.

**Figura 6.13** – Onda de *spin* vista de cima

As ondas de *spins* são quantizadas em energia e a um *quantum* de onda de *spin*, ou seja, as excitações elementares de um sistema de *spins* apresentam forma ondulatória e o seu *quantum* é chamado de *mágnon*. Estes são análogos aos fônons e também podem ser excitados termicamente, obedecendo às estatísticas de Bose-Einstein ou de Fermi-Dirac.

Alguns experimentos permitem observar ondas de *spin*. Podemos citar o espalhamento inelástico de luz e o espalhamento Raman, entre outros. A importância de estudarmos essas ondas decorre do fato de que estão relacionadas com a determinação das propriedades magnéticas dos materiais. Além disso, a geração dessas ondas consome uma pequena parte da energia do sistema, limitando as potencialidades e a qualidade de alguns aparelhos magnetoeletrônicos ou de micro-ondas, contribuindo para obtenção de novos materiais em sistemas de multicamadas magnéticas e baixa dimensionalidade, por exemplo.

## *Saber equivalente*

A **supercondutividade** é um fenômeno que ocorre em certos materiais quando são resfriados a uma temperatura muito baixa, chamados de *supercondutores*. A supercondutividade convencional ocorre em temperaturas muito baixas, próximas ao zero absoluto (−273,15 °C); os materiais supercondutores adquirem a capacidade de conduzir uma corrente elétrica, sem resistência e, portanto, sem perda de energia. Da mesma forma, no estado supercondutor, os materiais têm a propriedade de expulsar totalmente o campo magnético que os envolve, o que pode se manifestar através da levitação magnética. Portanto, um supercondutor age como um material diamagnético perfeito.

Esse fenômeno foi descoberto em 1911 pelo físico Kamerlingh Onnes, que demonstrou que a resistividade elétrica do mercúrio sólido cai para um valor imensurável quando resfriado abaixo de uma temperatura específica, denominada *temperatura crítica* ($T_c$) (Eisberg; Resnick, 1979). A supercondutividade é um fenômeno quântico coletivo, ou seja, é necessário levar em conta o comportamento coletivo dos elétrons e íons dos sólidos, conhecidos como *efeitos de muitos corpos*.

Com a supercondutividade, foi possível desenvolver eletroímãs supercondutores, que podem gerar campos magnéticos homogêneos muito intensos (vários teslas). Uma das aplicações mais notáveis é o equipamento para diagnóstico por imagem com alta qualidade, a ressonância magnética nuclear (RMN), que requer campos magnéticos intensos obtidos pelo domínio desse fenômeno. Ainda podemos citar os aceleradores de partículas: LHC (*large hadron collider*, ou grande colisor de hádrons), da Organização Europeia para Pesquisa Nuclear, localizado perto de Genebra, na fronteira entre França e Suíça; e o Sirius, do Centro Nacional de Pesquisa em Energia e Materiais, localizado em Campinas, São Paulo. Não podemos deixar de mencionar o Maglev japonês, os trens de levitação eletromagnética.

Esses foram alguns exemplos de aplicação da supercondutividade. A imagem a seguir mostra a levitação magnética de um supercondutor.

**Figura 6.14** - Levitação magnética de um supercondutor

## Síntese de elementos

Neste sexto e último capítulo, destacamos que as propriedades dos materiais magnéticos são determinadas pela origem de seus dipolos magnéticos e pela natureza da interação entre eles. Esses materiais podem ter momentos de dipolo magnéticos intrínsecos ou induzidos pela aplicação de um campo de indução magnética externo. Os momentos magnéticos (orbital e de *spin*) estão associados a cada elétron individual.

O magnéton de Bohr constitui uma unidade de medida do momento de dipolo magnético atômico. Para cada elétron em um átomo, o momento magnético de *spin* será $\pm\mu_B$, com $+\mu_B$ para *spin up* ↑ e $-\mu_B$ para *spin down* ↓.

Definimos vários parâmetros que podem ser empregados para descrever as propriedades magnéticas dos sólidos. Com eles, classificamos os materiais quanto ao seu comportamento magnético em: diamagnéticos, paramagnéticos, ferromagnéticos, antiferromagnéticos e ferrimagnéticos. O diamagnetismo é resultante das mudanças no movimento orbital dos elétrons induzidas por um campo externo, um efeito pequeno e oposto ao campo aplicado. No paramagnetismo, os momentos de dipolo magnético são permanentes e independentes uns dos outros, associados ao *spin* e ao movimento orbital dos elétrons. No ferromagnetismo, os momentos de dipolo magnéticos atômicos são causados pelos *spins* dos elétrons, pela contribuição do momento magnético orbital em torno do núcleo e pela variação no momento orbital induzida pela aplicação de um campo magnético.

Por fim, na presença de campo magnético externo, constatamos que a interação *spin-spin* dá origem a um movimento de precessão que irá se propagar de *spin* para *spin* na forma de ondas de *spin*. Essas ondas são quantizadas em energia e seu *quantum* é denominado *mágnon*.

## Partículas em teste

1) Examine as afirmativas a seguir.

   I) Os materiais podem ter momentos de dipolo magnéticos intrínsecos ou induzidos pela aplicação de um campo de indução magnética externo.

   II) O movimento do elétron em torno do núcleo e o movimento do elétron em torno de seu próprio eixo originam os momentos de dipolo elétrico.

   III) A magnetização representa a quantidade momentos de dipolo magnéticos por área.

   IV) A resposta do material a um campo aplicado pode ser representada pela susceptibilidade magnética e também pela permeabilidade, pois são parâmetros importantes que descrevem o comportamento magnético dos materiais.

   Estão corretas as afirmativas:

   a) I e II.
   b) I e III.
   c) I e IV.
   d) I, II e IV.
   e) II, III e IV.

2) Quanto à classificação dos materiais segundo o comportamento magnético, podemos afirmar:

   a) Os materiais diamagnéticos apresentam magnetização na mesma direção que o campo de indução.

b) Os paramagnéticos são considerados não magnéticos por apresentarem magnetização apenas na presença de um campo externo.

c) Nos materiais ferromagnéticos, a densidade do fluxo e a intensidade do campo variam linearmente.

d) No antiferromagnetismo, o alinhamento dos momentos de *spin* de átomos ou íons vizinhos será na mesma direção e no mesmo sentido.

e) Um material permanece magnetizado mesmo na ausência de um campo externo aplicado em decorrência do efeito de histerese. Um exemplo são os gases inertes e os sólidos com ligação iônica.

3) Três objetos M1, M2 e M3 são materiais ferromagnético, paramagnético e diamagnético, respectivamente. Quando aproximamos um imã, este irá:
   a) atrair todos os três materiais.
   b) atrair M1 e M2 fortemente, mas repelir M3.
   c) atrair M1 fortemente e M2 fracamente e repelir M3 fracamente.
   d) atrair M1 fortemente, mas repelir M2 e M3 fracamente.
   e) Nenhuma das alternativas anteriores está correta.

4) Um material paramagnético tem $\frac{10^{28} \text{átomos}}{m^3}$. Sua susceptibilidade na temperatura de 350 K é 2,8 · 10⁻⁴. Qual será sua susceptibilidade em 300 K?
   a) 3,267 · 10⁻⁴
   b) 3,672 · 10⁻⁴
   c) 2,672 · 10⁻⁴
   d) 3,726 · 10⁻⁴
   e) 2,762 · 10⁻⁴

5) A temperatura de Curie é a temperatura acima da qual:
   a) um material ferromagnético se torna paramagnético.
   b) um material paramagnético se torna diamagnético.
   c) um material ferromagnético se torna diamagnético.
   d) um material paramagnético se torna ferromagnético.
   e) um material diamagnético se torna paramagnético.

## Solidificando o conhecimento

### Reflexões estruturais

1) Calcule a magnetização de um mol de oxigênio nas condições normais de temperatura e pressão no campo magnético da Terra. A susceptibilidade do oxigênio é 2,1 · 10⁻⁶ e o campo magnético terrestre é 5,0 · 10⁻⁵ T.

2) O que são domínios magnéticos?

3) A aplicação de um campo magnético H igual a $2,0 \cdot 10^5 \frac{A}{m}$ em três materiais diferentes leva a três valores distintos de induções magnéticas B, valores estes listados na Tabela 6.2, a seguir.
   a) Calcule a permeabilidade e a susceptibilidade magnéticas desses materiais.
   b) Pelos valores da susceptibilidade, classifique os materiais em diamagnético, paramagnético e ferromagnético.

**Tabela A** – Valores de induções magnéticas B para três materiais diferentes

| Material | B (Wb · m$^{-2}$) |
|---|---|
| A | 0,251330 |
| B | 12566,4 |
| C | 0,251318 |

4) A tabela seguinte apresenta os dados obtidos para uma liga de ferro durante a geração de um ciclo de histerese ferromagnético em estado estacionário.

**Tabela B** – Valores de H e B obtidos para uma liga de ferro durante a geração de um ciclo de histerese

| H (ampère/m) | B (weber/m$^2$) |
|---|---|
| 56 | 0,50 |
| 30 | 0,46 |
| 10 | 0,40 |
| 0 | 0,36 |
| –10 | 0,28 |
| –20 | 0,12 |
| –25 | 0 |
| –40 | –0,28 |
| –56 | –0,50 |

a) Desenhe o gráfico dos dados.
b) Qual é a indução remanente?
c) Qual é o campo coercivo?

**Relatório de experimento**

1) Elabore um texto com ao menos três referências sobre o seguinte tema: O que é spintrônica? Dê um exemplo de dispositivo baseado em spintrônica usado em *laptop*.

# Além das partículas sólidas

Como dissemos na apresentação deste livro, a disciplina de estado sólido é amplamente estudada em qualquer curso moderno de Física. Seu estudo permite o entendimento da mecânica quântica em nível macroscópico, por meio da interação de muitos elétrons, levando a uma melhor compreensão das propriedades mecânicas, térmicas, magnéticas e ópticas dos sólidos.

Evidenciamos, nesta obra, que muitas substâncias estão no estado sólido, e a distância média entre as moléculas é pequena nesse caso, razão por que não podem ser vistas de maneira individualizada. Em decorrência da pequena separação, a força que as mantém unidas é da mesma ordem de magnitude dos átomos unidos em moléculas. Levando em conta que é necessário um grande número de átomos juntos, unidos, para formar um sólido, a ligação molecular é muito importante para explicar as propriedades dos sólidos.

Também mostramos como os sólidos se formam e se organizam, dando grande atenção para os sólidos cristalinos, que têm como característica principal um arranjo regular de moléculas, padrão este chamado de *rede cristalina*. Analisamos, ainda, a base teórica das principais técnicas para a caracterização estrutural da rede cristalina.

Em seguida, apresentamos a suposição de que o elétron era o responsável pela condição dos metais. A teoria clássica de condução eletrônica, modelo de Drude, tratou o elétron como se fosse um gás de partículas independentes e não interagentes se movendo em um plano de fundo positivo e colidindo com imperfeições cristalinas. O tratamento matemático utilizado era o da teoria cinética clássica. Os resultados experimentais permitiram a explicação da condutividade elétrica e térmica, principalmente em metais alcalinos.

Adicionamos, ainda, os resultados da mecânica quântica, e outros aspectos dos elétrons foram levados em consideração, entre eles o fato de que os elétrons são férmions. Assim, a natureza ondulatória bem como o princípio da exclusão foram incorporados ao gás de elétrons por meio da teoria metálica de Sommerfeld. O elétron estava imerso em um potencial constante e a função de onda que satisfazia a equação de Schrödinger era de uma onda plana progressiva. Essa teoria permitiu que fossem encontrados níveis de energia para o elétron e o termo linear para a capacidade térmica.

Contudo, os elétrons estão imersos em um potencial periódico e não constante. Por meio do Teorema de Bloch, a função de onda para os elétrons de Bloch foi encontrada, e foi incorporada às propriedades do elétron a sua interação com a rede cristalina. Dois casos foram estudados, a aproximação do elétron quase livre e do elétron fortemente ligado. O resultado mais notável foi a presença de estados proibidos, que os elétrons não poderiam ocupar.

Mas os átomos não estão parados dentro do cristal. A teoria do cristal harmônico surge para adicionar a vibração dos átomos na rede cristalina. Explicamos essa teoria: quanto maior a temperatura, maior a amplitude das ondas viajando no material. Essas ondas de vibrações são chamadas de *fônons*. A condutividade elétrica de metais não é infinita em virtude da interação entre os elétrons e os fônons, bem como com os centros de defeitos do material. O modelo de Debye, que considera a dispersão dos ramos acústicos como uma função linear, permitiu obter a capacidade térmica por meio de um termo cúbico da temperatura, o que não era possível nas teorias anteriores.

Também tratamos detalhadamente da teoria das bandas de energia por meio da análise do modelo de Kronig-Penney. A existência de bandas proibidas no material permite sua classificação em *isolantes*, *semicondutores* e *metais*. A teoria semiclássica considera o índice de banda como uma constante de movimento e, por isso, não é considerada a transição entre bandas. Para uma descrição completa das bandas de energia, as particularidades da rede cristalina devem ser levadas em consideração.

Finalmente, abordamos como as propriedades magnéticas influenciam as características do material. Os sólidos magnéticos são caracterizados por seus momentos magnéticos intrínsecos e suas respostas aos campos magnéticos aplicados. Destacamos os três tipos de materiais magnéticos: paramagnéticos, diamagnéticos e ferromagnéticos, bem como suas características mais marcantes.

As principais teorias do estado sólido foram endereçadas neste livro, com uma abordagem simples e clara para que o leitor pudesse acompanhar tranquilamente. Embora existam outras teorias hoje em dia para o tratamento de sólidos, todas estão baseadas nas teorias que foram tratadas aqui.

# Referências

ASHCROFT, N. W.; MERMIN, N. D. **Física do estado sólido**. Tradução de Maria Lucia Godinho de Oliveira. São Paulo: Cengage Learning, 2011.

ASHCROFT, N. W.; MERMIN, N. D. **Solid State Physics**. San Diego: Harcourt College Publishers, 1976.

ASKELAND, D. R.; FULAY, P. P.; WRIGHT, W. J. **The Science and Engineering of Materials**. 6. ed. Stamford, CT: Cengage Learning-Engineering, 2011.

BIASI, R. S. de. O modelo de Kronig-Penney. **Revista Militar de Ciência e Tecnologia**, Rio de Janeiro, v. 4, n. 1, p. 27-40, jan./mar. 1987. Disponível em: <https://rmct.ime.eb.br/arquivos/RMCT_1_tri_1987/modelo_kronig_penney.pdf>. Acesso em: 3 nov. 2023.

BRANSDEN, B. H.; JOACHAIN, C. J. **Physics of atoms and molecules**. New York: John Wiley & Sons, 1990.

CALLISTER, W. D.; RETHWISCH, D. G. **Materials science and engineering**: an introduction. 10. ed. Nova Jersey: John Wiley & Sons, 2018.

CHANDRASEKHAR, B. S. Holes. **American Journal of Physics**, v. 63, n. 9, p. 853-854, Sep. 1995. Disponível em: <https://pubs.aip.org/aapt/ajp/article/63/9/853/1054714/Holes>. Acesso em: 3 nov. 2023.

COHEN-TANNOUDJI, C.; DIU, B.; LALOË, F. **Quantum Mechanics**. New York: John Wiley & Sons, 1977.

COOK, G.; DICKERSON, R. H. Understanding the Chemical Potential. **American Journal of Physics**, v. 63, n. 8, p. 737-742, Aug. 1995. Disponível em: <https://www.physics.rutgers.edu/grad/601/CM2019/EXTRA/understanding_chem_potential.pdf>. Acesso em: 3 nov. 2023.

CULLITY, B. D. **Elements of X-Ray Diffraction**. 2. ed. Phillippines: Addison-Wesley Publishing Company Inc., 1978.

DHANARAJ, G. et al. (Ed.). **Springer Handbook of Crystal Growth**. Berlin: Springer-Verlag Berlin Heidelberg, 2010.

EISBERG, R.; RESNICK, R. **Física quântica**: átomos, moléculas, sólidos, núcleos e partículas. Rio de Janeiro: Campus, 1979.

FARINA, M. **Uma introdução à microscopia eletrônica de transmissão**. Rio de Janeiro: Livraria da Física, 2010.

FOWLES, G. R. **Introduction to Modern Optics**. 2. ed. New York: Dover Publications, 1975.

GOODSTEIN, D. L. **States of Matter**. New York: Dover Publications, 2002.

GROSSO, G.; PARRAVICINI, G. P. **Solid State Physics**. 2. ed. Oxford: Elsevier, 2014.

GRUNDMANN, M. **The Physics of Semiconductors**: An Introduction Including Nanophysics and Applications. 3. ed. New York: Springer, 2016.

HALES, T. et al. A Formal Proof of the Kepler Conjecture. **Forum of Mathematics**, v. 5, e2, May 2017.

HICKS, A.; NOTAROS, B. M. Method for Classification of Snowflakes Based on Images by a Multi-Angle Snowflake Camera Using Convolutional Neural Networks. **Journal of Atmospheric and Oceanic Technology**, v. 36, n. 12, p. 2267-2282, Apr. 2019. Disponível em: <https://www.engr.colostate.edu/~notaros/Papers/JTECH_CNN_Snowflake_Classification.pdf>. Acesso em: 3 nov. 2023.

HOOK, J. R.; HALL, H. E. **Solid State Physics**. Chichester: John Wiley & Sons, 2010.

HUMMEL, R. E. **Electronic Properties of Materials**. 3. ed. New York: Springer, 2001.

IBACH, H.; LÜTH, H. **Solid-state physics**: an Introduction to Principles of Materials Science. Berlin: Springer-Verlag, 2009.

KIESS, E. M. Evaluation of Chemical Potential and Energy for an Ideal Fermi-Dirac Gas. **American Journal of Physics**, v. 55, n. 11, p. 1006-1007, Nov. 1987. Disponível em: <https://pubs.aip.org/aapt/ajp/article/55/11/1006/1044117/Evaluation-of-chemical-potential-and-energy-for-an>. Acesso em: 3 nov. 2023.

KISELEV, V. V. **Collective Effects in Condensed Matter Physics**. New York: De Gruyter, 2018.

KITTEL, C. **Introduction to Solid State Physics**. 8. ed. New York: John Wiley & Sons, 2005.

KITTEL, C. **Introdução à física do estado sólido**. Tradução de Ronaldo Sérgio de Biasi. 8. ed. Rio de Janeiro: LTC, 2013.

LIBBRECHT, K. G. A Quantitative Physical Model of the Snow Crystal Morphology Diagram. **Materials Science**, v. 1. Nov. 2019. Disponível em: <https://arxiv.org/pdf/1910.09067.pdf>. Acesso em: 3 nov. 2023.

LIBBRECHT, K. G. Physical Dynamics of Ice Crystal Growth. **Annual Review of Materials Research**, v. 47, n. 1, p. 271-295, 2017. Disponível em: <http://www.researchgate.net/publication/315324429_Physical_Dynamics_of_Ice_Crystal_Growth>. Acesso em: 3 nov. 2023.

LIBBRECHT, K. G. The Formation of Snow Crystals. **American Scientist**, v. 95, n. 1, Jan./Feb. 2007. Disponível em: <https://www.americanscientist.org/article/the-formation-of-snow-crystals>. Acesso em: 3 nov. 2023.

LIBBRECHT, K. G. The Physics of Snow Crystals. **Reports on Progress in Physics**, v. 68, p. 855–895, Mar. 2005. Disponível em: <https://www.its.caltech.edu/~atomic/publist/rpp5_4_R03.pdf>. Acesso em: 3 nov. 2023.

LIBBRECHT, K. G. **Toward a Comprehensive Model of Snow Crystal Growth**: 10. On the Molecular Dynamics of Structure Dependent Attachment Kinetics. 2020. Disponível em: <https://arxiv.org/pdf/2012.12916.pdf>. Acesso em: 3 nov. 2023.

MADELUNG, O. **Introduction to Solid-State Theory**. New York: Springer-Verlag, 1978.

MADELUNG, O. **Introduction to Solid-State Theory**. New York: Springer-Verlag, 1995.

MARDER, M. P. **Condensed Matter Physics**. 2. ed. New Jersey: John Wiley & Sons, 2010.

MCKELVEY, J. P.; GROTCH, H. **Física**. São Paulo: Harper & Row do Brasil, 1978. v. 4.

MCQUARRIE, D. A. The Kronig-Penney Model: A Single Lecture Illustrating the Band Structure of Solids. **The Chemical Educator**, v. 1, n. 1, 1996. Disponível em: <https://kdf.mff.cuni.cz/vyuka/kondenzovany_stav/materialy_2012/KronigPenney.pdf>. Acesso em: 3 nov. 2023.

MILLER, W. H. **A Treatise on Crystallography**. Cambridge: J. & J. J. Deighton, 1839.

NAKAYA, U. **Snow Crystals**: Natural and Artificial. Cambridge: Harvard University Press, 1954.

NEAMEN, D. A. **Semiconductor Physics and Devices**: Basic Principles. 4. ed. New York: McGraw-Hill, 2003.

NUSSENZVEIG, H. M. **Curso de física básica**. São Paulo: Edgar Blucher, 1997. v. 3: Mecânica.

OSAZEE, O. T. Bravais Lattices: Why Lattices are not Classified Based on Shape. **Journal of Science and Technology Research**, v. 1, n. 1, p. 221-229, 2019. Disponível em: <https://nipesjournals.org.ng/wp-content/uploads/2019/04/2019_2_23_NJSTR-1.pdf>. Acesso em: 3 nov. 2023.

PADILHA, A. F. **Materiais de engenharia**: microestrutura e propriedades. Curitiba: Hemus, 2000.

RESNICK, R.; HALLIDAY, D.; WALKER, J. **Fundamentos de física**. Tradução de Ronaldo Sérgio de Biasi. 9. ed. Rio de Janeiro: LTC, 2009. v. 3: Eletromagnetismo.

REZENDE, S. M. **Materiais e dispositivos eletrônicos**. 2. ed. São Paulo: Livraria da Física, 2004.

RRUFF. Disponível em: <https://rruff.info/>. Acesso em: 3 nov. 2023.

SANTOS, T. O.; CARVALHO, J. F.; HERNANDES, A. C. Synthesis and Crystal Growth of Sillenite Phases in the $Bi_2O_3$ - $TiO_2$ - $Nb_2O_5$ System. **Crystal Research Technology**, v. 39, n. 10, p. 868-872, Oct. 2004.

SCHURE, A. J. F. (Ed.). **Advanced magnetism and electromagnetism**. New York: Rider Publisher, 1959.

SHULTZ, M. J. Crystal Growth in Ice and Snow. **Physics Today**, v. 71, n. 2, p. 34-39, Feb. 2018. Disponível em: <https://pubs.aip.org/physicstoday/article/71/2/34/899010/Crystal-growth-in-ice-and-snowSurface-molecular>. Acesso em: 3 nov. 2023.

SIDEBOTTOM, D. L. **Fundamentals of Condensed Matter and Crystalline Physics**: An Introduction for Students of Physics and Materials Science. Cambridge: Cambridge University Press, 2012.

SIMON, S. H. **The Oxford Solid State Basics**. Cambridge: Oxford University Press, 2013.

SINGLETON, J. **Band Theory and Electronic Properties of Solids**. New York: Oxford, 2001.

SUBASHINI, B.; GEETHA, M. Introduction to Crystal Growth Techniques. **International Journal of Engineering and Techniques**, v. 3, n. 5, Sep./Oct. 2017. Disponível em: <https://oaji.net/articles/2017/1992-1514879124.pdf>. Acesso em: 25 maio 2023.

THORNTON, S. T.; REX, A. **Modern Physics for Scientists and Engineers**. 4. ed. Boston: Cengage Learning, 2012.

VAN HOVE, L. The Occurrence of Singularities in the Elastic Frequency Distribution of a Crystal. **Physical Review**, v. 89, n. 6, p. 1189-1193, Mar. 1953.

WILLIAMS, D. B.; CARTER, C. B. **Transmission Electron Microscopy**: A Textbook for Materials Science. New York: Springer, 1996.

YOUNG, H. D.; FREEDMAN, R. A. **Física IV**: ótica e física moderna. Tradução de Cláudia Santana Martins. 12. ed. São Paulo: Pearson Addison Wesley, 2009.

ZIMAN, J. M. **Principles of the Theory of Solids**. 2. ed. Cambridge: Cambridge University Press, 1995.

# Partículas comentadas

ASHCROFT, N. W.; MERMIN, N. D. **Física do estado sólido**. Tradução de Maria Lucia Godinho de Oliveira. São Paulo: Cengage Learning, 2011.

*O tradicional livro de introdução à física de estado sólido – completo e detalhado – tem um desenvolvimento profundo na maioria dos tópicos. Particularmente, gostamos muito da teoria nesse livro, embora, muitas vezes, seja cansativo de se ler.*

HOOK, J. R.; HALL, H. E. **Solid State Physics**. Chichester: John Wiley & Sons, 2010.

*É uma obra mais introdutória do que a de Ashcroft e Mermin. Muitos professores a utilizam como livro de referência para os cursos sobre estado sólido. A linguagem é fácil e acessível e as passagens matemáticas não são misteriosas como as da obra de Kittel, nossa próxima indicação.*

KITTEL, C. **Introdução à física do estado sólido**. Tradução de Ronaldo Sérgio de Biasi. 8. ed. Rio de Janeiro: LTC, 2013.

*Outro livro tradicional e clássico sobre estado sólido. Contudo, ele é mais complicado e seus desenvolvimentos teóricos, algumas vezes, não são muito claros. Ainda assim, é uma referência importante para a teoria clássica.*

MADELUNG, O. **Introduction to Solid-State Theory**. New York: Springer-Verlag, 1978.

*Livro mais avançado do que a obra de Ashcroft e Mermin, que contém explicações físicas bem profundas. Para aqueles que desejam se aprofundar nos métodos quânticos e teóricos de estado sólido, é uma excelente referência. Recomendado para a pós-graduação.*

SIMON, S. H. **The Oxford Solid State Basics**. Cambridge: Oxford University Press, 2013.

*Livro-texto da disciplina de Física do Estado Sólido da Universidade de Oxford. Muito fácil de ler, com vários exemplos. Atém-se aos tópicos mais importantes para um curso introdutório. Uma de nossas referências favoritas.*

# Apêndices

## Apêndice A – Prova alternativa para o teorema de Bloch

Uma prova mais elegante do teorema de Bloch (Marder, 2010) consiste em relembrar que o operador de translação pode ser escrito em função do operador momento, ou seja:

*Equação A.1*

$$\hat{T}_R = e^{-i\hat{P}\cdot\frac{\vec{R}}{\hbar}}$$

Em que $\hat{P}$ é o operador momento e $\vec{R}$ é um vetor da rede de Bravais. Sabemos que os operadores comutam entre si, logo, temos:

*Equação A.2*

$$\hat{T}_R^\dagger |\psi\rangle = e^{i\hat{P}\cdot\frac{\vec{R}}{\hbar}}|\psi\rangle = C(\vec{R})|\psi\rangle$$

1) Operando com a autofunção da posição, $\langle \vec{r}|$, obtemos:

*Equação A.3*

$$\langle \vec{r}|\hat{T}^\dagger|\psi\rangle = \langle \vec{r}|C(\vec{R})|\psi\rangle$$

*Equação A.4*

$$\psi(\vec{r}+\vec{R}) = C(\vec{R})\psi(\vec{r})$$

2) Operando com a autofunção do momento, $\langle\vec{k}|$, temos:

*Equação A.5*

$$\langle\vec{k}|e^{i\vec{p}\cdot\frac{\vec{R}}{\hbar}}|\psi\rangle = \langle\vec{k}|C(\vec{R})|\psi\rangle$$

$$e^{i\vec{k}\cdot\vec{R}}\langle\vec{k}|\psi\rangle = C(\vec{R})\langle\vec{k}|\psi\rangle$$

Assim, $C(\vec{R}) = e^{i\vec{k}\cdot\vec{R}}$ ou $\langle\vec{k}|\psi\rangle = 0$. A função de onda $\psi$ tem somente um $\langle\vec{k}|$, e esse valor de $\vec{k}$ é usado como índice, $\psi_k$. Contudo, para um $\vec{k}$, ainda há várias possibilidades de índice de banda n:

*Equação A.6*

$$\mathcal{H}|\psi_{nk}\rangle = E_{nk}|\psi_{nk}\rangle$$

*Equação A.7*

$$\hat{T}_R^\dagger|\psi_{nk}\rangle = e^{i\vec{k}\cdot\vec{R}}|\psi_{nk}\rangle$$

## Apêndice B – Potencial cristalino como uma perturbação

O potencial $\mathcal{U}$ poderia ser tratado como uma perturbação do sistema. Madelung (1978) desenvolve a teoria de perturbação sem utilizar a notação de Dirac. A hamiltoniana será dividida em duas partes: a não perturbada, $\mathcal{H}_0$, que, nesse caso, é o termo da energia cinética; e a perturbada, $\mathcal{U}$. Perceba que os autovalores e os autovetores da hamiltoniana não perturbada são os do elétron livre (Equações 3.81 e 3.82). Portanto, temos:

### Equação B.1

$$\mathcal{H} = \mathcal{H}_0 + \mathcal{U}$$

Usando a teoria até segunda ordem de perturbação, sabemos que o valor esperado da energia será dado por:

### Equação B.2

$$E_n(\vec{k}) = E_{n,0}(\vec{k}) + \left\langle \psi_{\vec{k}-\vec{G}_n} \left| \mathcal{U}(\vec{r}) \right| \psi_{\vec{k}-\vec{G}_n} \right\rangle + \sum_{m \neq n} \frac{\left| \left\langle \psi_{\vec{k}-\vec{G}_n} \left| \mathcal{U}(\vec{r}) \right| \psi_{\vec{k}-\vec{G}_n} \right\rangle \right|^2}{E_{n,0}(\vec{k}) - E_{m,0}(\vec{k})}$$

O termo de primeira ordem é apenas o valor da diagonal do potencial $\mathcal{U}(\vec{r})$, dado por:

### Equação B.3

$$\left\langle \psi_{\vec{k}-\vec{G}_n} \left| \mathcal{U}(\vec{r}) \right| \psi_{\vec{k}-\vec{G}_n} \right\rangle = \frac{1}{V} \int d\vec{r}\, e^{-i(\vec{k}-\vec{G}_n)\cdot\vec{r}} \mathcal{U}(\vec{r}) e^{i(\vec{k}-\vec{G}_n)\cdot\vec{r}} = \mathcal{U}_0$$

O resultado pode ser entendido como a média dos potenciais cristalinos no material, e a correção de primeira ordem apenas irá deslocar do zero todas as energias do sistema. Isso não nos agrega informação, então, definimos esse potencial como sendo zero, $\mathcal{U}_0 = 0$, e calculamos o termo de segunda ordem:

$$\left\langle \psi_{\vec{k}-\vec{G}_n} \middle| \mathcal{U}(\vec{r}) \middle| \psi_{\vec{k}-\vec{G}_m} \right\rangle = \frac{1}{V}\int d\vec{r}\, e^{-i(\vec{k}-\vec{G}_n)\cdot\vec{r}} \mathcal{U}(\vec{r}) e^{i(\vec{k}-\vec{G}_m)\cdot\vec{r}} =$$

$$= \frac{1}{V}\int d\vec{r}\, e^{-i(\vec{G}_m-\vec{G}_n)\cdot\vec{r}} \mathcal{U}(\vec{r})$$

Essa é a definição da transformada de Fourier do potencial cristalino associado ao vetor de onda $\vec{G}_m - \vec{G}_n$ (veja Equação 3.74):

### Equação B.4

$$\left\langle \psi_{\vec{k}-\vec{G}_n} \middle| \mathcal{U}(\vec{r}) \middle| \psi_{\vec{k}-\vec{G}_m} \right\rangle = \mathcal{U}_{\vec{G}_m - \vec{G}_n}$$

Retornando à Equação B.2, obtemos:

### Equação B.5

$$E_n(\vec{k}) = E_{n,0}(\vec{k}) + \sum_{m \neq n} \frac{\left|\mathcal{U}_{\vec{G}_m - \vec{G}_n}\right|^2}{E_{n,0}(\vec{k}) - E_{m,0}(\vec{k})}$$

O termo da perturbação será significativo quando o valor de $E_{m,0}(\vec{k})$ se aproximar de $E_{n,0}(\vec{k})$. Nesse caso, será caracterizado por uma quase degenerescência dos níveis de energia. Essa condição ocorre nos planos de Bragg:

## Equação B.6

$$E_{n,0}(\vec{k}) - E_{m,0}(\vec{k}) \approx 0$$

Essa degenerescência é equivalente a escrever $|\vec{k}| = |\vec{k} - \vec{G}|$; geometricamente, isso quer dizer que está no plano bissector perpendicular ao vetor $\vec{G}$, conforme indicado na figura a seguir.

**Figura B.1** – Geometria da condição degenerescência

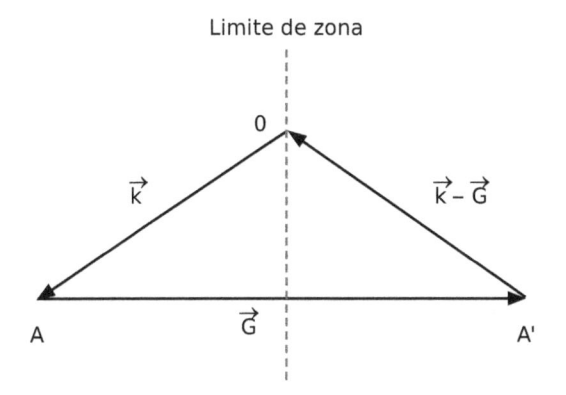

Com a Equação 3.78, torna-se:

## Equação B.7

$$\left[\frac{\hbar^2 \vec{k}^2}{2m} - E\right] C(\vec{k}) + C(\vec{k} - \vec{G}) \mathcal{U}_G = 0$$

## Equação B.8

$$\left[\frac{\hbar^2 (\vec{k} - \vec{G})^2}{2m} - E\right] C(\vec{k} - \vec{G}) + C(\vec{k}) \mathcal{U}_{-G} = 0$$

A solução desse sistema, sabendo que $\mathcal{U}_G = \mathcal{U}_{-G}^*$, é:

*Equação B.9*

$$E(\vec{k}) = \frac{1}{2}\left[E_{k,0} + E_{k-G,0}\right] \pm \sqrt{\frac{1}{4}\left[E_{k,0} - E_{k-G,0}\right]^2 + \left|\mathcal{U}_G\right|^2}$$

Na condição $E_{k,0} \sim E_{k-G,0}$, temos:

*Equação B.10*

$$\Delta E_{2,1}(\vec{k}) \sim 2\left|\mathcal{U}_G\right|$$

Isso demonstra que a energia da zona proibida vale, aproximadamente, $2\left|\mathcal{U}_G\right|$.

## Apêndice C – Constantes fundamentais

| Grandeza | Símbolo | Valor |
|---|---|---|
| Velocidade da luz no vácuo | c | $2{,}9979 \cdot 10^8$ m/s |
| Constante gravitacional | G | $6{,}6738 \cdot 10^{-11}$ N $\cdot$ m$^2$ $\cdot$ kg$^{-2}$ |
| Carga do elétron | e | $1{,}6022 \cdot 10^{-19}$ C |
| Massa do elétron | $m_e$ | $9{,}1094 \cdot 10^{-31}$ kg |
| Massa atômica | $M_A$ | $1{,}66 \cdot 10^{-27}$ kg |
| Constante de Planck | h | $6{,}6261 \cdot 10^{-34}$ J $\cdot$ s |
| Constante de Boltzmann | $k_B$ | $1{,}3807 \cdot 10^{-23}$ J $\cdot$ K$^{-1}$ |
| Constante de Stefan-Boltzmann | $\sigma$ | $5{,}6704 \cdot 10^{-8}$ W $\cdot$ m$^{-2}$ $\cdot$ K$^{-4}$ |
| Magnéton de Bohr | $\mu_B$ | $9{,}27 \cdot 10^{-24}$ A $\cdot$ m$^2$ |
| Permeabilidade magnética do vácuo | $\mu_0$ | $4\pi \cdot 10^{-7}$ N/A$^2$ |
| Constante de Avogadro | $N_A$ | $6{,}0221 \cdot 10^{23}$ mol$^{-1}$ |

# Anexo

## Anexo I – Tabela periódica dos elementos

# Respostas

*Partículas em teste*
## Capítulo 1
1) e
2) e
3) a
4) d
5) c

## Capítulo 2
1) d
2) e
3) a
4) c
5) e

## Capítulo 3
1) a
2) c
3) e
4) d
5) a

## Capítulo 4

1) e
2) a
3) c
4) c
5) b

## Capítulo 5

1) c
2) d
3) a
4) d
5) b

## Capítulo 6

1) c
2) b
3) c
4) a
5) a

# Sobre as autoras

**Renata Montenegro Pereira Igo** é pós-doutora (2016) em Ciência de Materiais pela Universidade Federal de Goiás (UFG); doutora (2010) em Ciências, na área de física, pela Universidade Estadual de Campinas (Unicamp); mestre (2006) em Física, na área de ótica não linear, pela mesma instituição; licenciada (2005) e bacharel (2003) em Física também pela Unicamp. Dedica-se à área acadêmica por meio do ensino de física.

**Tatiane Oliveira dos Santos** é pós-doutora (2013) em Física pela Universidade Federal de Goiás (UFG); doutora (2009) em Ciências, na área de física, pela Universidade Estadual de Campinas (Unicamp); mestre (2004) em Física, na área de obtenção e caracterização de materiais óxidos, pela UFG; especialista (2001) e licenciada (2000) em Física pela Pontifícia Universidade Católica de Goiás (PUC-GO). Atualmente, é responsável técnica do Laboratório Multiusuário de Microscopia de Alta Resolução (LabMic) da UFG e faz parte do Grupo de Física de Materiais do Instituto de Física da UFG. Dedica-se aos temas de microscopia eletrônica, microscopia de sonda, microscopia Raman e à pesquisa acadêmica.

Os papéis utilizados neste livro, certificados por instituições ambientais competentes, são recicláveis, provenientes de fontes renováveis e, portanto, um meio responsável e natural de informação e conhecimento.

FSC
www.fsc.org
MISTO
Papel | Apoiando o manejo florestal responsável
FSC® C103535

Impressão: Reproset